配置

10(8)	11(1B)	12(2B)	13(3B)	14(4B)	15(5B)	16(6B)	17(7B)	18(0)
								2 **He** ヘリウム 2
			5 **B** ホウ素 2 1	6 **C** 炭素 2 2	7 **N** 窒素 2 3	8 **O** 酸素 2 4	9 **F** フッ素 2 5	10 **Ne** ネオン 2 6
			13 **Al** アルミニウム 2 1	14 **Si** ケイ素 2 2	15 **P** リン 2 3	16 **S** 硫黄 2 4	17 **Cl** 塩素 2 5	18 **Ar** アルゴン 2 6
28 **Ni** ニッケル 8 2	29 **Cu** 銅 10 1	30 **Zn** 亜鉛 10 2	31 **Ga** ガリウム 10 2 1	32 **Ge** ゲルマニウム 10 2 2	33 **As** ヒ素 10 2 3	34 **Se** セレン 10 2 4	35 **Br** 臭素 10 2 5	36 **Kr** クリプトン 10 2 6
46 **Pd** パラジウム 10 0	47 **Ag** 銀 10 1	48 **Cd** カドミウム 10 2	49 **In** インジウム 10 2 1	50 **Sn** スズ 10 2 2	51 **Sb** アンチモン 10 2 3	52 **Te** テルル 10 2 4	53 **I** ヨウ素 10 2 5	54 **Xe** キセノン 10 2 6
78 **Pt** 白金 14 9 1	79 **Au** 金 14 10 1	80 **Hg** 水銀 14 10 2	81 **Tl** タリウム 14 10 2 1	82 **Pb** 鉛 14 10 2 2	83 **Bi** ビスマス 14 10 2 3	84 **Po** ポロニウム 14 10 2 4	85 **At** アスタチン 14 10 2 5	86 **Rn** ラドン 14 10 2 6

| 63 **Eu** ユーロピウム 7 0 2 | 64 **Gd** ガドリニウム 7 1 2 | 65 **Tb** テルビウム 9 0 2 | 66 **Dy** ジスプロシウム 10 0 2 | 67 **Ho** ホルミウム 11 0 2 | | 12 0 2 | 13 0 2 | 14 0 2 | 71 **Lu** ルテチウム 14 1 2 |

| 95 **Am** アメリシウム 7 0 2 | 96 **Cm** キュリウム 7 1 2 | 97 **Bk** バークリウム 9 0 2 | 98 **Cf** カリホルニウム 10 0 2 | 99 **Es** アインスタイニウム 11 0 2 | 100 **Fm** フェルミウム 12 0 2 | 101 **Md** メンデレビウム 13 0 2 | 102 **No** ノーベリウム 14 0 2 | 103 **Lr** ローレンシウム 14 1 2 |

Coordination Chemistry

エキスパート応用化学テキストシリーズ
Expert Applied Chemistry Text Series

錯体化学
基礎から応用まで

Yasuchika Hasegawa　*Hajime Ito*
長谷川靖哉　伊藤　肇　［著］

講談社

執 筆 者

長谷川靖哉　北海道大学大学院　工学研究院（1～8, 10, 12章／7, 10章コラム）
伊藤　肇　　北海道大学大学院　工学研究院（9, 11章／12章コラム）

章末コラム執筆者

植村 卓史　京都大学　大学院工学研究科（4章）
加藤 昌子　北海道大学　大学院理学研究院（5章）
小林 厚志　北海道大学　大学院理学研究院（5章）
湯浅 順平　奈良先端科学技術大学院大学　物質創成科学研究科（6章）
梶原 孝志　奈良女子大学　理学部（8章）
大熊　毅　　北海道大学　大学院工学研究院（9章）
石谷　治　　東京工業大学　大学院理工学研究科（11章）

まえがき

　錯体化学は今，新しい時代へと突入しつつある．金属イオンと有機配位子によって構成される錯体は有機分子とは異なる物性および機能（光機能，電子機能，磁気機能，触媒機能，酵素活性など）を発現し，また構造や物性・機能は分子レベルで精密制御することができる．こうしたことから，錯体化学は現在ホットな分野の一つとなっている．

　錯体化学は歴史のある学問領域であり，かつ現代社会を支える重要な学問領域である．近年多くの研究者が錯体化学に関連した研究でノーベル賞を受賞しており，錯体化学の重要性が強く認識されつつある．このことからも，錯体化学を理解することは現代の先端理学分野や応用化学分野を理解するうえできわめて重要といえる．

　本書は，錯体化学を初めて学ぶ学部生を読者対象としている．また，錯体化学を専門とする研究室における基礎学習にも使えるよう，バランスのよい解説を心がけた．このため，従来の錯体化学の本では割愛されることが多かった軌道と群論の関係などについても丁寧に解説を行った．デバイスに直結する電気化学や磁性化学，そして近年注目が高まっている希土類錯体についても丁寧に解説し，錯体の構造解析手法についても述べた．さらに，錯体化学の面白さと重要性を伝えるために最先端のトピックスを本文中や章末のコラムにいくつか挿入した．本書を読み進めることにより，新しい錯体化学の世界が読者に広がっていくことだろう．

　錯体化学は，無機構造化学，有機反応化学，生体関連化学，光化学，電気化学，磁性化学，そして材料化学を横断する分野融合型の基盤化学である．錯体化学を使いこなすことで，新しい時代を切り拓く最先端研究が次々と生まれてくることを期待している．

　本書では，錯体化学分野において世界のトップで活躍している先生方に，最新のトピックスをご提供いただいている．これらのトピックスにより，本書の内容が一段と興味深いものとなった．コラムをご提供くださった北海道大学

まえがき

加藤昌子先生，小林厚志先生，大熊 毅先生，東京工業大学 石谷 治先生，京都大学 植村卓史先生，奈良女子大学 梶原孝志先生，奈良先端科学技術大学院大学 湯浅順平先生にこの場を借りて感謝の意を表したい．本書が新しい時代をつくるきっかけとなれば筆者らにとっても喜ばしい限りである．

2014 年 2 月

長谷川靖哉，伊藤　肇

目　次

1章　序論 ··· 1
- 1.1　錯体化学とは ··· 1
- 1.2　錯体の特徴と用途 ··· 4
- 1.3　錯体化学の歴史 ·· 6

2章　錯体とは ··· 8
- 2.1　金属錯体と有機金属化合物 ··· 8
- 2.2　配位子と配位数および配座 ··· 10
  - 2.2.1　配位数 ·· 10
  - 2.2.2　配座 ··· 11
- 2.3　錯体の命名法 ·· 13
- 2.4　多核錯体 ·· 15
- 2.5　錯体の立体構造 ·· 17
  - 2.5.1　配位数と錯体の幾何学構造 ·································· 17
  - 2.5.2　異性体 ·· 22

3章　分子の対称性と群論 ·· 25
- 3.1　対称操作と点群 ·· 25
- 3.2　点群と指標表 ··· 31
  - 3.2.1　座標の変換 ··· 31
  - 3.2.2　対称操作を表現する行列 ····································· 31
  - 3.2.3　各対称操作を表現する行列 ································· 34
  - 3.2.4　点群の可約表現と既約表現 ································· 35
  - 3.2.5　既約表現の作り方 ··· 36
  - 3.2.6　指標と指標表 ··· 36
  - 3.2.7　指標表における可約表現の簡約 ·························· 39

4章　錯体の電子構造 ·· 42
- 4.1　有機分子の結合：原子価結合論 ···································· 42

4.2	金属錯体の結合Ⅰ：結晶場理論	46
4.2.1	縮退した5つのd軌道の分裂	47
4.2.2	分裂したd軌道のエネルギー準位	49
4.2.3	錯体の構造と配位子場の関係――Jahn–Teller効果	51
4.2.4	錯体の構造と電子配置の関係	53
4.3	金属錯体の結合Ⅱ：配位子場理論	54
4.3.1	項記号	55
4.3.2	項記号と微視的状態	58
4.3.3	Orgelダイアグラムと田辺−菅野ダイアグラム	60
4.4	群論による軌道の考え方	63
4.5	有機金属化合物の結合Ⅰ：分子軌道理論	67
4.6	有機金属化合物の結合Ⅱ：18電子則	72
コラム	「穴」だらけの金属錯体	76

5章 溶液中での錯体の状態 … 77

5.1	錯体化学における酸と塩基	77
5.1.1	酸・塩基と平衡	77
5.1.2	安定度定数の求め方	80
5.2	キレート	83
5.3	HSAB則	85
5.4	配位子置換反応	87
5.4.1	金属錯体における配位子置換反応	87
5.4.2	有機金属化合物における配位子置換反応	89
5.4.3	トランス効果	92
コラム	酸・塩基でON/OFFできる「ソルバトクロミック錯体」	93

6章 錯体の光化学 … 94

6.1	スペクトルと色	94
6.2	光の吸収および励起状態からの緩和過程	95
6.2.1	光の吸収と励起状態の生成	95
6.2.2	光吸収の起こりやすさ	98
6.2.3	励起状態からの緩和過程	99
6.2.4	励起状態からの緩和過程の速度論	102
6.3	金属錯体における電子遷移	106
6.3.1	電子遷移の基礎――群論の量子化学への応用	106

	6.3.2 電子遷移に対するスピンの影響	112
6.4	光化学反応	114
	6.4.1 光誘起エネルギー移動	114
	6.4.2 光誘起電子移動	116
	6.4.3 光触媒	118
コラム	溶液中の超分子錯体	120

7章　錯体の電気化学 ... 121

7.1	サイクリックボルタンメトリー	121
7.2	錯体の酸化還元電位と電子構造	125
7.3	錯体の光電気化学への応用	126
	7.3.1 色素増感太陽電池	126
	7.3.2 有機EL素子	129
7.4	電子移動反応の反応機構	130
コラム	結晶を叩くと光る「トリボルミネッセンス」	138

8章　錯体の磁性化学 ... 139

8.1	錯体の磁性	139
	8.1.1 反磁性と常磁性	140
	8.1.2 強磁性と反強磁性	141
	8.1.3 有効Bohr磁子数	143
8.2	磁性の評価――電子スピン共鳴法	145
	8.2.1 電子スピン共鳴法の原理	145
	8.2.2 電子スピン共鳴スペクトルにおける超微細構造	146
コラム	ナノサイズの磁石	149

9章　有機金属化合物による触媒反応 ... 150

9.1	有機金属化合物による触媒反応の概要	150
9.2	有機金属化合物の基本反応	151
9.3	炭素－炭素結合形成反応	152
9.4	クロスカップリング反応	154
9.5	オレフィンの重合反応	156
9.6	オレフィンからカルボニル化合物を合成する反応 ――Wacker反応	158
9.7	オレフィンメタセシス反応	159

目　次

- 9.8　金属Lewis酸触媒 ･････････････････････････････････ 162
- 9.9　触媒的不斉合成反応 ･････････････････････････････････ 165
- 9.10　C-H結合活性化反応 ･････････････････････････････････ 168
- コラム　分子の左右を作り分ける「キラル金属錯体触媒」･･････････ 171

10章　希土類錯体 ････････････････････････････････････ 172
- 10.1　希土類元素の電子構造 ･････････････････････････････････ 172
- 10.2　希土類錯体の光化学 ･････････････････････････････････ 173
- 10.3　希土類錯体における電子遷移 ･････････････････････････ 186
- 10.4　希土類錯体の電気化学 ･････････････････････････････ 191
- コラム　希土類錯体から構成されるカメレオン発光体 ･････････････ 193

11章　生体と錯体 ･･･････････････････････････････････ 194
- 11.1　生体で働く錯体 ･････････････････････････････････････ 194
- 11.2　ヘムとポルフィリン ･････････････････････････････････ 197
- 11.3　金属酵素 ･･･ 201
- 11.4　光合成 ･･･ 204
- 11.5　医薬品としての金属錯体 ･････････････････････････････ 207
- コラム　人工光合成——太陽光エネルギーを分子に蓄える ･･････････ 210

12章　錯体のキャラクタリゼーション ････････････････････ 211
- 12.1　錯体の同定に関する基礎 ･････････････････････････････ 211
- 12.2　X線を用いた構造解析 ･････････････････････････････ 217
- 12.3　紫外・可視光を用いた構造解析 ･･････････････････････ 228
- 12.4　直接的な構造解析——原子間力顕微鏡 ･････････････････ 232
- コラム　「メカノクロミズム」と「分子ドミノ」･････････････････ 234

参考書 ･･･ 235
付録 ･･･ 237
- 付録A　光誘起エネルギー移動 ･････････････････････････ 237
- 付録B　指標表 ･･････････････････････････････････････ 242
- 付録C　p軌道，d軌道の各電子配置における項記号 ･･･････････ 242

第1章　序　論

1.1　錯体化学とは

　化学は理系基礎科目のうちの1つであり，物質の状態や変化を理解するための重要な学問である．化学によって，我々はどんな物質でも自由に作ることができ，また，物質の状態や性能を評価してさまざまな分野へと応用することができる．いわば化学は，社会と直接リンクしている．世の中には洗剤や医薬品などの多くの化学製品が溢れ，電化製品や自動車などにも化学の技術が多く使われている．また化学は，エネルギーの分野でも重要である．

　大学では，化学という学問はおもに6つの領域に分類される．

分　　　　野	応用分野や研究内容の例
有機化学	有機機能材料の合成，創薬 有機反応の反応機構の解明
無機化学	セラミックス・半導体の製造 無機物質の構造解明
物理化学・分析化学	物質の機能の解析，成分分析
高分子化学・材料化学	材料の開発，高分子の構造や物性の解明
生化学	医療関連，タンパク質工学
化学工学	工業プラントの設計，反応効率の向上，触媒の開発

　錯体化学はどの領域に分類されるのであろうか．つまり，錯体化学とはどんな学問なのであろうか．高校時に学習する化学では，錯体は $[Cu(NH_3)_4]^{2+}$，$[Co(NH_3)_6]^{2+}$ などの錯イオンとして登場する．金属イオンの種類の違いによってアンミン配位子「NH_3」の数が変化することなどは高校で学んでいる方が多いだろう．このため，錯体は溶液中における金属イオン周辺の特殊な構造であると考えている方も多いのではないだろうか．高校で学ぶ配位子には，電荷をもたないアンミン配位子（NH_3）だけではなく，

第1章 序　論

1価の陰イオン：
　OH^-（ヒドロキソ），Br^-（ブロモ），Cl^-（クロロ），CN^-（シアノ）

2価の陰イオン：
　CO_3^{2-}（カルボナト），SO_4^{2-}（スルファト）

も登場するが，錯体は金属の陽イオンと配位子の陰イオンが静電的にくっついている化合物ではない．錯体は孤立電子対が一方の原子だけから供給されて生じる「配位結合」によって構成される物質である（**図1.1**）．また配位子は，孤立電子対を有し，金属イオンに配位をする化合物として定義される．

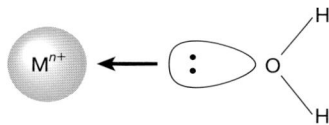

図1.1　錯体における配位結合

配位子には上記の他にもさまざまな形態がある．例えば，無機化合物である硫化亜鉛（ZnS）や**図1.2**に示す酸化チタン（TiO_2）は半導体として知られているが，これらの化合物では，金属イオンのまわりに酸素イオン（O^{2-}）や硫化物イオン（S^{2-}）が複数配位している．半導体をはじめ，無機化合物の物質としての機能は結晶構造などの集合構造によって変化する．つまり，この集合構造を形成するパーツである錯体が無機化合物の機能を支配する．

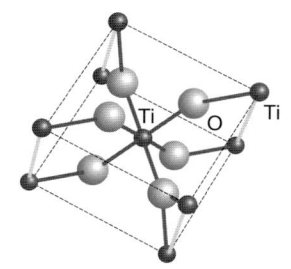

図1.2　酸化チタンTiO_2の結晶構造

錯体の配位子には無機化合物あるいはイオン以外に，有機分子からなる配位子も多く存在する．錯体分子の構造は金属イオンと配位子の種類によって決まり，その集合構造は溶媒の種類，濃度，光や電場といった外場の有無などのさまざまな要因によって変化するため，錯体の集合構造と機能の関係を探求するための研究が重要となる．こうしたことから，金属錯体に関する錯体化学は一般に無機化学分野の一部として分類される．

一方，配位結合ではなく，金属－炭素結合から構成される錯体を有機金属化合物という．有機金属化合物の例を**図1.3**に示す

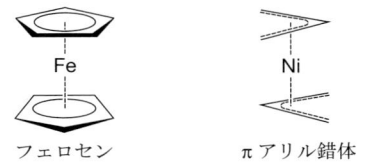

図1.3　有機金属化合物の例

有機金属化合物は現代の有機合成化学には欠かせない存在である．例えば，2010年にノーベル化学賞を受賞した鈴木章教授と宮浦憲夫教授が開発した鈴木－宮浦カップリングでは，パラジウム錯体が触媒として用いられている．触媒としてはさまざまな種類の有機金属化合物が報告されている．そのため，有機金属化合物に関する錯体化学は，有機化学分野に分類されることが多い．

以上のことから，化学という分野における錯体化学の分類をまとめると以下のようになる．

金属錯体に関する錯体化学
　　——無機化学に分類される．錯体の構造や機能に関する研究が行われる．
有機金属化合物に関する錯体化学
　　——有機化学に分類される．有機合成反応における触媒として用いられる．

現代の錯体化学は無機化学研究者および有機化学研究者によって支えられ，最新の研究開発が活発に行われている．つまり，錯体化学は無機化学および有機化学の両領域に分類される重要な学問である．

1.2　錯体の特徴と用途

　金属イオンと有機配位子を組み合わせた錯体は，発光などの光機能，光電変換などの電子機能，触媒機能，磁気機能などのさまざまな機能を発現する．ここで，それぞれの機能を示す代表的な錯体分子を紹介する．

（1）発光機能——有機EL素子において発光物質として用いられるイリジウム錯体（7章）

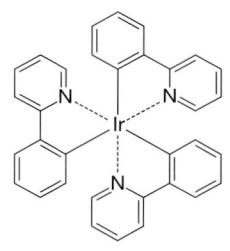

　左に示すイリジウム錯体は近年注目されている有機EL素子の発光物質として開発された．従来の有機蛍光物質に比べて発光の効率が高い．

　この錯体に電子および正電荷が注入されると，スピン－軌道相互作用に基づく金属から配位子への電子遷移（MLCT）により励起三重項状態が効率よく形成される．このようなイリジウム錯体の発光量子収率は99％以上と報告されている．

（2）光電変換機能——色素増感太陽電池において光吸収物質として用いられるルテニウム錯体（7章）

　色素増感太陽電池は酸化チタンと有機色素を組み合わせた太陽電池であり，光エネルギーを吸収する色素としてはルテニウム錯体の使用が検討されている．左に示すルテニウム錯体を用いた色素増感太陽電池は変換効率が10％以上に達するため，新しい光エネルギー変換素子として現在注目されている．色素増感太陽電池では，光吸収により励起したルテニウム錯体から酸化チタン電極への電子移動が効率よく起こる．

（3）触媒機能——有機合成において触媒として用いられるパラジウム錯体（9章）

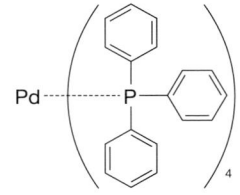

現代の有機化学分野では有機金属化合物を用いた反応の研究が活発に行われている．2010年にノーベル化学賞を受賞した北海道大学の鈴木章教授と宮浦憲夫教授が開発した「鈴木－宮浦カップリング」にはパラジウム錯体が用いられる．右に示すパラジウム錯体とボロン酸を組み合わせることにより，これまで合成が困難であった有機分子が温和な条件でかつ高い反応収率で合成できるようになった．新しい反応を可能にしたパラジウム錯体の貢献は大きい．

このパラジウム錯体ではボロン酸との組み合わせによる酸化的付加と還元的脱離が効果的に起こり，水中かつ酸素の存在下でも反応が可能なため，応用用途は広い．有機金属化合物を触媒として用いた化学反応の多くは水や酸素に弱いため，鈴木－宮浦カップリングは画期的である．

（4）磁気機能——造影剤としてMRIに使用されるガドリニウム錯体（8章と関連）

核磁気共鳴画像法（MRI）は生体に損傷を与えることなく体内の深部でも高解像度の画像が得られることから，臨床診断でもっともよく使われる測定法の1つである．このMRIに造影剤を使用することにより，部位特異的な情報や，生体の動きや機能に関する情報を詳細に得ることが可能となる．MRIの造影剤として，希土類の一種であるガドリニウムの錯体が用いられる．

右上に示すガドリニウム錯体は4f軌道内に7個の電子スピンを有し，磁気モーメントが大きいため，造影剤として使用すると，MRIの画像を高解像度で得ることが可能になる．

（5）生体内で働く金属錯体（11章）

　生体内でも金属錯体は活躍している．生体系の酵素反応には金属錯体が鍵となっているものが多く，生化学を理解するうえでも錯体化学は重要な学問といえる．また，生体に関連する錯体化学は「生物無機化学」という別の分野として扱われることもある．

　例えば，人間の体内に酸素を輸送するヘモグロビンというタンパク質では鉄イオンが配位した錯体が酸素輸送の鍵となっている．さらに，究極の光エネルギー変換である植物の光合成では，光を捕集するアンテナ部分に下に示すクロロフィルと呼ばれる金属錯体の集合体が使われている．

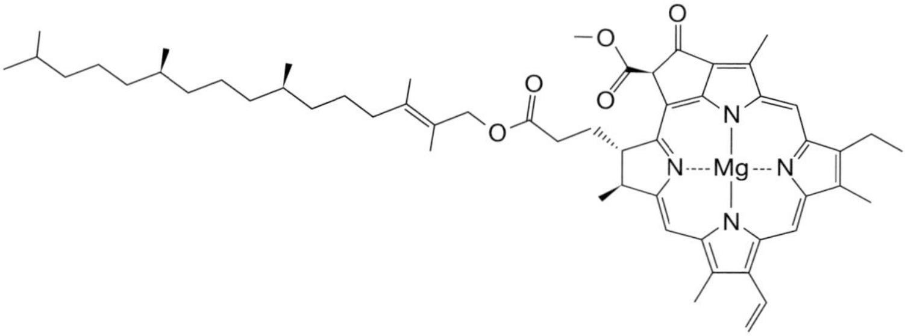

　このように，錯体は現在さまざまな分野で応用されている．その応用分野は医療分野からエレクトロニクス分野，エネルギー・環境分野にまで広がる．現代の最先端科学技術は錯体の開発が鍵となっている．

1.3　錯体化学の歴史

　錯体化学の歴史は深い．学術論文で報告されているもっとも古い錯体は，$K[PtCl_3(C_2H_4)]\cdot H_2O$ と思われる．これはZeise塩（ツァイゼ）と呼ばれ，1827年にコペンハーゲン大学のZeise博士によって発見された（図1.4）．Zeise塩の化学構造は長い間証明されなかったが，1868年にBirnbaum（バーンバウム）博士らがエチレンを含む錯体の合成に成功し，その後1875年になってようやくX線構造解析によりZeise塩の化学構造の正しさが証明された．

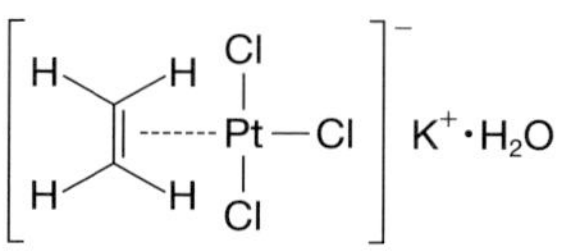

図1.4　Zeise塩の構造

　Zeise塩の発見の後，Grignard（グリニャール）により有機化学

1.3 錯体化学の歴史

表1.1 錯体化学に関連するノーベル化学賞受賞者およびその受賞理由

年	ノーベル賞受賞者	受賞理由
1912	F. A. V. Grignard（フランス）	Grignard試薬の発見
1913	A. Werner（スイス）	配位という概念を提唱し，新しい物質として錯体を提案
1915	R. M. Willstätter（ドイツ）	植物色素物質，特にクロロフィルに関する研究
1963	K. Tiegler（西ドイツ） G. Natta（イタリア）	触媒を用いた重合により不飽和炭素化合物から有機巨大分子を作る方法の基礎研究
1973	E. O. Fischer（西ドイツ） G. Wilkinson（イギリス）	有機金属化合物に関する理論的研究
1983	H. Taube（アメリカ）	金属錯体の電子遷移反応機構の解明
1987	D. J. Cram（米国） C. J. Pedersen（米国） J.-M. P. Lehn（フランス）	高い選択性で構造特異的な反応を起こす分子（クラウン化合物）の合成
2001	W. S. Knowles（米国） 野依良治（日本） K. B. Sharpless（米国）	触媒による不斉水酸化反応・酸化反応の研究
2005	Y. Chauvin（フランス） R. Schrock（米国） R. H. Grubbs（米国）	ルテニウム錯体によるオレフィンメタセシス反応の開拓
2010	R. F. Heck（米国） 根岸英一（米国） 鈴木章（日本）	パラジウム触媒によるクロスカップリング反応の開発

反応の鍵となるGrignard試薬が発見され，その一方でWerner（ウェルナー）により錯体の構造に関する研究が進められた．Grignard博士（1912年）とWerner博士（1913年）はノーベル化学賞を受賞している．この後にも錯体化学の分野では多くの学術研究が報告され，Tiegler（チーグラー）とNatta（ナッタ）による不飽和炭素化合物から高分子を合成するための触媒や，Cram（クラム），Pedersen（ペダーセン），Lehn（レーン）による金属イオンを捕捉するクラウンエーテルの発見・開発などがノーベル化学賞受賞の対象となっている（**表1.1**）．

ここで紹介したノーベル化学賞受賞理由の研究以外にも，多くの優れた錯体化学の研究が報告されている．次章からは錯体化学を学ぶための基礎を紹介していく．

第2章　錯体とは

2章で学ぶこと
- 錯体には金属錯体と有機金属化合物があること．
- 配位子，配位数，配座，命名法などの錯体に関する基本的な知識．

2.1　金属錯体と有機金属化合物

1章でも述べたように，錯体は金属イオンと配位子から構成され，おもに金属錯体と有機金属化合物に大別される．なお，金属錯体は**Werner錯体**とも呼ばれる．金属錯体と有機金属化合物の構造は根本的に異なっており，性質も大きく異なる．金属錯体と有機金属化合物の違いについて**表2.1**にまとめた．

このような分類をすると，どちらに属するのかを判断するのが困難な錯体もある．例えば，以下のようなものがあげられる．

ヘキサシアノ鉄(III)酸イオン：$[Fe(CN)_6]^{3-}$
　錯体の結合は金属－炭素結合であるが，錯体の色は鉄イオンのd–d軌道間のエネルギー差に基づき，4章で述べる配位子場理論によって説明できる．その物性は金属錯体と類似する点が多い．このため，CN^-配位子をもつ錯体は金属錯体に分類される．

トリス(2-フェニルピリジル)イリジウム：$Ir(ppy)_3$
　錯体の結合は，窒素原子による配位結合と金属－炭素結合の両方からなる．このため，その物性は配位子場理論および混成軌道に基づいて説明される．この錯体は金属錯体に分類される．

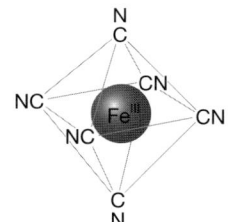

2.1 金属錯体と有機金属化合物

表2.1 金属錯体と有機金属化合物の比較

金属錯体		有機金属化合物
metal complex またはcoordination compound	英語名	organometallics
無機化学	分類	有機化学
配位結合	結合	金属−炭素結合 (σ結合, d_π−p_π結合, π結合)
酸素，窒素，硫黄，リン，セレン，テルルなどのヘテロ元素の非共有電子対が金属イオンに配位する．	配位子の特徴	有機分子の炭素と金属イオンが結合をつくり，18電子則を満たして安定化する．
色や発光色は幾何学構造に依存し，遷移金属イオンのd軌道間のエネルギーギャップおよび金属から配位子への遷移によって説明される．希土類錯体の場合はf軌道間もしくは，d−f軌道間のエネルギー差に依存する．	光物性	色は金属−炭素結合によって形成された混成軌道に起因する．
金属イオンの種類によって常磁性および反磁性の状態をとり，金属イオンが複数集まった構造では，強磁性および反強磁性となることもある．	磁気物性	18電子則を満たした構造をとるものが多く，基本的には反磁性であるが，常磁性を示すものもある．
金属イオンの酸化および還元反応を引き起こすことができる．生体系の酵素反応や酸化還元反応に関与しているものも多い．	化学反応性	酸化的付加反応と還元的脱離反応を起こすことができ，有機反応の良好な触媒として利用される．
基本的には大気中でも安定に存在する．安定性は金属イオンと配位子の結合定数によって決まる．水中および有機溶媒中では配位子の置換反応が起こることがある．	安定性	フェロセンなどの大気中で安定な有機金属化合物もあるが，一般にGrignard試薬のように大気中で不安定なものが多い．また，水の存在下で分解するものも多い．
ルテニウムトリスビピリジニウム錯体	具体例	フェロセン

クロロトリス(トリフェニルホスフィン)ロジウム：Rh(TPP)$_3$Cl
この錯体は有機金属化合物特有の金属−炭素結合をもたない．しかし，アルケン化合物の存在下では触媒として働き，アルカンを生成する（水素化反応）．この錯体はWilkinson（ウィルキンソン）触媒とも呼ばれ，有機金属化合物に分類される．

2.2　配位子と配位数および配座

配位子（ligand）にはさまざまな構造があり，配位子が錯体の幾何学構造と機能を支配する．つまり，配位子は錯体の構造や物性を操るための重要なパーツである．配位子には「配位部位」と呼ばれる金属に配位するために必要な部分がある．一般に配位部位は，金属錯体では窒素N，酸素O，硫黄Sなどのヘテロ原子，有機金属化合物ではπ結合であることが多い．

2.2.1　配位数

1つの金属イオンに配位する部位の数を**配位数**という．配位数は以下の条件によって決定される．

（1）金属イオンの種類

金属イオンの種類によって配位数は異なり，2から12までの配位数が報告されている．**表2.2**に典型的な金属イオンの配位数を示す．

配位数が2, 4, 6, 8のような偶数配位の錯体が多く報告されている一方で，配位数が奇数となる錯体は報告例が少ない．Au$^+$，Ag$^+$，Cu$^+$，Hg^{2+}では2配位の構造のものが多いが，一般の遷移金属イオンは4配位あるいは6配位の構造を形成する．また8配位以上の構造は希土類錯体やアクチノイド錯体においてのみ存在する．希土類錯体では配位数が9である錯体も一般的にみられるが，11配位はきわめて特殊である．

（2）配位子の種類や性質

配位数は配位子の種類や性質によっても変化する．例えば，＋2価のコバルトイオン（Co^{2+}）のまわりにハロゲン化物イオン（Cl$^-$，Br$^-$）が配位しているときは4配位であり，青色を呈する．このCo^{2+}イオンのまわりのハロゲン化物

表2.2 典型的な金属イオンの配位数

配位数	例
2（一般的）	Au, Ag, Cu, Hg などの遷移金属錯体
3	BX_3, HgI_3, $[M(PPh_3)_3]$ （M = Ni, Pd, Pt）
4（一般的）	$[AlCl_4]^-$, $[Li(H_2O)_4]^+$, $[MCl_4]^{2-}$ （M = V, Mn, Fe, Co, Ni）, $[MnO_4]^-$, Ni, Pt, Cu などの遷移金属錯体
5	$Fe(CO)_5$, $[MCl_5]^{3-}$ （M = Cu, Cd, Hg）, $[MCl_5]^{2-}$ （M = In, Tl）
6（一般的）	Mg, Ti, Zr, V, Nb, Tc, Cr, Mn, Mo, Re, Fe, Co, Pt, Ni, Cu, Ag, Zn, Cd などの遷移金属錯体
7	$[Fe(edta)(H_2O)]^-$, $[V(CN)_7]^{4-}$, $[NbCl_4(PMe_3)_3]$, 希土類錯体
8, 9, 10（一般的）	希土類錯体
11	$[Th(NO_3)_4(H_2O)_3]$
12（一般的）	希土類錯体
13以上	報告例なし

イオンがすべて水分子に置き換わると 6 配位となり赤色を呈する．この色の変化は，4 章で述べる配位子場理論によって説明される．

（3）立体構造

配位子のサイズが大きいときには，配位数が少なくなる場合がある．金属イオンの周辺が立体的に混み合い規定の配位数を満たすことができないために，錯体の反応性が高くなることもある．この立体障害は有機金属化合物において重要な概念である．基本的には 7 配位の構造は不安定とされているが，立体的にねじれた配位子を希土類イオンにとりつけることで，7 配位を達成した例もある．

2.2.2 配　座

1 つの配位子において配位可能な数のことを**配座**という．例えば，1 つの分子の中に 2 つの配位箇所がある配位子を二座配位子と呼ぶ．複数の配座を有する典型的な有機配位子を以下に示す．

二座配位子

ビピリジン，フェナントロリン，β-ジケトン，エチレンジアミンなど．もっとも一般的な配位子であり，多くの錯体が報告されている．

ビピリジン　フェナントロリン　アセチルアセトナトイオン　エチレンジアミン
（β-ジケトン）

三座配位子

ターピリジン，ホスフィンオキシド系．報告例は少ない．

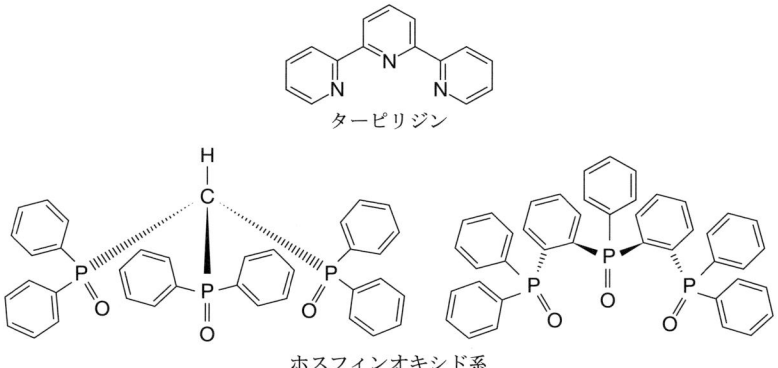

ターピリジン

ホスフィンオキシド系

四座配位子

ポルフィリン，フタロシアニン，サイクラム，シッフ塩基．

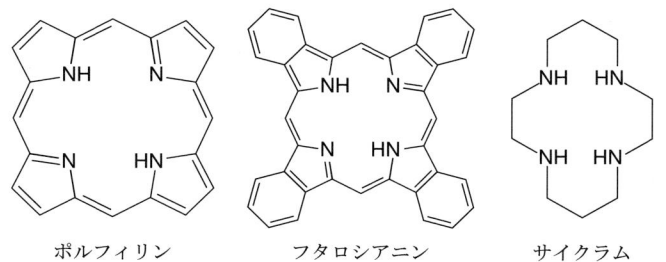

ポルフィリン　フタロシアニン　サイクラム

それ以上の配座をもつ配位子

クラウンエーテルは金属イオンを捕捉するための構造である．環の大きさによって捕捉できるイオンが異なり，例えば15-crown-5はナトリウムイオンを，18-crown-6はカリウムイオンを捕捉することができる．カリックスアレーンは環の大きさに応じて，クロロホルムやフラーレンなどの分子を捕捉する．

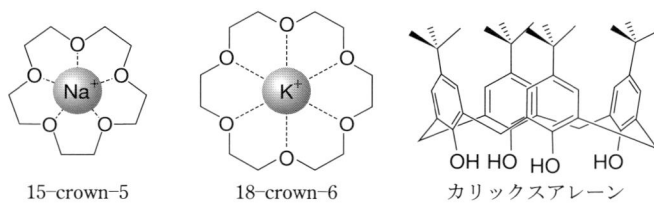

15-crown-5 　　　18-crown-6 　　　カリックスアレーン

2.3　錯体の命名法

錯体を命名する際には，配位子の数などがわかるように命名する必要がある．錯体の命名は，

　　配位子の数＋配位子名＋金属イオン

のルールに従って行われる．英語名でも同様にこのルールが適用される．簡単な配位子には数名詞を使うが，通常の有機配位子などには後述する特有名詞を使う．配位子は中心原子に近いほうから順番に並べる．また，中心原子の酸化数を示すときには，原子の後に「(酸化数)」と示す．なお，日本語で命名するとき，錯体が陰イオンの場合には中心原子の後に「酸」をつける．

数名詞を使う配位子：クロロ，ブロモ，シアノ，カルボニルなど

配位数1：モノ（mono）	配位数4：テトラ（tetra）
配位数2：ジ（di）またはビ（bi）	配位数5：ペンタ（penta）
配位数3：トリ（tri）	配位数6：ヘキサ（hexa）

　例：$Fe(CO)_5$：
　　（日本語表記）　ペンタカルボニル鉄(II)
　　（英語表記）　　pentacarbonyliron(II)

第2章　錯体とは

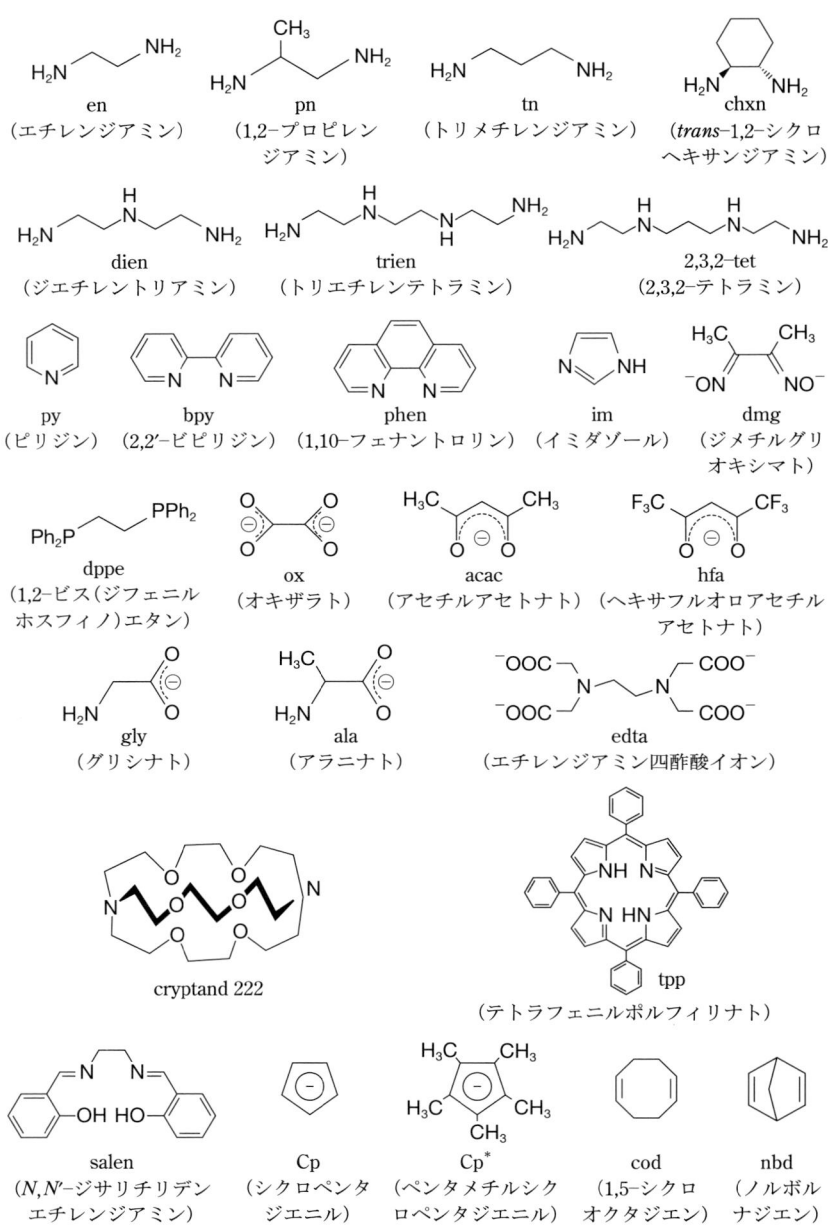

図2.1　さまざまな配位子の構造およびその省略記号

14

特有名詞を使う配位子：ビピリジン，フェナントロリン，エチレンジアミンなど
 配位数2：ビス（bis）   配位数5：ペンタキス（pentakis）
 配位数3：トリス（tris）   配位数6：ヘキサキス（hexakis）
 配位数4：テトラキス（tetrakis）
 ＊特有名詞を使う場合には，配位子の名前にカッコをつける．

 例：[Ru(bpy)$_3$]$^{2+}$：
  （日本語表記） トリス（ビピリジル）ルテニウム（II）イオン
  （英語表記） tris (bipyridyl) ruthenium (II) ion

ビピリジン（ピリジンが2つつながったもの）は金属イオンに配位子として結合するとビピリジルと名前が変化する．フェナントロリンの場合には名前は変化しない．よく用いられる配位子を，その省略記号とともに図2.1に示す．

2.4　多核錯体

金属イオンが1つの錯体中に複数含まれる錯体を**多核錯体**（polynuclear complex）と呼ぶ．金属イオンが2つのものは二核錯体と呼び，金属イオンが3つ以上の場合はクラスターと呼ばれることが多い．多核錯体には，以下のような種類がある．

(1) 金属イオン同士が直接結合しているもの

金属錯体にも有機金属化合物にもよくみられる．金属－金属結合により，特異的な光物性および磁気物性が発現する場合がある．下の錯体では，金属－金属の結合に起因する緑色発光が観測される．

（2） 金属イオンが酸素原子により架橋されているもの

このタイプの結合様式は金属錯体によくみられる．架橋している酸素原子を「μ-オキソ」と呼ぶ．下の錯体は人工光合成の酸素発生サイトにおけるモデル化合物として報告されているマンガン二核錯体である．μ-オキソの連結が酸素発生の鍵とされている．

（3） 有機分子によって結合しているもの

二座配位子などによって連結された多核錯体であり，超分子化学などの分野で現在注目されている．下図は，白金とピリジンを2つ含む配位子で構成された超分子錯体，および電子移動の研究に用いられるルテニウムとオスミウムを有機分子によって連結した錯体の例である．

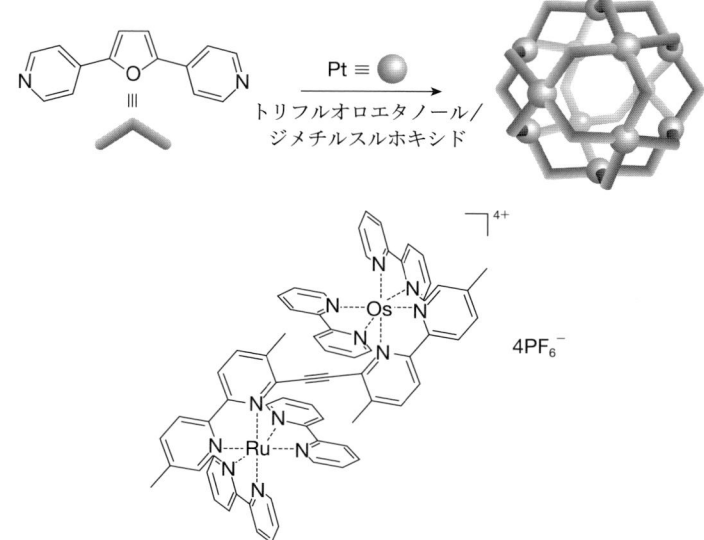

2.5 錯体の立体構造

錯体の構造は物性や機能を理解するうえで重要である．錯体は配位数や配位子の構造に応じてさまざまな立体構造を形成する．ここでは，錯体の立体構造について配位子の特徴に着目して説明する．

2.5.1 配位数と錯体の幾何学構造

錯体の幾何学構造は配位子の数によって大きく変化する．以下に，金属イオンの配位数と形成可能な幾何学構造を示す[注1]．

配位数 1
有機金属化合物など

配位数 2
直線型：$[CuCl_2]$，$[Ag(NH_3)_2]$ など

配位数 3
平面型：$[HgI_3]^-$，$[M(PPh_3)_3]$ (M=Ni, Pd, Pt)，BX_3 (X はハロゲン原子)

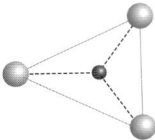

3 配位錐型：PF_3, $[Ni(PF_3)_4]$ など

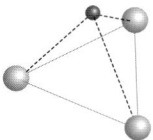

[注1] 立体構造は有機化学的な表現であり，S体やR体なども含む．一方，幾何学構造は無機化学的な表現であり，Δ体やΛ体などの錯体の形を指すことが多い．

配位数 4

正四面体型（T_d）：$[AlCl_4]^-$, $[Li(H_2O)_4]^+$, $[MCl_4]^{2-}$ （M＝V, Mn, Fe, Co, Ni）

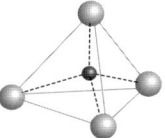

平面型（SP-4）：$[Ni(CN)_4]^{2-}$, $[PtCl_4]^{2-}$, $[Pd(NH_3)_4]^{2+}$

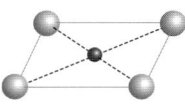

SF_4型

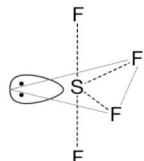

配位数 5

三方両錐型（TBPY-5）：$[MCl_5]^{3-}$ （M＝Cu, Cd, Hg）

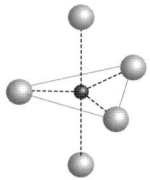

四方錐型（SPY-5）：$[MCl_5]^{3-}$ （M＝In, Tl）

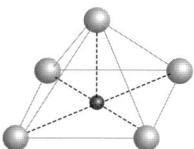

2.5 錯体の立体構造

配位数 6

正八面体型（O_h）：一般的な遷移金属錯体

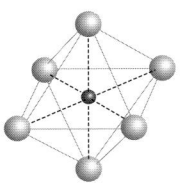

三角プリズム型（TPR-6）：MoS_2

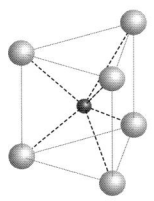

三角プリズムねじれ型：$[Cr(ox)_3]^{3-}$

配位数 7

五方両錐型（PBPY-7）：$[V(CN)_7]^{4-}$，$[Fe(edta)(H_2O)]^-$

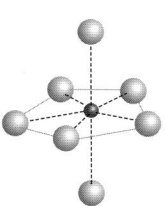

一冠八面体型（ICF-7）：$[NbCl_4(PMe_3)_3]$

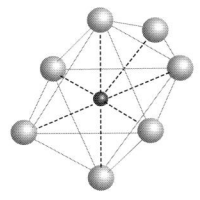

四角面一冠三角プリズム型（TPRS-7）：[Mo(CNR)$_7$]$^{2+}$（Rはアルキル基）

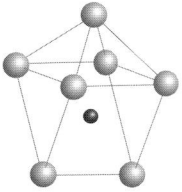

[UF$_5$O$_2$]$^{3-}$型

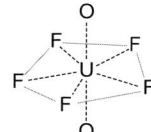

<u>配位数 8</u>

立方体型（CU-8）：[UF$_8$]$^{3-}$

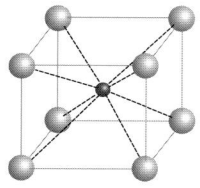

スクウェアアンチプリズム型（SAP-8）：希土類錯体

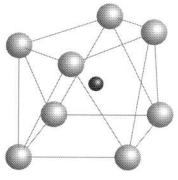

トリゴナルデカヘドロン型（TDH-8）：希土類錯体

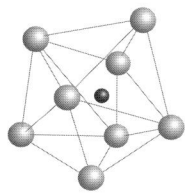

2.5 錯体の立体構造

六方両錐型（HBPY-8）：[UO$_2$(CH$_3$COO)$_3$]$^-$

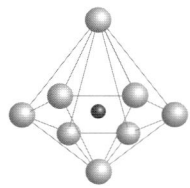

配位数 9

四角面三冠三角プリズム型：[Nd(H$_2$O)$_9$]$^{3+}$，[Sm(H$_2$O)$_9$]$^{3+}$

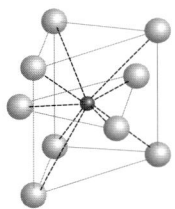

一冠型スクウェアアンチプリズム型（SAP-9）：希土類錯体

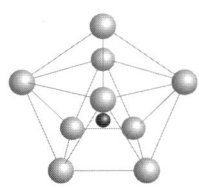

配位数 10

二冠型スクウェアアンチプリズム型（SAP-10）：[Eu(hfa)$_3$(phen)$_2$]

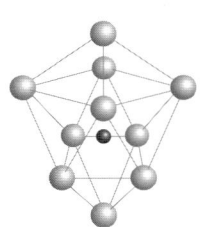

二頂点拡張十二面体型：[Pr(NO$_3$)$_3$(H$_2$O)$_4$]

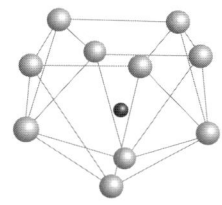

配位数11

[Th(NO$_3$)$_4$(H$_2$O)$_3$]：特定の構造は示されていない

配位数12

十二面体型：希土類錯体

2.5.2 異性体

錯体では，配位子が配位する位置の違いによって異性体が発生する．異性体には，構造異性体，幾何学異性体，光学異性体がある．

（1）構造異性体

配位子の配位する場所が2箇所以上あり，その配位箇所が異なる場合がこれにあたる．代表的な例を以下に示す．

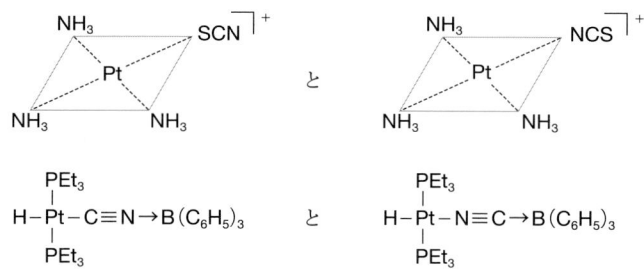

（2）幾何学異性体

配位部位の構造や種類が異なる2種類以上の配位子が1つの錯体中に存在するとき，幾何学異性体（立体異性体）が存在する．この幾何学異性体の数は，錯体の構造や配位数によって異なる．2種類の配位子が2つずつ配位した4配

位の平面型構造には，シス（*cis*）体とトランス（*trans*）体の2種類が存在する．

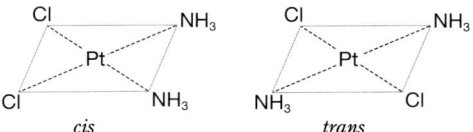

6配位の正八面体構造はもっとも多くみられる幾何学構造の1つであるが，この構造の幾何学異性体は，2種類の配位子が3つずつ配位している場合（aaaとbbb），シス体とトランス体ではなく，フェイシャル体（facial＝面という意味；*fac*と略す）とメリディオナル体（meridional＝子午線という意味；*mer*と略す）が存在する．

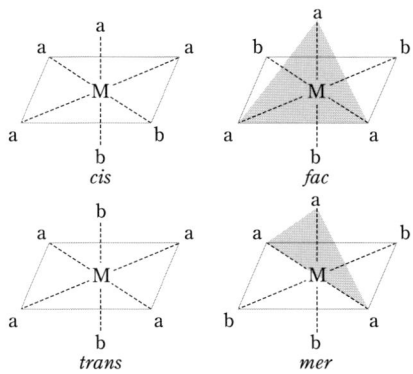

さらに，2種類の配位子が4つと2つ配位している場合（aaaaとbb）には，6種類の幾何学異性体が生じる．6つの配位子がすべて異なる場合（abcdef）は15種類の幾何学異性体が考えられる．

希土類錯体などにみられる8配位構造の場合は，2種類の配位子が6つと2つ配位している場合（aaaaaaとbb）には以下の4種類の幾何学異性体が考えられるが，現在はそのうちの2つの幾何学異性体のみしか確認されていない．

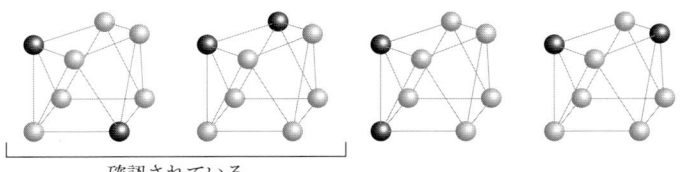

幾何学構造の対称性の違いは錯体の電子構造に大きな影響を与え，錯体の色や発光色および発光の効率などが変化する．さらに，化学反応性も大きな影響を受けるため，錯体の幾何学構造を把握することは重要である．

（3）光学異性体

3つの二座配位子によって構成される6配位の正八面体構造は光学異性体をもつ．光学異性体は，不斉炭素をもつ有機低分子化合物の場合と同様に，金属イオンを中心として鏡に映したような関係となる．2つの光学異性体の旋光度を測定し，マイナス（−）となったものをΔ体（デルタ），プラス（＋）となったものをΛ体（ラムダ）と呼ぶ．＋と−を表記し，その右下に旋光度測定の波長を表記することもある．以下に$[Co(en)_3]^{3+}$の絶対配置を示す．

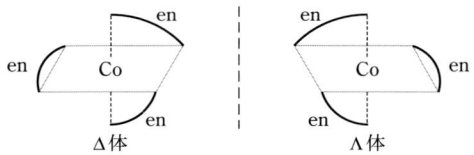

また，二座配位子は一般にねじれて配位しているものが多く，この絶対配置の向きによりδ体とλ体がある．

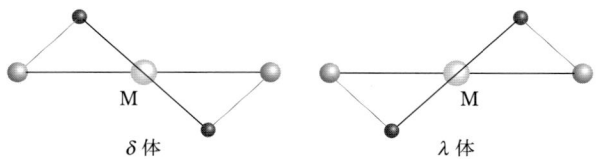

少し高度な話だが，$[Co(en)_3]^{3+}$では二座配位子のねじれによる異性体δ, λと二座配位子の配置による異性体Δ, Λを組み合わせて，以下のように表される．

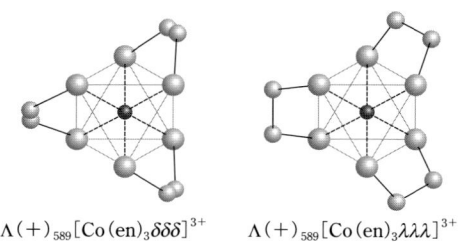

$\Lambda(+)_{589}[Co(en)_3\delta\delta\delta]^{3+}$ $\Lambda(+)_{589}[Co(en)_3\lambda\lambda\lambda]^{3+}$

第3章　分子の対称性と群論

3 章で学ぶこと
- 群論の基礎（キーワード：対称操作，点群，既約表現，指標表）
- 軌道の対称性と分子の電子構造の関係
  錯体における軌道の概念は群論により説明され，物性や機能の理解につながる．

3.1　対称操作と点群

　錯体中の金属イオンは，結晶のように規則性をもって配置している配位子に囲まれているため，金属イオンの電子状態は配位子の影響を大きく受けている．そのため，配位構造が変化すると，電子構造も変化する．次の 4 章では，こうした錯体の電子構造における軌道の分裂について考察するための理論である結晶場理論について学ぶ．

　結晶場理論においては，分子の対称性が非常に重要である．対称性は対称操作によって分類される．対称操作および群論は以下のように定義される[注1]．

対称操作
　錯体がどのような幾何学構造（正四面体型，平面型など）をもっているかを調べるための操作
群論
　対称操作によって分類された構造ごとにグループ化し，そのグループを基にして軌道などを考える理論

まず対称操作について説明する．金属化合物の空間的な情報を得るためには，

[注1] 群論については，中崎昌雄著『分子の対称と群論』（東京化学同人，1973）という名著がある．群論だけで 1 冊になるほどのテーマであるため，本書では概要だけにとどめる．さらに深く学びたい読者は同書を読まれることを薦める．

第3章　分子の対称性と群論

群論記号の意味について理解する必要がある．群論記号とは，ある対称操作に対して対称か，対称でないか（対称操作の前後で重なるか，重ならないか）を示すものである．対称操作は基本的に，「対称軸」「対称面」「対称点」の3つから構成される．群論では，まずこのような対称があるかどうかを調べることが重要となる．以下に具体的な対称操作および群論記号を示す．

回転操作（回転軸C_n）

1つの軸を選び，$360/n°$だけ回転させたときに，もとの配置とまったく同じになった場合，その軸を回転軸と呼び，C_n軸と表す．またこの操作を回転操作という．回転軸のうち，nがもっとも大きいものを主軸という．主軸の候補が複数ある場合は，もっとも多くの原子を含む軸が主軸となる．対称な直線分子の場合には，C_∞と表される．

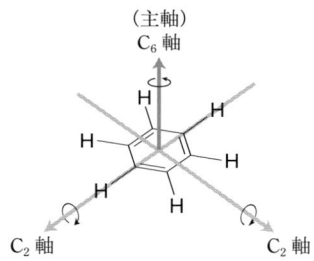

反射操作（対称面$\sigma_h, \sigma_v, \sigma_d$）

分子内に鏡を置き，一方の配置を反対側に映したときに，もとの配置と同じになる場合，その面を対称面と呼び，σで表す．また，この操作を反射操作という．対称面が主軸に垂直なときはσ_h（hはhorizontal（水平）の意），対称面が主軸を含み，原子も含むときはσ_v（vはvertical（垂直）の意），対

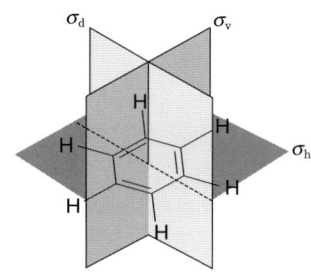

称面が主軸を含み，2本のC_2軸のなす角を二等分する原子を含まないときは$σ_d$（dはdiagonal（対角線）の意）と表す．

点対称操作（対称点 i）

ある点に対して分子が対称となるとき，その点を対称点と呼び，iで表す．またこの操作を点対称操作という．

回映操作（回映軸 S_n）

初めに回転軸C_nで回転操作を行い，その後対称面$σ_h$で反射操作を行ったときにまったく同じ配列になった場合，その軸を回映軸と呼び，S_nで表す．また，この操作を回映操作という．

なお，分子を動かさない操作を**恒等操作**といい，Eで表す．対称軸，対称面，対称点，および回映軸を**対称要素**という．対称要素を覚えれば，群論に出てくる対称操作の記号はすべて把握できたことになる．

それぞれの分子にはその構造に応じて，施してももとのままの位置や対称性が保たれる対称操作と位置が変わってしまう対称操作がある．1つの分子について，操作の前後で位置や対称性が保たれる対称操作の集まりを表す記号を**点群**と呼ぶ．点群を見れば，錯体がどのような対称性をもつのかという錯体の空間的な情報がすぐに得られる．以下では，点群の選び方について説明する．点群は次のように選ばれる．

(1) 正四面体や正八面体などの特殊な構造に対しては，それぞれT_d, O_hと表す．

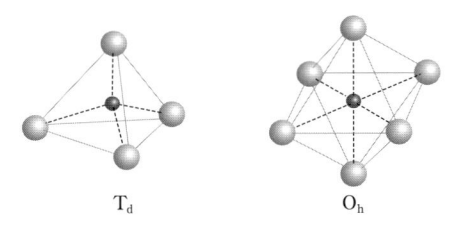

T_d　　　　　O_h

(2) 主軸（C_n）だけをもつとき（主軸と垂直なC_2軸がなく対称面もないとき）はC_nと表す．

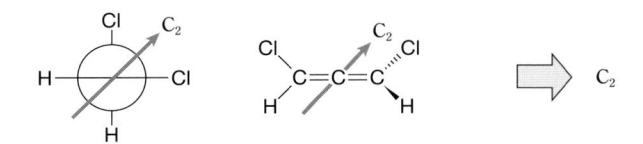

[図: CHCl=CHCl (Cl, H, H, Cl配置) に C_2 軸 ⇒ C_2]
[図: H(F)C=C=C(Cl)(H) のアレン型に C_2 軸 ⇒ C_2]

(3) 主軸 (C_n) と垂直な C_2 軸がない場合，対称面 σ_h があるときは C_{nh} ($=C_n+\sigma_h$)，対称面 σ_v があるときは C_{nv} ($=C_n+\sigma_v$) と表す．

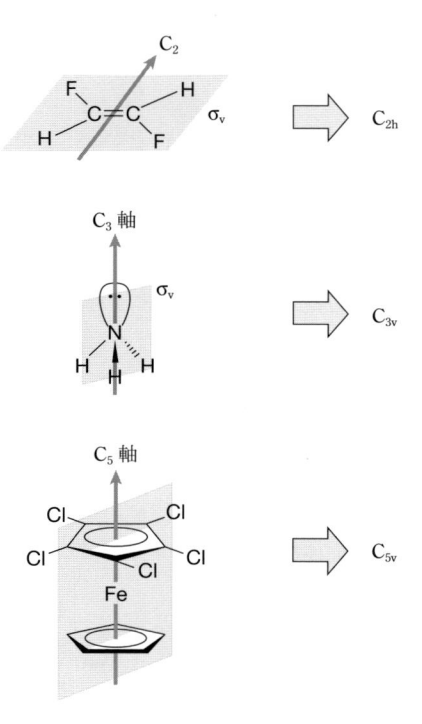

[図: FHC=CHF (trans) に C_2 軸と σ_v 面 ⇒ C_{2h}]

[図: NH_3 分子に C_3 軸と σ_v ⇒ C_{3v}]

[図: ペンタクロロフェロセン様の構造に C_5 軸と σ_v ⇒ C_{5v}]

(4) 主軸 (C_n) と垂直な C_2 軸がある場合，対称面がないときは D_n と表す．一方，対称面があるときは D_{nh} ($=D_n+\sigma_h$) あるいは D_{nd} ($=D_n+\sigma_v$) と表す．

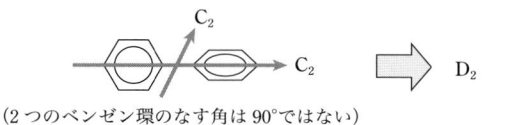

[図: ビフェニル類（2つのベンゼン環のなす角は90°ではない）に C_2 軸2本 ⇒ D_2]
（2つのベンゼン環のなす角は90°ではない）

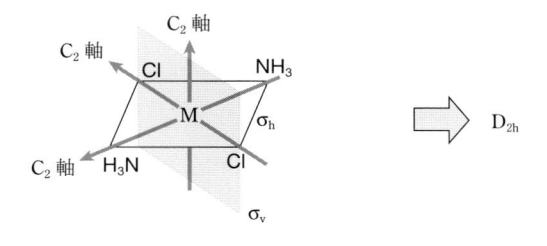

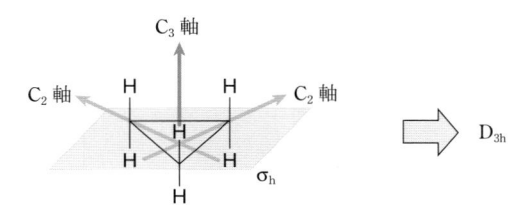

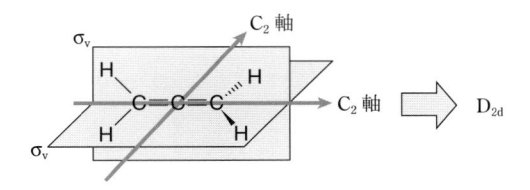

(5) 回映軸 S_{2n}（$2n$ は偶数の意）があり，対称面がないときは S_{2n} と表す．回映軸 S_{2n+1} をもつときは，C_{nh} と同じになり，C_{nh} と呼ばれる．

(6) 主軸がない場合，対称面のみがあるときは C_s，対称点のみがあるときは C_i と表す．C_i は S_2 と同じであるが，通常は C_i と呼ぶ．まったく対称性をもたない分子の点群は C_1 と表す．

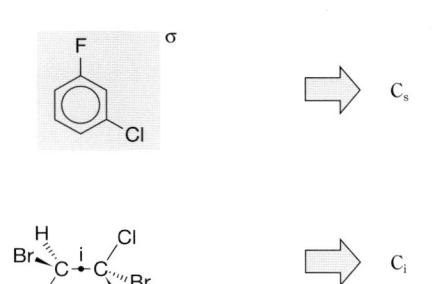

第3章　分子の対称性と群論

例えば，点群がC_{3v}であるアンモニア分子には，対称操作として1つのE，2つのC_3（120°および240°），3つのσ_vが含まれる．計6個の対称操作が含まれることになるが，対称操作の種類は3つである．この対称操作の種類のことを点群の**類**という．

以上のことを頭に入れれば，ほとんどの点群は理解できる．点群の帰属に関するスキームを図3.1に示す．

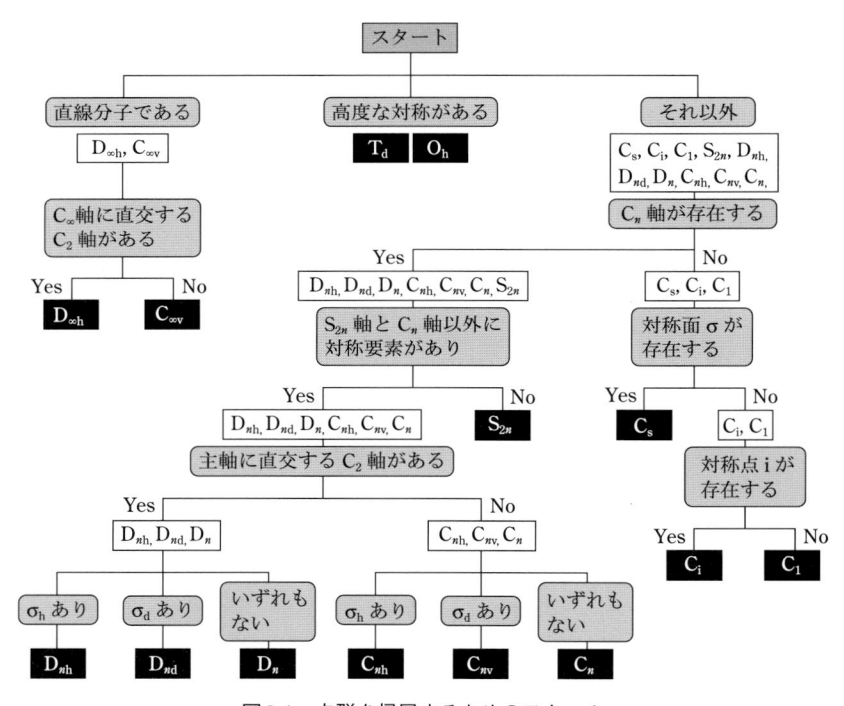

図3.1　点群を帰属するためのスキーム

3.2 点群と指数表

3.2.1 座標の変換

ここでは，分子の位置は対称操作を施した後に，具体的にどのように変化するのかということについて，xyz座標系を用いて考える．

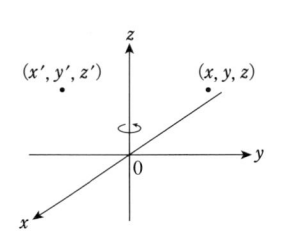

いま，右図に示すように(x, y, z)という座標をもつある点に対して，z軸を中心として回転操作C_2を施した結果，(x', y', z')という座標をもつ点に移動したとする．この場合，$x'=-x, y'=-y$となる．z'については$z'=z$，つまり変わらない．これらのことは，行列を用いると考えやすく，一連の関係を以下のように表すことができる．

$$\begin{pmatrix} x' \\ y' \\ z' \end{pmatrix} = \begin{pmatrix} -1 & 0 & 0 \\ 0 & -1 & 0 \\ 0 & 0 & 1 \end{pmatrix} \begin{pmatrix} x \\ y \\ z \end{pmatrix} = \begin{pmatrix} -x \\ -y \\ z \end{pmatrix}$$

つまり，3行3列の行列によりC_2操作を表せたことになる．これを**表現行列**という．

3.2.2 対称操作を表現する行列

例として，水分子について考えてみよう．水分子はzx面上にあるものとする（右図）．水分子の点群はC_{2v}であり，対称操作は1つのE，1つのC_2，2つのσ_v（zx面およびyz面）である．ここではzx面およびyz面についてのσ_vを，それぞれσ_v，σ_v'とする．

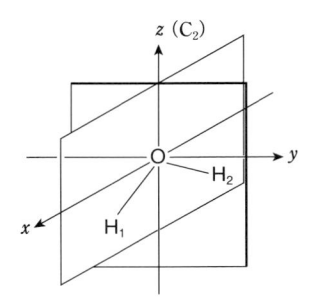

いま，水分子の2s軌道，$2p_x$軌道，$2p_y$軌道，$2p_z$軌道（**図3.2**）に上記の対称操作を施した場合に，それぞれの軌道がどのように変化するかについて考える．

第3章 分子の対称性と群論

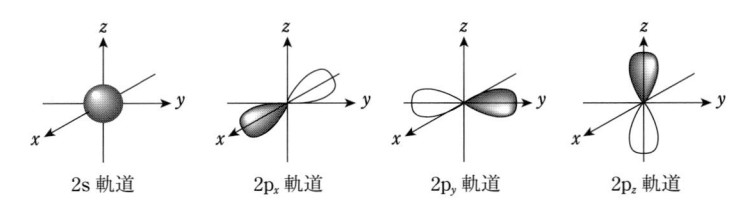

図3.2 2s軌道と2p軌道の図

（1）E操作を施しても，いずれの軌道も座標は変化しない．
（2）C_2操作を施すと，$2p_x$軌道および$2p_y$軌道の座標が反転する．
（3）σ_v操作を施すと，$2p_y$軌道の座標が反転する．
（4）σ_v'操作を施すと，$2p_x$軌道の座標が反転する．

この結果を前項で述べたように行列で表すと，それぞれ以下のようになる．

E操作：
$$\begin{pmatrix} 2s' \\ 2p_x' \\ 2p_y' \\ 2p_z' \end{pmatrix} = \begin{pmatrix} 1 & 0 & 0 & 0 \\ 0 & 1 & 0 & 0 \\ 0 & 0 & 1 & 0 \\ 0 & 0 & 0 & 1 \end{pmatrix} \begin{pmatrix} 2s \\ 2p_x \\ 2p_y \\ 2p_z \end{pmatrix}$$

C_2操作：
$$\begin{pmatrix} 2s' \\ 2p_x' \\ 2p_y' \\ 2p_z' \end{pmatrix} = \begin{pmatrix} 1 & 0 & 0 & 0 \\ 0 & -1 & 0 & 0 \\ 0 & 0 & -1 & 0 \\ 0 & 0 & 0 & 1 \end{pmatrix} \begin{pmatrix} 2s \\ 2p_x \\ 2p_y \\ 2p_z \end{pmatrix}$$

σ_v操作：
$$\begin{pmatrix} 2s' \\ 2p_x' \\ 2p_y' \\ 2p_z' \end{pmatrix} = \begin{pmatrix} 1 & 0 & 0 & 0 \\ 0 & 1 & 0 & 0 \\ 0 & 0 & -1 & 0 \\ 0 & 0 & 0 & 1 \end{pmatrix} \begin{pmatrix} 2s \\ 2p_x \\ 2p_y \\ 2p_z \end{pmatrix}$$

σ_v'操作：
$$\begin{pmatrix} 2s' \\ 2p_x' \\ 2p_y' \\ 2p_z' \end{pmatrix} = \begin{pmatrix} 1 & 0 & 0 & 0 \\ 0 & -1 & 0 & 0 \\ 0 & 0 & 1 & 0 \\ 0 & 0 & 0 & 1 \end{pmatrix} \begin{pmatrix} 2s \\ 2p_x \\ 2p_y \\ 2p_z \end{pmatrix}$$

上記すべての行列は対角行列であるので，対角成分だけを抽出して以下のようにまとめることもできる．この表では，それぞれの対称操作により座標がどのように変化するのかの見通しがつきやすい．表中一番右側の列のΓ_1, Γ_2, Γ_3は，表現行列に対して付与した単なる記号である．

	E	C_2	σ_v	σ_v'	
2s軌道	1	1	1	1	Γ_1
$2p_x$軌道	1	-1	1	-1	Γ_2
$2p_y$軌道	1	-1	-1	1	Γ_3
$2p_z$軌道	1	1	1	1	Γ_1

コラム　行列

行列を不得手とする読者も多いかもしれないが，ここで簡単に行列について復習する．群論においては，以下の点について思い出して頂ければ十分である．

- 行と列の数が等しい行列同士は足し算と引き算が可能である．
- 行列 A の列の数と行列 B の行の数が等しい行列同士には，かけ算 AB が可能である．

これ以外に群論において重要となる性質として，下に示すような部分的に対角化された行列のかけ算がある．

$$\begin{pmatrix} 1 & 0 & 0 & 0 & 0 \\ 0 & 2 & 3 & 0 & 0 \\ 0 & 4 & 5 & 0 & 0 \\ 0 & 0 & 0 & 5 & 4 \\ 0 & 0 & 0 & 3 & 2 \end{pmatrix}$$

こうした行列においては，下のように対角化された部分同士だけのかけ算を行えばよい．

$$\begin{pmatrix} 1 & 0 & 0 & 0 & 0 \\ 0 & 2 & 3 & 0 & 0 \\ 0 & 4 & 5 & 0 & 0 \\ 0 & 0 & 0 & 5 & 4 \\ 0 & 0 & 0 & 3 & 2 \end{pmatrix} \begin{pmatrix} x \\ y \\ z \\ v \\ w \end{pmatrix} = \begin{pmatrix} 1 \times x \\ \begin{pmatrix} 2 & 3 \\ 4 & 5 \end{pmatrix} \begin{pmatrix} y \\ z \end{pmatrix} \\ \begin{pmatrix} 5 & 4 \\ 3 & 2 \end{pmatrix} \begin{pmatrix} v \\ w \end{pmatrix} \end{pmatrix} = \begin{pmatrix} x \\ 2y+3z \\ 4y+5z \\ 5v+4w \\ 3v+2w \end{pmatrix}$$

ここで，水分子の2つの水素原子についても考えておく．2つの水素の位置を H_1, H_2 とし，対称操作後の水素原子の位置を H_1', H_2' とする．C_2 操作を行うと，H_1 と H_2 の位置は入れ替わるので，この座標変換は表現行列を用いて

$$\begin{pmatrix} H_1' \\ H_2' \end{pmatrix} = \begin{pmatrix} 0 & 1 \\ 1 & 0 \end{pmatrix} \begin{pmatrix} H_1 \\ H_2 \end{pmatrix}$$

と表すことができる．E操作，σ_v 操作，σ_v' 操作についても同様に考えると，以下のようにまとめられる．

$$\text{E操作}: \begin{pmatrix} 1 & 0 \\ 0 & 1 \end{pmatrix} \quad C_2\text{操作}: \begin{pmatrix} 0 & 1 \\ 1 & 0 \end{pmatrix} \quad \sigma_v\text{操作}: \begin{pmatrix} 1 & 0 \\ 0 & 1 \end{pmatrix} \quad \sigma_v'\text{操作}: \begin{pmatrix} 0 & 1 \\ 1 & 0 \end{pmatrix}$$

3.2.3　各対称操作を表現する行列

同様に考えると，すべての対称操作を表現行列で表すことができる．以下にまとめる．

回転操作 C_n

z軸のまわりに角度θ（$=360/n°$）回転する場合：

$$\begin{pmatrix} x' \\ y' \\ z' \end{pmatrix} = \begin{pmatrix} \cos\theta & -\sin\theta & 0 \\ \sin\theta & \cos\theta & 0 \\ 0 & 0 & 1 \end{pmatrix} \begin{pmatrix} x \\ y \\ z \end{pmatrix} = \begin{pmatrix} x\cos\theta - y\sin\theta \\ x\sin\theta + y\cos\theta \\ z \end{pmatrix}$$

反射操作 σ

yz面に対して反射させる場合：

$$\begin{pmatrix} x' \\ y' \\ z' \end{pmatrix} = \begin{pmatrix} -1 & 0 & 0 \\ 0 & 1 & 0 \\ 0 & 0 & 1 \end{pmatrix} \begin{pmatrix} x \\ y \\ z \end{pmatrix} = \begin{pmatrix} -x \\ y \\ z \end{pmatrix}$$

zx面に対して反射させる場合：

$$\begin{pmatrix} x' \\ y' \\ z' \end{pmatrix} = \begin{pmatrix} 1 & 0 & 0 \\ 0 & -1 & 0 \\ 0 & 0 & 1 \end{pmatrix} \begin{pmatrix} x \\ y \\ z \end{pmatrix} = \begin{pmatrix} x \\ -y \\ z \end{pmatrix}$$

点対称操作 i

$$\begin{pmatrix} x' \\ y' \\ z' \end{pmatrix} = \begin{pmatrix} -1 & 0 & 0 \\ 0 & -1 & 0 \\ 0 & 0 & -1 \end{pmatrix} \begin{pmatrix} x \\ y \\ z \end{pmatrix} = \begin{pmatrix} -x \\ -y \\ -z \end{pmatrix}$$

回映操作 S_n

yz面に対して反射させる場合：

$$\begin{pmatrix} x' \\ y' \\ z' \end{pmatrix} = \begin{pmatrix} -1 & 0 & 0 \\ 0 & 1 & 0 \\ 0 & 0 & 1 \end{pmatrix} \begin{pmatrix} \cos\theta & -\sin\theta & 0 \\ \sin\theta & \cos\theta & 0 \\ 0 & 0 & 1 \end{pmatrix} \begin{pmatrix} x \\ y \\ z \end{pmatrix} = \begin{pmatrix} -x\cos\theta + y\sin\theta \\ x\sin\theta + y\cos\theta \\ z \end{pmatrix}$$

zx面に対して反射させる場合：

$$\begin{pmatrix} x' \\ y' \\ z' \end{pmatrix} = \begin{pmatrix} 1 & 0 & 0 \\ 0 & -1 & 0 \\ 0 & 0 & 1 \end{pmatrix} \begin{pmatrix} \cos\theta & -\sin\theta & 0 \\ \sin\theta & \cos\theta & 0 \\ 0 & 0 & 1 \end{pmatrix} \begin{pmatrix} x \\ y \\ z \end{pmatrix} = \begin{pmatrix} x\cos\theta - y\sin\theta \\ -x\sin\theta - y\cos\theta \\ z \end{pmatrix}$$

3.2.4　点群の可約表現と既約表現

ここまでわかってきたところで，続いて点群が C_{3v} であるアンモニア分子の表現行列を考えてみよう．アンモニア分子は xyz 座標系において右図のように配置されているとする．C_{3v} 点群には対称操作として 1 つの E，2 つの C_3 (120°, 240°)，3 つの σ_v が含まれる．上と同様に考えると，アンモニアの窒素原子の 2s 軌道，$2p_x$ 軌道，$2p_y$ 軌道，$2p_z$ 軌道に対称操作を施すときの表現行列は以下のように表される．

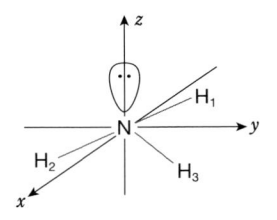

E

$$\begin{pmatrix} 1 & 0 & 0 & 0 \\ 0 & 1 & 0 & 0 \\ 0 & 0 & 1 & 0 \\ 0 & 0 & 0 & 1 \end{pmatrix}$$

$C_3{}^2$ (z 軸まわりに 120°)

$$\begin{pmatrix} 1 & 0 & 0 & 0 \\ 0 & -\frac{1}{2} & \frac{\sqrt{3}}{2} & 0 \\ 0 & \frac{\sqrt{3}}{2} & -\frac{1}{2} & 0 \\ 0 & 0 & 0 & 1 \end{pmatrix}$$

$C_3{}^2$ (z 軸まわりに 240°；C_3 操作を 2 回)

$$\begin{pmatrix} 1 & 0 & 0 & 0 \\ 0 & -\frac{1}{2} & \frac{\sqrt{3}}{2} & 0 \\ 0 & -\frac{\sqrt{3}}{2} & -\frac{1}{2} & 0 \\ 0 & 0 & 0 & 1 \end{pmatrix}$$

$\sigma_v(1)$ (H_1 を含む面)

$$\begin{pmatrix} 1 & 0 & 0 & 0 \\ 0 & 1 & 0 & 0 \\ 0 & 0 & -1 & 0 \\ 0 & 0 & 0 & 1 \end{pmatrix}$$

$\sigma_v(2)$ (H_2 を含む面)

$$\begin{pmatrix} 1 & 0 & 0 & 0 \\ 0 & -\frac{1}{2} & -\frac{\sqrt{3}}{2} & 0 \\ 0 & -\frac{\sqrt{3}}{2} & \frac{1}{2} & 0 \\ 0 & 0 & 0 & 1 \end{pmatrix}$$

$\sigma_v(3)$ (H_3 を含む面)

$$\begin{pmatrix} 1 & 0 & 0 & 0 \\ 0 & -\frac{1}{2} & \frac{\sqrt{3}}{2} & 0 \\ 0 & \frac{\sqrt{3}}{2} & \frac{1}{2} & 0 \\ 0 & 0 & 0 & 1 \end{pmatrix}$$

水分子（C_{2v} 点群）の場合とは異なり，対角行列ではない表現行列も含まれるが，同じような表にまとめると，以下のように表すことができる．

	E	C_3	$C_3{}^2$	$\sigma_v(1)$	$\sigma_v(2)$	$\sigma_v(3)$	
2s 軌道	1	1	1	1	1	1	Γ_1
$2p_z$ 軌道	1	1	1	1	1	1	Γ_1
$2p_x$ 軌道, $2p_y$ 軌道	$\begin{pmatrix} 1 & 0 \\ 0 & 1 \end{pmatrix}$	$\begin{pmatrix} -\frac{1}{2} & -\frac{\sqrt{3}}{2} \\ \frac{\sqrt{3}}{2} & -\frac{1}{2} \end{pmatrix}$	$\begin{pmatrix} -\frac{1}{2} & \frac{\sqrt{3}}{2} \\ -\frac{\sqrt{3}}{2} & -\frac{1}{2} \end{pmatrix}$	$\begin{pmatrix} 1 & 0 \\ 0 & -1 \end{pmatrix}$	$\begin{pmatrix} -\frac{1}{2} & -\frac{\sqrt{3}}{2} \\ -\frac{\sqrt{3}}{2} & \frac{1}{2} \end{pmatrix}$	$\begin{pmatrix} -\frac{1}{2} & \frac{\sqrt{3}}{2} \\ \frac{\sqrt{3}}{2} & \frac{1}{2} \end{pmatrix}$	Γ_2

C_{3v} 点群の対称操作には C_3 が含まれるため,先ほどの水分子の例とは異なり,1と−1だけでは表しきれず,p_x 軌道,p_y 軌道について合わせて 2×2 の行列で表されている.

最初の 4×4 行列と比べると,1×1 行列 2 つと,2×2 行列 1 つに分解されている.最初の 4×4 行列のように,より簡単な表現行列に分解できうる表現を**可約表現**,これ以上分解できない表現を**既約表現**という.水分子の例は,すべてが 1×1 の行列で表される特別なケースである.

3.2.5 既約表現の作り方

先ほど水分子の水素原子について考えた C_2 操作,σ_v' 操作についての表現行列は

$$\begin{pmatrix} 0 & 1 \\ 1 & 0 \end{pmatrix}$$

であった.これは対角行列ではない.対角行列ではないすべての行列 A に対して,ある行列 X とその逆行列 X^{-1} を $X^{-1}AX$ のようにかけ算することで,対角行列にすることができる.これを相似変換という.上の行列については

$$X = \begin{pmatrix} \dfrac{1}{\sqrt{2}} & -\dfrac{1}{\sqrt{2}} \\ \dfrac{1}{\sqrt{2}} & \dfrac{1}{\sqrt{2}} \end{pmatrix} \qquad X^{-1} = \begin{pmatrix} \dfrac{1}{\sqrt{2}} & \dfrac{1}{\sqrt{2}} \\ -\dfrac{1}{\sqrt{2}} & \dfrac{1}{\sqrt{2}} \end{pmatrix}$$

をかけ算することで,対角行列

$$\begin{pmatrix} -1 & 0 \\ 0 & 1 \end{pmatrix}$$

が得られる.相似変換に用いることのできる逆行列を選ぶ方法については,行列や線形代数に関する参考書を参照されたい.

3.2.6 指標と指標表

行と列の数が等しい正方行列における対角要素の和を**指標**という.指標には,前項で述べた相似変換を施す前と後で指標は変わらないという性質がある.そのため,ある表現行列が可約表現であったとしても,その指標は既約表現の指標と等しくなる.また,1つの点群における既約表現の数は,点群の類の数に

等しいという性質もある．これらの性質は数学的に証明できる．
　ここで，先に説明した点群がC_{3v}であるアンモニア分子の表現行列に関する表をもう一度眺めてみる．

C_{3v}	E	C_3	C_3^2	$\sigma_v(1)$	$\sigma_v(2)$	$\sigma_v(3)$	
2s軌道	1	1	1	1	1	1	Γ_1
$2p_z$軌道	1	1	1	1	1	1	Γ_1
$2p_x$軌道, $2p_y$軌道	$\begin{pmatrix} 1 & 0 \\ 0 & 1 \end{pmatrix}$	$\begin{pmatrix} -\frac{1}{2} & -\frac{\sqrt{3}}{2} \\ \frac{\sqrt{3}}{2} & -\frac{1}{2} \end{pmatrix}$	$\begin{pmatrix} -\frac{1}{2} & \frac{\sqrt{3}}{2} \\ -\frac{\sqrt{3}}{2} & -\frac{1}{2} \end{pmatrix}$	$\begin{pmatrix} 1 & 0 \\ 0 & -1 \end{pmatrix}$	$\begin{pmatrix} -\frac{1}{2} & -\frac{\sqrt{3}}{2} \\ -\frac{\sqrt{3}}{2} & \frac{1}{2} \end{pmatrix}$	$\begin{pmatrix} -\frac{1}{2} & \frac{\sqrt{3}}{2} \\ \frac{\sqrt{3}}{2} & \frac{1}{2} \end{pmatrix}$	Γ_2

$2p_x$軌道，$2p_y$軌道については行列となっているので，この部分を指標にすると以下のようになる．

C_{3v}	E	C_3	C_3^2	$\sigma_v(1)$	$\sigma_v(2)$	$\sigma_v(3)$	
2s軌道, $2p_z$軌道	1	1	1	1	1	1	Γ_1
$2p_x$軌道, $2p_y$軌道	2	-1	-1	0	0	0	Γ_2

指標には，同じ類の指標は同じであるという性質もあり，上の表は以下のようにまとめることができる．

C_{3v}	E	$2C_3$	$3\sigma_v$	
2s軌道, $2p_z$軌道	1	1	1	Γ_1
$2p_x$軌道, $2p_y$軌道	2	-1	0	Γ_2

点群C_{3v}の指標表を以下に示す．一般的な「指標表」では，分子の対称性を考える際に便利な**Mulliken**（マリケン）**記号**と呼ばれる記号が用いられる．

　　　　　点群の記号　　　　点群の対称要素

C_{3v}	E	$2C_3$	$3\sigma_v$		
A_1	1	1	1	z	x^2+y^2, z^2
A_2	1	1	-1	R_z	
E	2	-1	0	(x, y) (R_x, R_y)	(x^2-y^2, xy) (zx, yz)

　　　Mulliken記号　　　指標　　　　　　軌道の対称性

一番左側の列の下側がMulliken記号である．右から2列目はp軌道に関する，一番右側の列はd軌道に関する対称性である．なお，s軌道は球対称なので，A_1に対応する．R_x, R_y, R_zはそれぞれx, y, z軸まわりの回転を表す．Rは分子の回転などが関係する場合に重要となるが，本書の範囲では使用しない．

また，1つ前の表と比べて，Mulliken記号がA_2である既約表現が新たに加わっていることがわかる．表を見るとわかるように，A_2のMulliken記号で表される既約表現は，z軸まわりの回転R_zと関係している．s軌道とp軌道の対称性のみを考慮してできあがった表であったため，この既約表現は現れなかったのである．

Mulliken記号は，既約表現の次数（恒等操作Eの指標に等しい）に応じて，以下のように表される．

　　次数が1：AまたはB
　　　　　　(C_n対称操作に対して対称的なものはA, 反対称的なものはB)
　　次数が2：E
　　次数が3：T

1つの既約表現は1つの軌道に対応し，次数が2の場合は，軌道が二重縮退していることになる．

Mulliken記号の下付き添え字1は，主軸C_nに垂直なC_2軸があるときにはその軸に対して対称的，下付き添え字2は主軸C_n軸に垂直なC_2に対して反対称的であることを示す．主軸に垂直なC_2軸がないときは，C_nを含む対称面σ_vに対してそれぞれ対称的および反対称的であることを示す．対称要素として対称面σ_hをもつ点群に関しては，σ_hに対して対称か反対称かを表す添え字プライム$'$と$''$を付ける．対称要素として反転中心iが含まれる点群に関しては，反転中心iに対して対称的か（gerade）反対称的（ungerade）かを示す添え字gとuを付ける．

一方，点群がC_{2v}である水分子の表も再掲する．

C_{2v}	E	C_2	σ_v	σ_v'	
2s軌道	1	1	1	1	Γ_1
$2p_x$軌道	1	-1	1	-1	Γ_2
$2p_y$軌道	1	-1	-1	1	Γ_3
$2p_z$軌道	1	1	1	1	Γ_1

ここでも，2s軌道，$2p_x$軌道，$2p_y$軌道，$2p_z$軌道の4行があるものの，2s軌道と$2p_z$軌道は同じであり3種類しかないことがわかる．点群C_{2v}における対称操作の類の数は4であるので，先ほど述べた指標の性質からすると，既約表現は4つあるはずである．実際には，C_{2v}点群の指標表は以下のように表される．

C_{2v}	E	C_2	σ_v	σ_v'		
A_1	1	1	1	1	z	x^2, y^2, z^2
A_2	1	1	-1	-1	R_z	xy
B_1	1	-1	1	-1	x, R_y	zx
B_2	1	-1	-1	1	y, R_x	yz

1つ前の表と比べて，Mulliken記号がA_2である既約表現が新たに加わることになる．表を見るとわかるように，A_2のMulliken記号で表される既約表現が関係する軌道は，d_{xy}軌道である．水分子ではd軌道を考慮しなかったため，この既約表現は現れなかったのである．

各点群の既約表現については「既約表現行列の直交性に関する大定理」と呼ばれる有用な法則を用いて導くことができるが，ここでは詳細は述べない．

3.2.7 指標表における可約表現の簡約

ここで，点群がC_{3v}であるアンモニア分子に関して，3つの水素原子をもとに作成した表現行列について考えておく．結論を先に述べると，2s軌道，$2p_x$軌道，$2p_y$軌道，$2p_z$軌道をもとに考えなくとも，同じ結果が得られる．

3つの水素の位置をH_1, H_2, H_3とし，対称操作後の水素原子の位置をH_1', H_2', H_3'とする．C_{3v}点群の対称要素は1つのE, 2つのC_3, 3つのσ_vである．それぞれの表現行列は以下のように表すことができる．

$$\begin{array}{cccccc} E & C_3 & C_3^2 & \sigma_v(1) & \sigma_v(2) & \sigma_v(3) \\ \begin{pmatrix} 1 & 0 & 0 \\ 0 & 1 & 0 \\ 0 & 0 & 1 \end{pmatrix} & \begin{pmatrix} 0 & 0 & 1 \\ 1 & 0 & 0 \\ 0 & 1 & 0 \end{pmatrix} & \begin{pmatrix} 0 & 1 & 0 \\ 0 & 0 & 1 \\ 1 & 0 & 0 \end{pmatrix} & \begin{pmatrix} 1 & 0 & 0 \\ 0 & 0 & 1 \\ 0 & 1 & 0 \end{pmatrix} & \begin{pmatrix} 0 & 0 & 1 \\ 0 & 1 & 0 \\ 1 & 0 & 0 \end{pmatrix} & \begin{pmatrix} 0 & 1 & 0 \\ 1 & 0 & 0 \\ 0 & 0 & 1 \end{pmatrix} \end{array}$$

これらの表現行列には可約表現も含まれる．それぞれの対称操作の指標は次のようになる．

第3章 分子の対称性と群論

C_{3v}	E	C_3	C_3^2	$\sigma_v(1)$	$\sigma_v(2)$	$\sigma_v(3)$
$\Gamma(H_1, H_2, H_3)$	3	0	0	1	1	1

先ほど述べた，同じ類の指標は同じであるという性質から，上の表は以下のようにまとめることができる．

C_{3v}	E	$2C_3$	$3\sigma_v$
$\Gamma(H_1, H_2, H_3)$	3	0	1

これを先のC_{3v}点群の指標表と比較してみる．

C_{3v}	E	$2C_3$	$3\sigma_v$		
$\Gamma_1(A_1)$	1	1	1	z	x^2+y^2, z^2
$\Gamma_2(A_2)$	1	1	1	R_z	
$\Gamma_3(E)$	2	-1	0	$(x,y);(R_x,R_y)$	$(x^2-y^2, xy);(zx, yz)$
$\Gamma(H_1, H_2, H_3)$	3	0	1		

この表をみると，

$$\Gamma(H_1, H_2, H_3) = \Gamma_1 + \Gamma_3 \, (= A_1 + E)$$

という関係があることがすぐにわかる．このことは，<u>アンモニア分子において結合に関与する軌道は，A_1とEの対称性をもつ軌道だけであるということを意味している</u>．指標表から，A_1は2s軌道と$2p_z$軌道に，Eは$2p_x$軌道，$2p_y$軌道に対応することがわかる．

上記のように，可約表現はそれぞれの既約表現の和で表される．ある点群の対称要素の合計数（類の数ではない）をh，それぞれの既約表現を$\Gamma_1, \Gamma_2, \cdots, \Gamma_h$，可約表現を$\Gamma$とすると，$\Gamma_1 \sim \Gamma_h$に対応する定数（既約表現が現れる回数）$a_1, a_2, \cdots, a_h$を用いて，

$$\Gamma = a_1\Gamma_1 + a_2\Gamma_2 + \cdots a_h\Gamma_h$$

が成り立つ．定数$a_i (=a_1, a_2, \cdots, a_h)$については，対称操作$R$の類の数$g_R$，可約表現の中の対称操作$R$の指標$\chi(R)$および$i$番目の既約表現の中の，対称操作$R$の指標$\chi_i(R)$を用いて，以下の関係式がある．

3.2 点群と指数表

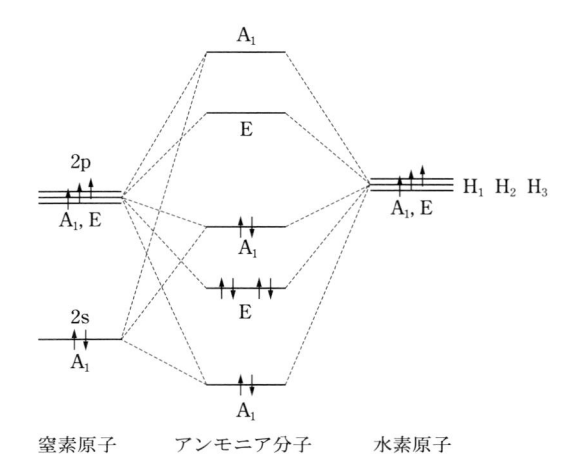

図3.3 アンモニア分子のエネルギー準位図

$$a_i = \frac{1}{h}\sum_R g_R \chi(R)\chi_i(R)$$

この関係式を用いると，C_{3v}点群については

A_1について：$\dfrac{1}{6}\{\underbrace{1\times1\times3}_{E}+\underbrace{2\times1\times0}_{2C_3}+\underbrace{3\times1\times1}_{3\sigma_v}\}=1$

A_2について：$\dfrac{1}{6}\{\underbrace{1\times1\times3}_{E}+\underbrace{2\times1\times0}_{2C_3}+\underbrace{3\times(-1)\times1}_{3\sigma_v}\}=0$

Eについて：$\dfrac{1}{6}\{\underbrace{1\times2\times3}_{E}+\underbrace{2\times(-1)\times0}_{2C_3}+\underbrace{3\times0\times1}_{3\sigma_v}\}=1$

となり，先ほどと同じ

$$\Gamma(H_1, H_2, H_3) = \Gamma_1 + \Gamma_3 \,(= A_1 + E)$$

という結論が得られる．a_iがゼロの軌道は結合に関与しないことを表しており，アンモニア分子は実質上，A_1とEの対称性をもつ軌道のみによって構成されることになる．こうして，**図3.3**に示すようにアンモニア分子のエネルギー準位図が得られる．

このような計算により，すべての可約表現を既約表現に変換することなく，相互作用すなわち結合に関与する軌道がわかる．

第4章　錯体の電子構造

4章で学ぶこと
- 金属錯体において重要なd軌道のエネルギー状態を理解するための考え方である結晶場理論および結晶場理論を拡張した配位子場理論.
- 有機金属化合物における結合様式および安定性の判断基準となる18電子則.

錯体の電子構造を学ぶことで，6章以降で述べる光物性，電気物性，磁気物性や有機反応性を理解することができる.

4.1　有機分子の結合：原子価結合論

　物質を構成する原子には，原子核と電子が存在する．De Brogile（ド ブ ロ イ）は1924年にすべての物質が波動性を示すのではないかと考え，その後1926年にSchrödinger（シュレディンガー）が物質におけるエネルギー状態を，方程式を用いて説明した．この方程式をSchrödingerの波動方程式と呼ぶ．この波動方程式を用いて電子構造を扱う学問体系は量子力学と呼ばれる．量子力学では複雑な計算を必要とするため，すべての金属錯体の電子構造を計算することはきわめて困難である．よって，錯体化学では群論を拡張した配位子場理論によって電子構造を考えることが多い．配位子場理論を紹介する前に，まず有機化合物の化学結合を説明する原子価結合論について説明する．

　原子価結合論（valence bond theory）とは，化学結合を各原子の軌道に属する電子の相互作用によって説明する理論である．高校化学では，電子は原子核のまわりの電子殻，すなわちエネルギーが低いほうからK殻，L殻，M殻，…の中に存在すると学ぶが，量子力学では，電子が存在しうる場所を電子雲（軌道）として考える．その電子雲の形は，「主量子数」「方位量子数」「磁気量子数」の量子状態を用いた波動関数で表す（**図4.1**）．

4.1 有機分子の結合：原子価結合論

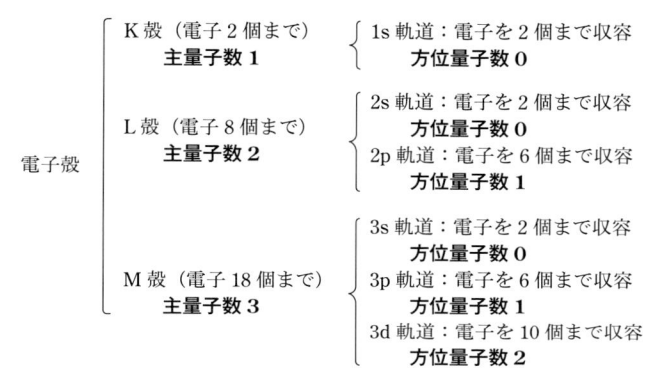

```
           ┌ K殻（電子2個まで）  ┌ 1s軌道：電子を2個まで収容
           │   主量子数 1       └   方位量子数 0
           │
           │                    ┌ 2s軌道：電子を2個まで収容
           │ L殻（電子8個まで）  │   方位量子数 0
  電子殻 ──┤   主量子数 2       │ 2p軌道：電子を6個まで収容
           │                    └   方位量子数 1
           │
           │                    ┌ 3s軌道：電子を2個まで収容
           │                    │   方位量子数 0
           │ M殻（電子18個まで） │ 3p軌道：電子を6個まで収容
           │   主量子数 3       │   方位量子数 1
           │                    │ 3d軌道：電子を10個まで収容
           └                    └   方位量子数 2
```

図4.1　K殻，L殻，M殻と主量子数，方位量子数の比較

主量子数 n

軌道のエネルギーを表す．小さいものは 1 で，数値が大きいほど，軌道は外側に広がっている．1s軌道においては「1」が主量子数．

方位量子数 l

軌道の形を表す．同じ形の軌道の中にある電子は，同じような性質を示す．軌道の形は化学結合を考えるうえで重要である．軌道の形には方位量子数に基づいて，以下の種類がある．それぞれの軌道名はカッコ内の英語の頭文字に由来する．

　s（$l=0$, sharp）

　p（$l=1$, principal）

　d（$l=2$, diffuse）

　f（$l=3$, fundamental）

磁気量子数 m_l

軌道が広がる向きを表す．方位量子数を l とすると，磁気量子数は 0, ±1, ±2, …, ±l の値をとる．軌道の数は一般に複数あり，この数は磁気量子数の数に等しくなる．例えば，方位量子数 $l=1$（p軌道）の場合には，磁気量子数 m_l には $-1, 0, 1$ の3種類があり，p_x, p_y, p_z の3つの軌道が存在する．$l=2$（d軌道）の場合には，$-2, -1, 0, 1, 2$ の5種類があり，d_{xy}, d_{yz}, d_{zx}, $d_{x^2-y^2}$, d_{z^2} の5つの軌道が存在する．

第4章 錯体の電子構造

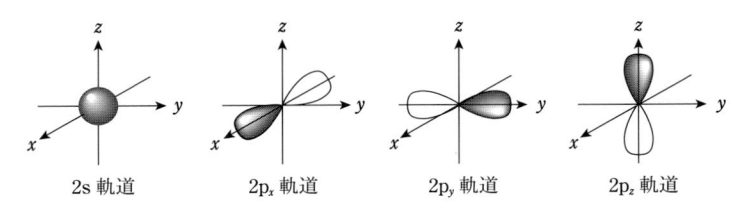

|2s 軌道 | 2p$_x$ 軌道 | 2p$_y$ 軌道 | 2p$_z$ 軌道 |

図4.2 2s軌道と2p軌道の図

図4.2には，主量子数が2の場合の軌道，つまり2s軌道と2p軌道の形を示す．

ここで，各軌道への電子の配置を考える．電子配置とはつまり，それぞれの軌道にいくつの電子がどんな状態で入っているかということであり，電子の状態および分子の性質を考えるうえできわめて重要である．次の2つの考え方によって電子は軌道の中に配置されていく．

Pauliの排他原理（Pauli exclusion principle）
1つの軌道に入れる電子の数は2つまで．同じ軌道に電子が入る場合は，電子スピンの向きを逆にして入る．

Hundの規則（Hund's rule）
エネルギー的に等しい軌道に電子が収容されるときは，すべての軌道が満たされるまで1個ずつ電子が入る．

Pauliの排他原理は1925年にPauliが考案した理論であり，電子状態を考える基本となっている．正確には，電子にはαスピンとβスピンの状態があり，このスピン状態と上記3つの量子状態（主量子数，方位量子数，磁気量子数）は1個の電子しかとり得ない，つまり，2個以上の電子が同時に同じ状態はとれないということになる．

またHundの規則は，1つのエネルギー状態に電子はαスピンとβスピンの状態で入ること，つまり1対の電子によって，1つのエネルギー状態は占有されることを示している．これが化学結合を考えるときの基本となる．

上記の2つの考え方を基にして，有機分子の主要骨格である炭素と水素の結

4.1 有機分子の結合：原子価結合論

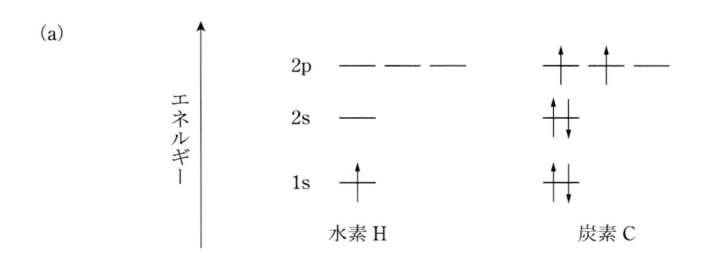

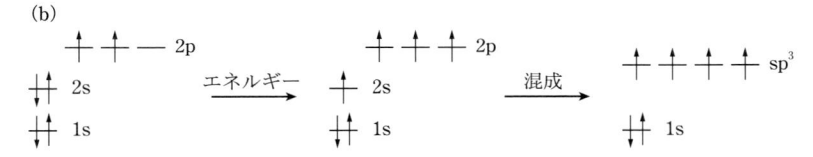

図4.3 （a）水素と炭素の電子配置，（b）炭素のsp³混成軌道の考え方

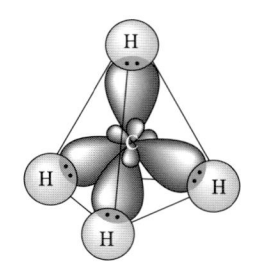

図4.4 メタン分子の軌道

合について，次のように考えていく．まず，炭素と水素が結合する場合には，炭素の2s軌道と2p軌道によるsp³混成軌道の形成を考える．sp³混成軌道では炭素の4個の電子が均等に配置される（**図4.3**）．このsp³混成軌道中の電子4個と，水素の1s軌道の電子1個がそれぞれ対になって1つの軌道の中に入り，共有結合が形成される．メタン分子を軌道を含めて示すと，**図4.4**のようになる．メタンの場合，sp³混成軌道は炭素を中心として等しく広がろうとするため，正四面体構造となる．この結合を別名，**σ結合**と呼ぶ．

炭素がつくる混成軌道にはsp³混成軌道の他にsp²混成軌道およびsp混成軌道がある．これらの混成軌道は2つの炭素原子から生成し，エチレンやアセチレンおよび有機分子の基本骨格であるベンゼンなどにみられる重要な混成軌道である．**図4.5**に示すように，エチレンやアセチレンでは，sp²混成軌道および

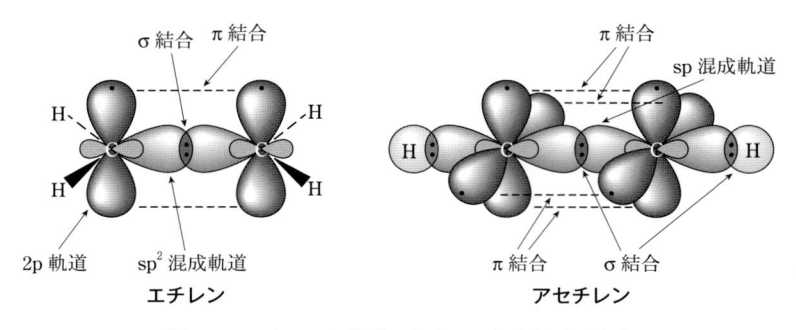

図4.5 エチレンおよびアセチレンにおけるπ結合

sp混成軌道からなるσ結合の他に，2つの炭素原子の2p軌道から**π結合**が形成される．

このように一般の有機分子ではs軌道やp軌道が重要であり，この2つの軌道が混成することにより形成されるsp^3混成軌道，sp^2混成軌道，sp混成軌道，および共有結合の形成が基本となる．こうした共有結合を説明するための考え方が，原子価結合論である．

4.2　金属錯体の結合Ⅰ：結晶場理論

金属錯体中の「金属－配位子結合」は有機分子にみられる共有結合的な考え方では説明ができない．これは，金属のd軌道が錯体の性質や機能に大きく影響を与えているためである．錯体の金属－配位子結合については，初期の原子価結合論により，6配位錯体の中の金属イオンの混成軌道として，sp^3混成軌道に2つのd軌道が混成したsp^3d^2混成軌道が考えられたことがあったが，金属錯体の吸収スペクトルを説明することは困難であった．このような背景から，金属錯体における金属－配位子結合では，1913年にWernerが提案した「配位結合」が重要な考え方となった．

配位結合では金属イオンを中心として，そのまわりを酸素などの非共有電子対をもった原子が取り囲む．こうした配位結合によって形成された空間が金属イオン中のd軌道に影響を与える．

d軌道の形を**図4.6**に示す．d軌道は5つの異なる軌道から形成されている．d軌道のエネルギー状態が配位子のつくる環境によって変化するという考え方

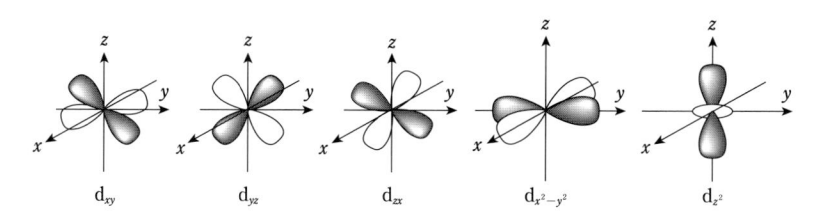

図4.6　d軌道の形

を「配位子場理論」という．配位子場理論は田辺と菅野らによって体系化された．ここでは配位子場理論を説明する前に，d軌道のエネルギー準位の分裂を配位子のもつ負電荷がつくる静電場によって考える**結晶場理論**（crystal field theory）から説明する．

4.2.1　縮退した 5 つの d 軌道の分裂

5つのd軌道のエネルギー状態は，配位子などの影響を受けないときはほぼ同じである．つまり軌道のエネルギー状態に差はほとんどみられない．この状態を**縮退**という．しかし，配位子の影響を受けると，縮退していたd軌道に変化が現れる．

縮退したd軌道がどのように変化するのかということにおいては，金属イオンのまわりの原子の対称性が重要となる．金属錯体中で金属に配位する原子は，電気的にマイナスであるO, N, Sなどのヘテロ原子である．ここで，第3章で示した群論における指標表をもう一度振り返る．6配位の正八面体構造の点群はO_hであり，d軌道とMulliken記号の関係は

$E_g : d_{z^2}, d_{x^2-y^2}$
$T_{2g} : d_{xy}, d_{yz}, d_{zx}$

であった．つまり，五重に縮退していたd軌道は，正八面体構造（O_h）の中では二重に縮退したもの（E_g）と三重に縮退したもの（T_{2g}）の2つに分かれる．

一方，正四面体構造の点群はT_dであり，d軌道とMulliken記号の関係は

$E : d_{z^2}, d_{x^2-y^2}$
$T_2 : d_{xy}, d_{yz}, d_{zx}$

第4章 錯体の電子構造

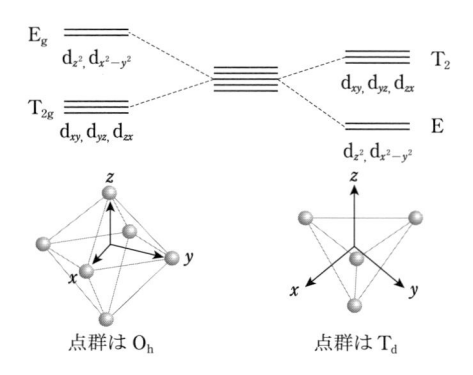

図4.7 正八面体構造O_hと正四面体構造T_dにおける軌道の分裂

である．

このように，縮退した d 軌道が配位子の影響（具体的には配位子による静電場）によって分裂することを配位子場分裂という．この分裂したエネルギー状態を考えることで，金属錯体の色や発光色，さらには反応性などを説明することができる．なお金属錯体では，金属イオンと配位子のエネルギー差が大きく，金属イオンと配位子の間での電子授受は行われないとする．

つづいて，配位子場分裂により分裂した軌道のエネルギー準位が分裂前と比べて高くなるのか，低くなるのかということについて考える．前述のとおり，d 軌道のエネルギー準位は，配位子との静電的な相互作用によって決定される．正八面体構造（O_h）においては**図4.7**のように座標軸が定義され，d_{xy}, d_{yz}, d_{zx} 軌道は配位子と配位子の中間に電子雲（電子が存在する軌道）が張り出すため，クーロン反発が小さく，エネルギー準位は低い．これに対し，$d_{z^2}, d_{x^2-y^2}$ 軌道は配位子とのクーロン反発が大きくなるため，エネルギー準位が高くなる．

正四面体構造（点群はT_d）では，正八面体構造（O_h）とは逆に，d_{xy}, d_{yz}, d_{zx} 軌道は配位子とのクーロン反発が大きくなり，$d_{z^2}, d_{x^2-y^2}$ 軌道は配位子とのクーロン反発が小さくなる．

このため，図4.7に示すように，正八面体構造（O_h）と正四面体構造（T_d）では，d_{xy}, d_{yz}, d_{zx} 軌道および $d_{z^2}, d_{x^2-y^2}$ 軌道のエネルギー準位の高さが逆転する．

4.2.2 分裂したd軌道のエネルギー準位

次に，配位子場分裂により分裂したd軌道の具体的なエネルギー準位（分裂の程度）について考えてみよう．前項で述べたとおり，正八面体構造（O_h），正四面体構造（T_d）の錯体では，縮退したd軌道は配位子の影響によって2つに分裂する．この2つの軌道のエネルギー差を**配位子場分裂パラメーター Δ** と呼ぶ．ここでは，正八面体構造の場合を Δ_{Oh}，正四面体構造の場合を Δ_{Td} とする．

配位子場分裂パラメーター（＝配位子場の強さ）は配位子の種類によって異なり，配位子の配位力と密接な関係がある．配位力は一般に錯体の結合定数によって評価される．結合定数が大きいものほど配位力は強い．結合定数は5章で述べる化学平衡論に基づいて計算できる．また，配位子場分裂パラメーターは，錯体の中心金属イオンにも依存する．定性的な傾向ではあるが，以下のような場合に配位子場分裂パラメーターは大きくなる．

・配位子が大きい負電荷，または小さい陰イオン（電荷密度が高い）である場合：$F^- > Cl^- > Br^- > I^-$
・金属イオンの酸化数が大きい場合：例えば $[Co(NH_3)_6]^{3+} > [Co(NH_3)_6]^{2+}$
・金属のd軌道が大きい（主量子数が大きい）場合：Os錯体（5d軌道）＞Ru錯体（4d軌道）＞Fe錯体（3d軌道）
・配座が多い配位子の場合：3座配位子がついた錯体＞2座配位子がついた錯体＞単座配位子がついた錯体

これに基づき，配位子および中心金属イオンを配位子場分裂パラメーターが大きいものから順に並べると以下のようになる．

配位子
$CO > CN^- > PPh_3 > NO_2^- > phen > bpy > en > NH_3 > py > CH_3CN > NCS^- > H_2O > C_2O_4^{2-} > OH^- > F^- > N^{3-} > NO_2^- > Cl^- > SCN^- > Br^- > I^-$

中心金属イオン
$Pt^{4+} > Ir^{3+} > Pd^{4+} > Ru^{3+} > Rh^{3+} > Mo^{3+} > Co^{3+} > Fe^{3+} > V^{2+} > Fe^{2+} > Co^{2+} > Ni^{2+} > Mn^{2+}$

図4.8に示すように，分裂する前のd軌道のエネルギーを基準にすると，T_{2g} の

第4章 錯体の電子構造

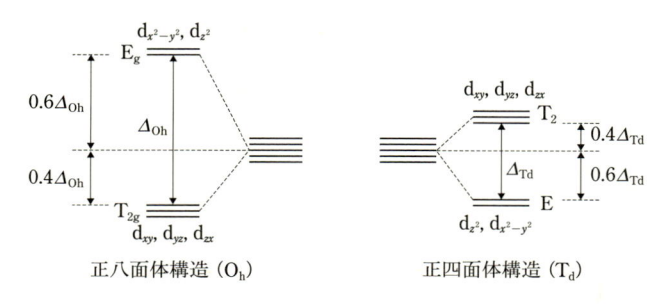

図4.8 配位子場分裂パラメーター

軌道は$+0.4\Delta_{\mathrm{Oh}}$，$\mathrm{E_g}$の軌道は$-0.6\Delta_{\mathrm{Oh}}$である．例えば，$\mathrm{T_{2g}}$，$\mathrm{E_g}$の軌道にそれぞれ1つずつ電子が入っている場合（これを$(\mathrm{t_{2g}})^1(\mathrm{e_g})^1$と表す），$+0.4\Delta_{\mathrm{Oh}}-0.6\Delta_{\mathrm{Oh}}=-0.2\Delta_{\mathrm{Oh}}$となり，$0.2\Delta_{\mathrm{Oh}}$だけ不安定化していることがわかる．分裂する前のd軌道のエネルギーを基準にしたときの，電子が配置されている全d軌道のエネルギーの和を配位子場安定化エネルギーという．

一方，ここまでは考えてこなかったが，電子が同じ軌道にスピンを反対にして入るときには，スピン対生成エネルギーPという強い反発力が働く．正八面体構造をもつ錯体のd軌道に1つ，2つ，3つの電子が入った配置（それぞれd^1, d^2, d^3配置と表す）では，Hundの規則によりイオン対の生成は起こらないので，こうした問題は生じない．一方，d^4, d^5配置では配位子場安定化エネルギーとスピン対生成エネルギーの大小関係により電子の配置が決まる．

例えばd^4配置では，$(\mathrm{t_{2g}})^4(\mathrm{e_g})^0$と$(\mathrm{t_{2g}})^3(\mathrm{e_g})^1$という2つの状態が考えられる（**図4.9**）．$(\mathrm{t_{2g}})^4(\mathrm{e_g})^0$のときの配位子場安定化エネルギーは$1.6\Delta_{\mathrm{Oh}}-P$であり，$(\mathrm{t_{2g}})^3(\mathrm{e_g})^1$のときの配位子場安定化エネルギーは$0.6\Delta_{\mathrm{Oh}}$である．この2つのエネルギーの大小関係により，電子の配置が決まることになる．

$\Delta_{\mathrm{Oh}}<P$のときは，$(\mathrm{t_{2g}})^3(\mathrm{e_g})^1$の方が全体のエネルギーは小さくなる．このような場合を弱配位子場と呼ぶ．一方，$\Delta_{\mathrm{Oh}}>P$のときは，$(\mathrm{t_{2g}})^4(\mathrm{e_g})^0$の方が全体のエネルギーは小さくなる．このような場合を強配位子場と呼ぶ．

2つの電子配置が考えられる場合，不対電子が少ない方を**低スピン**，不対電子が多い方を**高スピン**と呼ぶ．d^4配置，d^5配置の正八面体錯体では，配位子場が強ければ低スピン状態を，配位子場が弱ければ高スピン状態をとる．

図4.10は，正八面体構造をもつ錯体の$\mathrm{d}^1\sim\mathrm{d}^{10}$までのそれぞれの電子配置に

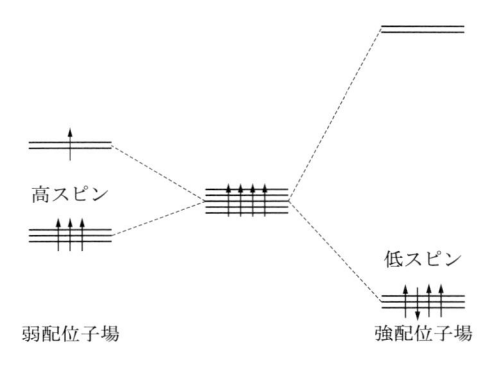

図4.9　d^4配置の正八面体構造をもつ錯体の電子配置に対する配位子場の効果

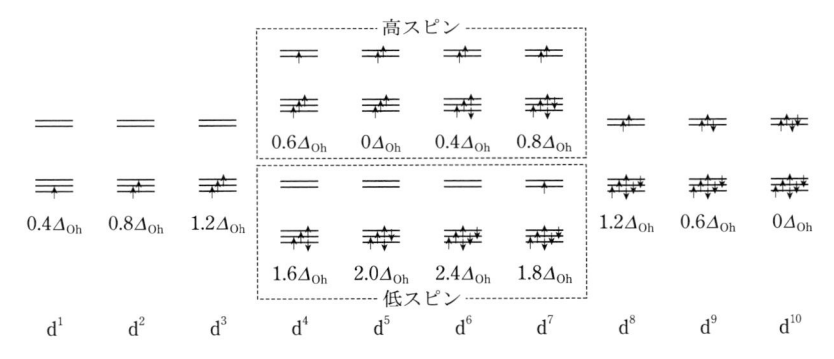

図4.10　正八面体構造をもつ錯体における電子スピンの配置の変化と電子状態の関係

ついて，高スピン・低スピンを考慮した電子配置である．図中の数字は，配位子場安定化エネルギーである．

なお，正四面体構造の場合には，配位子の数が少なく，また図4.7右側からわかるように金属のd軌道と配位子の位置が合致していないため，配位子場の影響が小さい（弱配位子場）．そのため，通常は高スピン配置のみを考えればよい．

4.2.3　錯体の構造と配位子場の関係──Jahn–Teller効果

例えば，d^1配置の正八面体構造について考えてみる．これまでの考え方でいえば，**図4.11**(a)の「O_h点群」のような配置となるが，図4.11(b)の「D_{4h}点群」のように分裂した方がエネルギー的には有利であると考えられる．この状態は，

第4章 錯体の電子構造

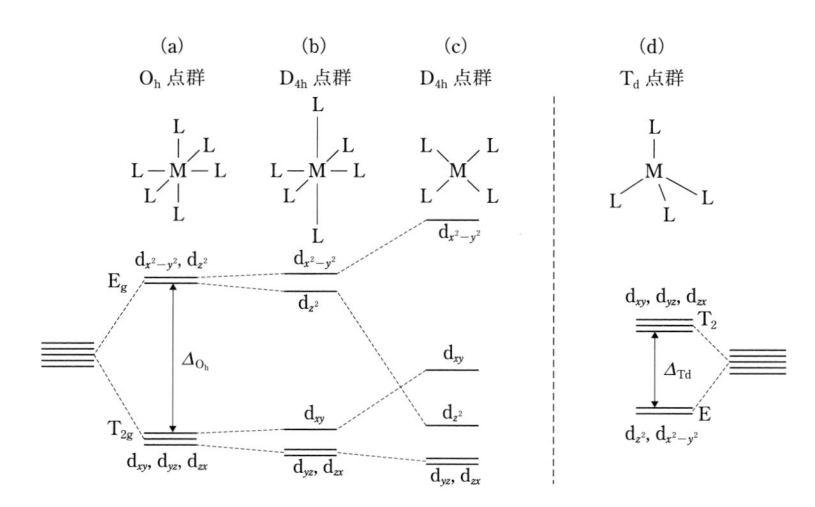

図4.11 幾何学構造に依存したd軌道の分裂

z軸上の配位子による静電場が弱くなった状態，つまりz軸上の配位子が遠ざかった状態に相当する．

z軸上の配位子が近づく，あるいは遠ざかると点群はD_{4h}となる．それぞれのd軌道の対称性はD_{4h}点群の指標表により，

A_{1g} : d_{z^2}

B_{1g} : $d_{x^2-y^2}$

B_{2g} : d_{xy}

E_g : d_{yz}, d_{zx}

である．配位子の負を帯びた原子がz軸方向から近づく場合，クーロン反発によりd_{z^2}軌道のエネルギー準位は上がり，E_gはA_{1g}とB_{1g}に分裂する．またd_{zx}軌道とd_{yz}軌道もエネルギー準位が上がり，T_{2g}はE_gとB_{2g}に分裂する．逆に，負を帯びた原子が遠ざかる場合には，z軸方向のクーロン反発エネルギーは小さくなるため，近づく場合とは逆にエネルギー準位が下がる（**図4.12**）．

z軸からさらに原子が遠ざかってしまった場合は，4配位の平面構造となる．この場合も先ほどと同様に考えることができ，z軸成分を含む軌道は安定化し，z軸成分を含まない軌道は不安定化する．このように配位子の幾何学構造が異なるとd軌道の分裂の様子が変化する（図4.11(c)）．

4.2 金属錯体の結合 I：結晶場理論

近づく ←   → 遠ざかる

```
A_{1g}  d_{z^2}                                    d_{x^2-y^2}  B_{1g}
                       E_g
                     d_{z^2}, d_{x^2-y^2}
B_{1g}  d_{x^2-y^2}                                 d_{z^2}     A_{1g}

E_g     d_{yz}, d_{zx}                              d_{xy}      B_{2g}
                       T_{2g}
                     d_{xy}, d_{yz}, d_{zx}
B_{2g}  d_{xy}                                      d_{yz}, d_{zx}  E_g
```

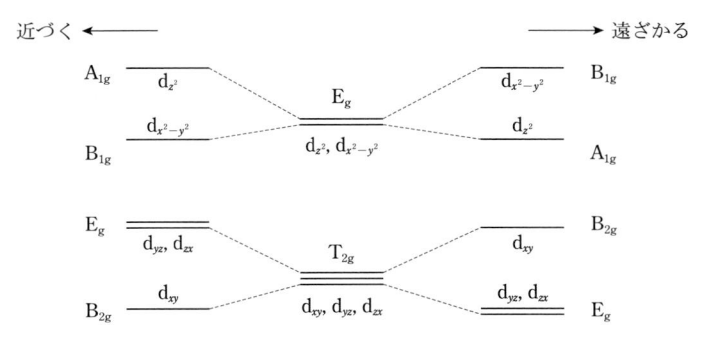

図4.12　正八面体構造（O_h）において，z軸方向に配位子が近づく場合，遠ざかる場合のd軌道の分裂
　　　　z軸方向の配位子が近づく場合にはd_{z^2}, d_{yz}, d_{zx}軌道が不安定化し，z軸方向の配位子が遠ざかる場合にはd_{z^2}, d_{yz}, d_{zx}軌道が安定化する．

このように，より安定なエネルギーとなるために錯体の構造を変化させて縮退した軌道を分裂させることを**Jahn–Teller効果**(ヤーン テラー)という．Jahn–Teller効果は，正八面体構造ではd^1, d^2, 低スピンd^4, d^5, 高スピンd^6, d^7, d^9配置で，正四面体構造ではd^1, d^3, d^4, d^6, d^8, d^9配置で起こりうる．

4.2.4　錯体の構造と電子配置の関係

配位子場安定化エネルギーの考えを発展させると，錯体の構造が正八面体構造をとるときと正四面体構造をとるときで，どちらが安定であるかがわかる（**図4.13**）．4.2.1項で述べたように，配位子の位置関係（図4.7）の違いから，正四面体構造よりも正八面体構造の方が配位子場は強い．およそ$\Delta_{Td} \approx 0.45 \Delta_{Oh}$であるとされている．

d^3配置のとき，正八面体構造ではエネルギーの低い準位に3つの電子が配置され，一方，正四面体構造ではエネルギーの高い準位にも電子が配置されるため，明らかに正八面体構造の方が安定である．同様に，d^4配置でも正八面体構造が安定となる．

d^5配置は5つのd軌道に5つの電子が入った準閉殻構造となるので，いずれの構造の配位子場安定化エネルギーも0となり，d電子の数による傾向はない．また，d軌道に10個の電子が詰まったd^{10}配置も，d^5配置と同様，d電子の数による傾向はない．

第4章 錯体の電子構造

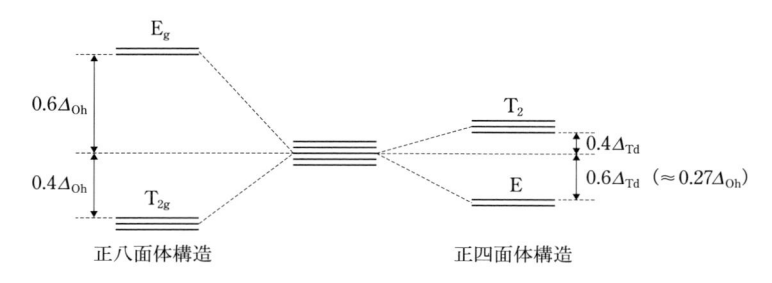

図4.13 正八面体構造と正四面体構造の配位子場分裂パラメーターの比較

　d^8配置，d^9配置は，d^5配置にそれぞれ3つおよび4つの電子が存在する状態とみなすことができ，d^3配置，d^4配置と同様，正八面体構造の方が安定となる．

　d^1配置，d^2配置では，電子はいずれもエネルギーの低い準位に1つあるいは2つ配置されるため，配位子場分裂パラメーターが大きい分，正八面体構造の方が安定となるが，それほど顕著な傾向はない．d^6配置，d^7配置は，d^5配置にそれぞれ1つおよび2つの電子が存在する状態とみなすことができ，d^1配置，d^2配置と同様，それほど顕著な傾向はない．

　以上から，金属錯体では全体的に見れば，正四面体構造よりも正八面体構造をとる傾向が強いことがわかる．なお，低スピン配置の正八面体構造では，配位子場安定化エネルギーが大きくなるので，電子配置に関係なく，正四面体構造より正八面体構造をとる傾向が強くなる．

4.3　金属錯体の結合II：配位子場理論

　これまで結晶場理論について簡単に説明してきた．結晶場理論では電子のエネルギー状態および配位子の配置（配位子と中心金属の間の静電的相互作用）のみを考えていた．つまり，電子がそれぞれの軌道にどのような配置をしているかということだけを考えてきた．しかし，電子がもつ磁気量子数m_lや，スピンの向きは考慮していない．2つ以上の電子をもつ原子のエネルギー準位を表す場合は電子の角運動量を考慮する必要がある．軌道運動とスピン運動に基づく電子の角運動量を考慮したものが**配位子場理論**（ligand field theory）である．配位子場理論に基づけば分裂エネルギーを正確に見積もることができる．角運動量を考慮に入れた電子配置を**微視的状態**と呼ぶ．

4.3 金属錯体の結合Ⅱ：配位子場理論

4.3.1 項記号

配位子場理論においては，軌道の状態を表現するために項記号と呼ばれるものを用いることが多い．以下では，項記号について順を追って説明する．

A. 軌道角運動量

原子のある特定の殻の中に1個の電子が存在する場合（一電子モデル）について考える．一電子モデルでは，先ほど説明した主量子数n，方位量子数l，磁気量子数m_lについて，以下のような組み合わせをもつ電子が考えられる．

1s軌道
$(n, l, m_l) = (1, 0, 0)$

2s軌道
$(n, l, m_l) = (2, 0, 0)$

2p軌道
$(n, l, m_l) = (2, 1, 1), (2, 1, 0), (2, 1, -1)$

3d軌道
$(n, l, m_l) = (3, 2, 2), (3, 2, 1), (3, 2, 0), (3, 2, -1), (3, 2, -2)$

ここで，原子中の電子は原子核を通る任意の軸のまわりで回転運動をしていると考える．軌道角運動量は電子の位置ベクトルと運動量の積で定義され，そのベクトルは回転運動をしている軸の方向を向いている．電子のエネルギーは方位量子数lの値で決まり，大きさは$\sqrt{l(l+1)}\hbar$となる（$\hbar(=h/2\pi)$はPlanck（プランク）定数）．大きさと向きは時間に関係なく一定である．s軌道の電子（$l=0$）の場合，軌道角運動量は0であるが，これは電子が運動していないというわけではなく，運動によって角運動量が生じないことを意味している．

一方，この軌道角運動量をある1つの軸のまわりについて考えてみると，明らかに軸の方向ごとに異なる値となる．いまz軸について考えてみる．z軸方向成分の軌道角運動量は磁気量子数m_lの値で決まり，その大きさは$m_l\hbar$となる．d軌道の電子の角運動量は5つの値をとりうる．5つのd軌道はエネルギー準位が同じなので（m_lが異なっていても方位量子数lが同じなので）縮退しているが，原子を磁場の中におくと縮退は解けてしまう．これは軌道角運動量，つまり回転運動により誘起される磁気モーメントのz成分の大きさによって，

第4章　錯体の電子構造

各d軌道と外部磁場との相互作用の大きさが異なるためである．

　磁気量子数m_lは軌道角運動量のz軸方向成分の大きさを表すものである．磁気量子数と呼ばれるのは磁場を与えたときに分裂するからであって，実際は軌道角運動量のz軸方向成分の量子数とみなせる．具体的にいえば，$l=2$（p軌道）のときm_lは$-1, 0, 1$という3つの値をとるが，これはp軌道にはp_x, p_y, p_z軌道の3つが存在することに相当する．また，それぞれの電子には後述するスピンが存在する．

　電子が2個以上の場合は，電子のエネルギーは別の量子数で決まる．その量子数は方位量子数lの組み合わせで決まり，全軌道角運動量Lと呼ばれる．例えば電子が2個（二電子モデル）の場合，全軌道角運動量は軌道運動量lを以下のようにベクトル的に合成して得られるものとなる．

$$
\begin{array}{ccc}
l=1 \uparrow \\
\quad\quad\quad \Big\} L=2\text{(D)} \\
l=1 \uparrow
\end{array}
\qquad
l=1 \nearrow\quad l=1 \nearrow \quad L=1\text{(P)}
\qquad
l=1 \uparrow\downarrow l=1 \\
\quad\quad L=0\text{(S)}
$$

ここで，全軌道角運動量Lはその値に対して，それぞれ以下のような記号で表される．

L	0	1	2	3	4	5	6	7	8
記号	S	P	D	F	G	H	I	J	K

電子が1個の場合（$l=0, 1, 2$に対してそれぞれs軌道，p軌道，d軌道）と同じ記号であるが，大文字となる．

B．スピン角運動量

　次にスピンについて説明する．電子には自分自身の軸のまわりの回転による角運動量があり，これにより磁気的な異方性が生じる．電子スピンの量子数m_sは$1/2$である．電子スピンには上向きと下向きのものがあり，それぞれαスピン，βスピンと区別し，量子数はそれぞれ$+1/2$および$-1/2$と表される．電子スピンについても，電子が複数ある場合には合成が必要となり，以下のように表される．

		合成角運動量	スピン多重度
二電子	↑↑	$S=1$	3
	↑↓	$S=0$	1
三電子	↑↑↑	$S=3/2$	4
	↑↑↓	$S=1/2$	2

スピン量子数を足し合わせたものを**合成角運動量**と呼び，Sで表す．また$2S+1$を**全スピン角運動量**あるいは**スピン多重度**と呼ぶ．$S=0$のときは一重項，$S=1$のときは三重項となる．

C. スピン－軌道相互作用

　最後に，電子スピンと軌道角運動量の磁気的相互作用について考える．この相互作用はスピン－軌道相互作用と呼ばれ，相互作用により生成する角運動量を全角運動量という．例えば，$L=2$の全軌道角運動量と$S=1$の全スピン角運動量が相互作用する場合，全角運動量はこれまでと同様にベクトル的に合成して得られるものとなる．

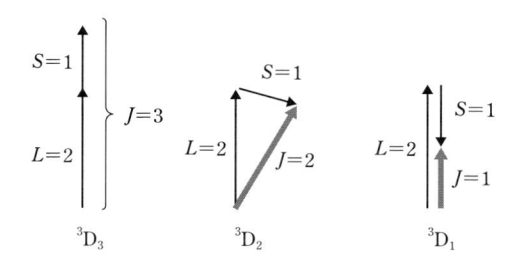

全角運動量はJで表す．Jのとりうる値の数は$2S+1$となる（$L\geqq S$の場合）．

　電子スピンや軌道角運動量を考慮した軌道の微視的状態は，これまでに出てきた全スピン角運動量S，全軌道角運動量L，全角運動量Jの記号をまとめて，

$$^{2S+1}L_J$$

と表す．このように表記したものを項記号と呼ぶ．また，項記号によって表されるエネルギー準位のことを項という．なお，全角運動量Jは一般の遷移金属錯体では議論することは少ないため，省略することが多い．しかし，角運動量がよく保存されている希土類錯体では重要なパラメーターとなる（10章参照）．

4.3.2 項記号と微視的状態

前項では，全軌道角運動量Lを定義した．lに対してm_l, m_sが定義されるのと同様に，LについてもM_L, M_Sが定義される．M_Lは$-L, -L+1, \cdots, 0, \cdots, L-1, L$，$M_S$は$-S, -S+1, \cdots, 0, \cdots, S-1, S$の値をとる．いま，$d^2$配置の項記号について具体的に考えてみよう．d軌道であるので，$l=2$であり，Lの最大値は4となる．M_Lは$-4, -3, -2, -1, 0, 1, 2, 3, 4$の値をとるが，これは$m_l$が$-2, -1, 0, 1, 2$までの値をとり，2つの電子の$m_l$の和により$M_L$がつくられることと対応している．

先述したHundの規則を発展させると，項記号に関しては以下のような規則がある．

（1）ある電子配置に対して，スピン多重度が最大となる項がエネルギー的には最低となる．
（2）あるスピン多重度を有する項に対して，Lが最大となる項がエネルギー的には最低となる．

これをもとにd^2配置の項記号について考えてみよう．d^2配置では，2つの電子のスピン量子数がともに1/2である三重項の状態が最大のスピン多重度となる．2つの電子が同じスピン量子数であるとすると，この2つの電子は異なるm_lの値をもつ必要がある．そのため，M_Lの最大値は$M_L=2+1=3$となり，$L=3$であることから，基底状態を表す項は^{3}F項となることがわかる．また$L=3$であることから，M_Lのとりうる値は$2L+1=7$つである．^{3}F項は三重項であるので，これを3倍した$7 \times 3=21$個の状態が含まれることもわかる．

$M_L=1$のときにもスピン多重度が3となる状態が存在する．これは^{3}Pと表され，$3 \times 3=9$つの状態が含まれる．以下，一重項状態についても同様に考えていくと，エネルギーの低い方から順に，^{1}Gが9つ，^{1}Dが5つ，^{1}Sが1つの計45個の微視的状態があることがわかる．実際には，d^2配置の各項のエネルギーは**図4.14**に示すような順番になる．この図には，d^3配置の各項のエネルギーも合わせて示した．なお，電子遷移は基底状態から生じるため，実際にはもっともエネルギーが低い項（これを基底項という）だけを考えることが多い．

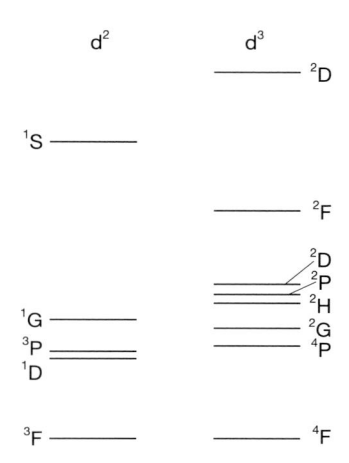

図4.14 d^2配置およびd^3配置における各項のエネルギー

　容易に想像されるように，電子の数が増えると項の数はさらに増える．例えば，Coの電子配置は$3d^74s^2$であり，Co^{3+}イオンの電子配置は$3d^6$となる．d^6配置である正八面体構造のCo(III)錯体のd軌道は，以下のような16個のエネルギー準位に分裂することになる．

　　d^6: ^5D, $^3P^{**}$, ^3D, $^3F^{**}$, ^3G, ^3H, $^1S^{**}$, $^1D^{**}$, ^1F, $^1G^{**}$, ^1I
　　(**は2種類あることを意味する)

項記号については**図4.15**のようにまとめることができる．配位子場理論では，このように多数の電子の角運動量を加味して配位子場による環境変化を考慮する．

　なお，項記号で表される状態は電子が配置される可能性がある軌道を示している．項記号に含まれる微視的状態1つに対して1つの電子が下から順番に配置されていくわけではない．

第4章 錯体の電子構造

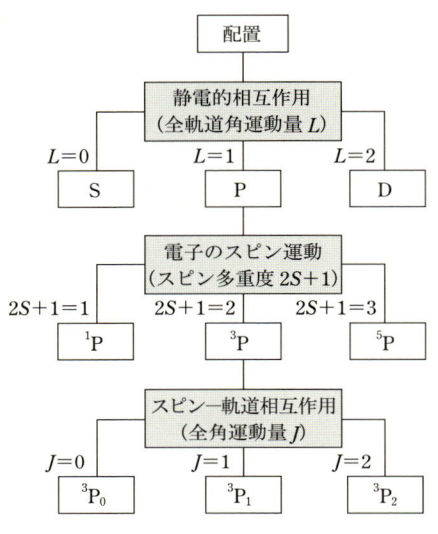

```
                        ┌─────────────┐
                        │    配置     │
                        └──────┬──────┘
                   ┌───────────┴───────────┐
                   │   静電的相互作用       │
                   │ (全軌道角運動量 L)    │
                   └───────────┬───────────┘
           L=0              L=1              L=2
           ┌─┐              ┌─┐              ┌─┐
           │S│              │P│              │D│
           └─┘              └─┘              └─┘
                   ┌───────────────────────┐
                   │    電子のスピン運動    │
                   │  (スピン多重度 2S+1)  │
                   └───────────┬───────────┘
         2S+1=1           2S+1=2           2S+1=3
           ┌──┐             ┌──┐             ┌──┐
           │¹P│             │³P│             │⁵P│
           └──┘             └──┘             └──┘
                   ┌───────────────────────┐
                   │  スピン―軌道相互作用   │
                   │    (全角運動量 J)     │
                   └───────────┬───────────┘
          J=0              J=1              J=2
          ┌───┐            ┌───┐            ┌───┐
          │³P₀│            │³P₁│            │³P₂│
          └───┘            └───┘            └───┘
```

図 4.15　項記号のまとめ

4.3.3　Orgelダイアグラムと田辺―菅野ダイアグラム

3章で述べた群論では，正八面体構造（Oh）についてはs軌道がA_{1g}，p軌道がT_{1g}，d軌道がT_{2g}とE_gの対称性をもつ軌道に対応した．電子項についても同様に考えると，S項はA_{1g}，P項はT_{1g}，D項はT_{2g}とE_gに対応する．F項，G項も含めて，正八面体構造におけるd電子の電子項と軌道の対称性の関係を**表4.1**にまとめる．この表には，各電子項に対応する微視的状態の数も合わせて示した．

配位子場理論では，配位子場の変化により生じる各項のエネルギーの変化を予測することができる．配位子場の変化による項のエネルギー変化の度合いや

表4.1　正八面体構造をもつ錯体における項記号と微視的状態の数，対応する軌道の対称性の関係

項記号	微視的状態の数	軌道の対称性
S	1	A_{1g}
P	3	T_{1g}
D	5	$T_{2g} + E_g$
F	7	$T_{1g} + T_{2g} + A_{2g}$
G	9	$A_{1g} + E_g + T_{1g} + T_{2g}$

パターンはそれぞれの項によって異なる．電子項と錯体の軌道（の対称性）との相関を示す図がOrgel（オーゲル）ダイアグラムである．

すでに述べたように，d^2配置における基底項は^3Fである．表4.1から，^3F項はT_{1g}, T_{2g}, A_{2g}の対称性をもつ軌道に対応する．また，電子遷移に際しては，スピンの変化をともなわない遷移が生じるので，^3F以外にはスピン多重度が同じ^3Pだけを考える．

d^2配置では，図4.7などで示したT_{2g}軌道とE_g軌道に対する電子の配置には$(t_{2g})^2$，$(t_{2g})^1(e_g)^1$，$(e_g)^2$の3種類がある．前節で述べたように，それぞれの配位子場安定化エネルギーは以下のようになる．

$T_{1g}/(t_{2g})^2 : -0.8\Delta_{Oh}$
$T_{2g}/(t_{2g})^1(e_g)^1 : +0.2\Delta_{Oh}$
$A_{2g}/(e_g)^2 : +1.2\Delta_{Oh}$

ここで，軌道の対称性を表す記号T_{2g}, E_gは，表4.1で示した項記号に基づいて，T_{1g}, T_{2g}, A_{2g}に置き換えている．T_{1g}を基準にすると，

$T_{1g}/(t_{2g})^2 : -0\Delta_{Oh}$
$T_{2g}/(t_{2g})^1(e_g)^1 : +1.0\Delta_{Oh}$
$A_{2g}/(e_g)^2 : +2.0\Delta_{Oh}$

と表される．Orgelダイアグラムは**図4.16**のように縦軸を分裂エネルギー，横軸を配位子場強度として，この関係を示したものである．なお，^3Pと対応する$^3T_{1g}$軌道は配位子場の影響を受けない．

配位子場理論に基づいてすべての項のエネルギーと配位子場の強さとの関係を示した図を田辺−菅野ダイアグラムという．**図4.17**に正八面体構造（Oh）のd^2配置（例えばV(III)錯体）およびd^6配置（例えばCo(III)錯体）の田辺−菅野ダイアグラムを示す．図4.17(b)に示したd^6配置の田辺−菅野ダイアグラムでは，あるエネルギーを境に電子状態が大きく変化している．これは，先述した高スピン配置と低スピン配置の境界を表しており，d^4, d^5, d^6, d^7配置ではこうした境界が存在する．最先端の研究では，スピン状態を可逆的に変化させることも検討されている．なお，田辺−菅野ダイアグラムの縦軸BはRacah（ラカー）パラメーターと呼ばれるd電子間の反発エネルギーにかかわるパラメーターである．

第4章 錯体の電子構造

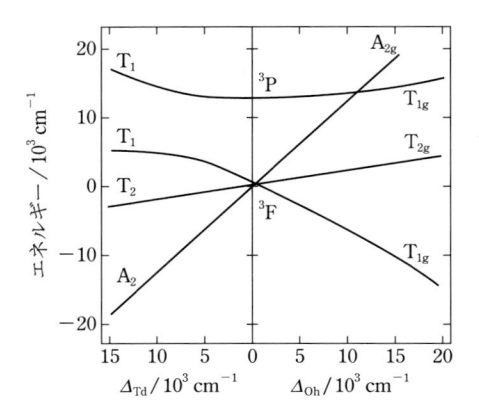

図4.16 d^2配置におけるOrgelダイアグラム
Orgelダイアグラムは近似法を用いた理論計算である．
[L. E. Orgel, *J. Chem. Phys.*, **23**, 1008 (1955)]

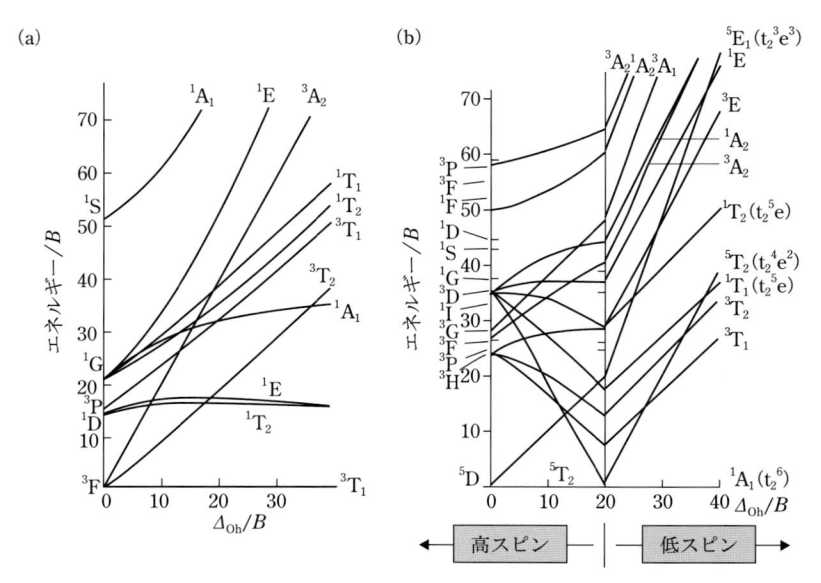

図4.17 正八面体構造をもつ(a) d^2配置および(b) d^6配置の錯体における田辺－菅野ダイアグラム
[上村 洸，菅野 暁，田辺行人，配位子場理論とその応用，裳華房（1969），p. 224, 225の図を改変]

4.4　群論による軌道の考え方

4.2節と4.3節では，配位子の静電場による金属イオンのd軌道の分裂に注目した「結晶場理論」および，結晶場理論において角運動量を考慮した「配位子場理論」によって金属錯体のエネルギー状態を説明してきた．これらの理論では，金属イオンのd軌道のみに注目していた．

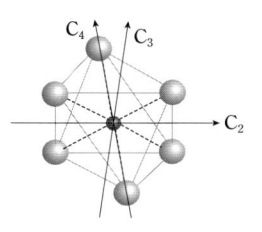

しかし実際は，金属錯体の配位子の軌道は金属イオンの軌道（d軌道だけでなくs軌道やp軌道も含む）の影響をわずかに受けて変化する．こうした金属錯体の軌道は，3章で述べた群論をもとに構築することができる．

いま，点群がO_hである正八面体構造をもつ錯体について考える．中心金属と配位子はσ結合によりつながっているとする．配位子は6つあり，それぞれの配位子の位置を$L_1 \sim L_6$とおく．点群O_hの対称要素は，1つのE，8つのC_3，6つのC_2，6つのC_4および3つのC_4^2，1つのi，6つのS_4，8つのS_6，3つのσ_h，6つのσ_dという計48個である．

例えば，図に示すC_3軸およびC_4軸による回転操作は，対称操作後の配位子の位置を$L_1' \sim L_6'$とおくと，

$$\begin{pmatrix} L_1' \\ L_2' \\ L_3' \\ L_4' \\ L_5' \\ L_6' \end{pmatrix} \overset{C_3}{=} \begin{pmatrix} 0 & 1 & 0 & 0 & 0 & 0 \\ 0 & 0 & 0 & 0 & 1 & 0 \\ 0 & 0 & 0 & 1 & 0 & 0 \\ 0 & 0 & 0 & 0 & 0 & 1 \\ 1 & 0 & 0 & 0 & 0 & 0 \\ 0 & 0 & 1 & 0 & 0 & 0 \end{pmatrix} \begin{pmatrix} L_1 \\ L_2 \\ L_3 \\ L_4 \\ L_5 \\ L_6 \end{pmatrix} \qquad \begin{pmatrix} L_1' \\ L_2' \\ L_3' \\ L_4' \\ L_5' \\ L_6' \end{pmatrix} \overset{C_4}{=} \begin{pmatrix} 0 & 1 & 0 & 0 & 0 & 0 \\ 0 & 0 & 1 & 0 & 0 & 0 \\ 0 & 0 & 0 & 1 & 0 & 0 \\ 1 & 0 & 0 & 0 & 0 & 0 \\ 0 & 0 & 0 & 0 & 1 & 0 \\ 0 & 0 & 0 & 0 & 0 & 1 \end{pmatrix} \begin{pmatrix} L_1 \\ L_2 \\ L_3 \\ L_4 \\ L_5 \\ L_6 \end{pmatrix}$$

のように表される．同様に考えていくと，それぞれの対称操作についての指標は，以下のように得られる．

O_h	E	$8C_3$	$6C_2$	$6C_4$	$3C_4^2$	i	$6S_4$	$8S_6$	$3\sigma_h$	$6\sigma_d$
Γ	6	0	0	2	2	0	0	0	4	2

第4章　錯体の電子構造

O_h 点群の指標表は以下のとおりである．

O_h	E	$8C_3$	$6C_2$	$6C_4$	$3C_4^2$	i	$6S_4$	$8S_6$	$3\sigma_h$	$6\sigma_d$		
A_{1g}	1	1	1	1	1	1	1	1	1	1		$x^2+y^2+z^2$
A_{2g}	1	1	-1	-1	1	1	-1	1	1	-1		
E_g	2	-1	0	0	2	2	0	-1	2	0		z^2, x^2-y^2
T_{1g}	3	0	-1	1	-1	3	1	0	-1	-1	R_x, R_y, R_z	
T_{2g}	3	0	1	-1	-1	3	-1	0	-1	1		xy, yz, zx
A_{1u}	1	1	1	1	1	-1	-1	-1	-1	-1		
A_{2u}	1	1	-1	-1	1	-1	1	-1	-1	1		
E_u	2	-1	0	0	2	-2	0	1	-2	0		
T_{1u}	3	0	-1	1	-1	-3	-1	0	1	1	x, y, z	
T_{2u}	3	0	1	-1	-1	-3	1	0	1	-1		

先と同様に計算すると，

A_{1g} について：

$$\frac{1}{48}\{1\times1\times6+8\times1\times0+6\times1\times0+6\times1\times2+3\times1\times2 \\ +1\times1\times0+6\times1\times0+8\times1\times0+3\times1\times4+6\times1\times2\}=1$$

E_g について：

$$\frac{1}{48}\{1\times2\times6+8\times(-1)\times0+6\times0\times0+6\times0\times2+3\times2\times2 \\ +1\times2\times0+6\times0\times0+8\times(-1)\times0+3\times2\times4+6\times0\times2\}=1$$

T_{1u} について：

$$\frac{1}{48}\{1\times3\times6+8\times0\times0+6\times(-1)\times0+6\times1\times2+3\times(-1)\times2 \\ +1\times(-3)\times0+6\times(-1)\times0+8\times0\times0+3\times1\times4+6\times1\times2\}=1$$

であるため，

$$\Gamma=A_{1g}+E_g+T_{1u}$$

が得られる．

上に示した O_h 点群の指標表から，A_{1g} は s 軌道，E_g は d_{z^2}, $d_{x^2-y^2}$ 軌道，T_{2g} は d_{xy}, d_{yz}, d_{zx} 軌道，T_{1u} は p_x, p_y, p_z 軌道に対応することがわかる．よって，金属錯体の

電子構造は以下のように構築することができる．なお，有機分子と同じように，金属イオンと配位子の2つの軌道の相互作用によって安定化する（エネルギー準位が低くなる）軌道を結合性軌道，不安定化する軌道を反結合性軌道という．

正八面体構造・σ結合

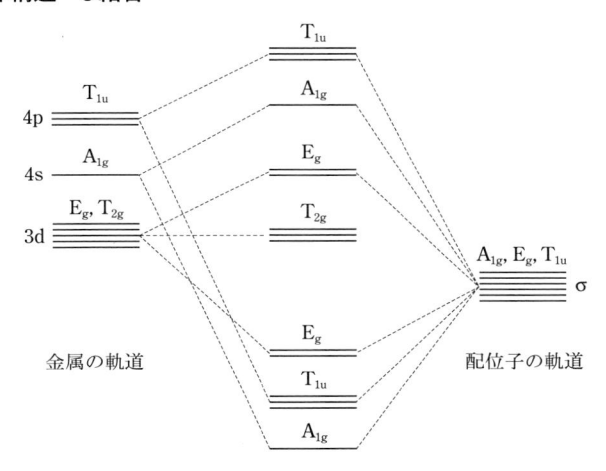

```
         T_{1u}
4p  T_{1u}
         A_{1g}
4s  A_{1g}
         E_g
3d  E_g, T_{2g}
         T_{2g}              A_{1g}, E_g, T_{1u}
                                              σ
         E_g
         T_{1u}
         A_{1g}
金属の軌道              配位子の軌道
```

続いて，同じ点群が O_h である正八面体構造をもつ錯体について，中心金属と配位子がπ結合によってつながっている場合を考える．π結合の場合は構造は上と同じであるが，π結合間の回転という要素が加わり，それぞれの対称操作についての指標は以下のように得られる．

O_h	E	$8C_3$	$6C_2$	$6C_4$	$3C_4^2$	i	$6S_4$	$8S_6$	$3\sigma_h$	$6\sigma_d$
Γ	12	0	0	2	−4	0	0	0	0	0

先と同様に計算すると，

$$\Gamma = T_{1g} + T_{2g} + T_{1u} + T_{2u}$$

が得られる．

上に示した O_h 点群の指標表から，A_{1g} は s 軌道，E_g は d_{z^2}, $d_{x^2-y^2}$ 軌道，T_{2g} は d_{xy}, d_{yz}, d_{zx} 軌道，T_{1u} は p_x, p_y, p_z 軌道に対応することがわかる．よって，金属錯体の電子構造は以下のように構築することができる．なお，T_{1u} の対称性をもつ軌道は p 軌道であるため，あまり重要ではない．

正八面体構造・π結合

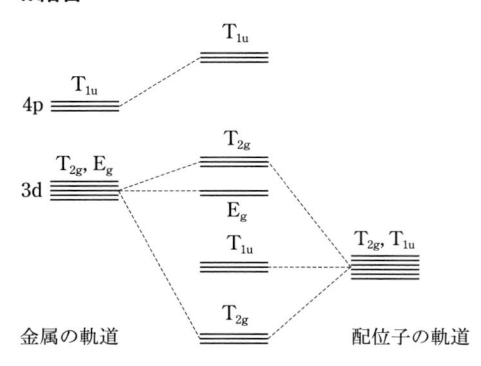

同様にして点群がT_dである正四面体構造をもつ錯体についても考えることができる．以下にσ結合，π結合に対するそれぞれの対称操作についての指標と指標表をまとめて示す．

T_d	E	$8C_3$	$6C_2$	$6S_4$	$6\sigma_d$		
A_1	1	1	1	1	1		$x^2+y^2+z^2$
A_2	1	1	1	-1	-1		
E	2	-1	2	0	0		z^2, x^2-y^2
T_1	3	0	-1	1	-1	(R_x, R_y, R_z)	
T_2	3	0	-1	-1	1	x, y, z	xy, yz, zx
$\Gamma(\sigma結合)$	4	1	0	0	2		
$\Gamma(\pi結合)$	8	-1	0	0	0		

σ結合については

$$\Gamma = A_1 + T_2$$

π結合については

$$\Gamma = E + T_1 + T_2$$

が得られる．上の指標表から，A_1はs軌道，Eはd_{z^2}, $d_{x^2-y^2}$軌道，T_2はp_x, p_y, p_z軌道およびd_{xy}, d_{yz}, d_{zx}軌道に対応することがわかる．よって，金属錯体の電子構造は以下のように構築することができる．

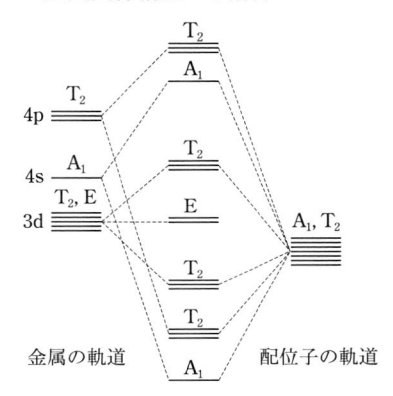

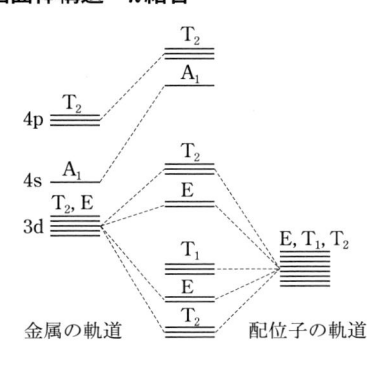

正四面体構造・σ結合

正四面体構造・π結合

以上の方法により，錯体の電子状態を見積もることができる．参考までに，各対称構造における軌道が存在する軌道は以下のようにまとめられる．

軌道	O_h	T_d	D_{4h}
s	A_{1g}	A_1	A_{1g}
p	T_{1u}	T_2	$A_{2u} + E_u$
d	$E_g + T_{2g}$	$E + T_2$	$A_{1g} + B_{1g} + B_{2g} + E_g$
f	$A_{2u} + T_{1u} + T_{2u}$	$A_2 + T_1 + T_2$	$A_{2u} + B_{1u} + B_{2u} + E_{2u}$

4.5　有機金属化合物の結合 I：分子軌道理論

　金属錯体の配位子は電気的に負を帯びているN, O, Sなどのヘテロ原子である．金属錯体では金属イオンと配位子のエネルギー差は大きく，金属イオンと配位子の間での電子授受は行われない．よって，金属錯体のエネルギー状態は，配位子の静電場による金属イオンのd軌道の分裂に注目した「結晶場理論」および，結晶場理論において角運動量を考慮した「配位子場理論」によって説明することができ，前節で述べたように群論に基づいて軌道を構築することができる．

　しかし，金属と炭素の結合では，d軌道と炭素のπ軌道のエネルギー差は小さい．このため，有機金属化合物の金属−炭素結合ではd軌道とπ軌道との電

第4章 錯体の電子構造

子授受を考慮に入れた混成軌道を考える必要がある．有機金属化合物の金属－炭素結合には結合様式がいくつかある．その結合様式を順番に説明していく．

金属とアルキル炭素の結合：アルキル錯体

この結合様式はGrignard試薬などでみられるものである．金属が1個の炭素と結合しているため，「ハプト1配位様式」と呼び，その炭素をη^1と表す．ハプト数とは金属に対して等価に結合している隣接原子数を表すものである．一般に，Zeise塩のようなπ結合をもつ分子が配位子となる場合，いくつかの隣接原子が金属に対して等価に配位する．ベンゼンに配位した場合は，ハプト6配位（η^6）となる．

ハプト6配位はB, Li, Mg, Alなどの典型金属や，Znなどの遷移金属においてみられる．この結合では，炭素の2s軌道および2p軌道と同様に，金属イオン（Mg, Li, Alなど）の2s軌道および2p軌道が炭素と共有結合する（σ結合）．この結合形成により，結合性軌道と反結合性軌道が生成する．

金属とカルボニル炭素の結合：カルボニル錯体

カルボニル配位子（CO：一酸化炭素）の炭素原子は金属イオンに直接作用して金属－炭素結合を形成する．この結合には，金属イオンのd軌道が関与する．その相互作用の様子を**図4.18**に示す．

この結合では，軌道の重なりが重要となる．具体的には，金属イオンの電子が入っていないd軌道（d_{z^2}；d_σ軌道）と一酸化炭素における炭素のp軌道が重なって，電子は炭素から金属へと供与される．さらに，金属イオンの電子が入っ

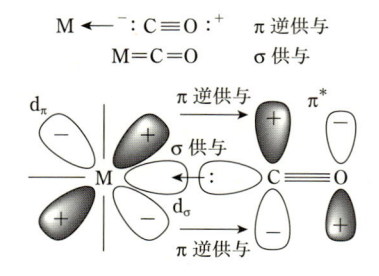

図4.18 カルボニル錯体（η^1）における軌道の相互作用

4.5 有機金属化合物の結合Ⅰ：分子軌道理論

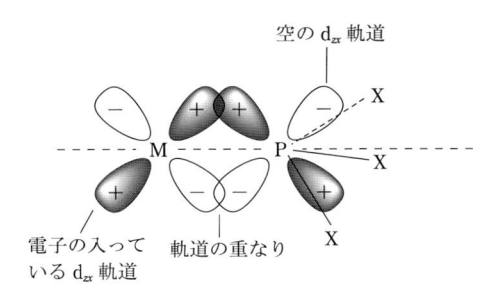

図4.19 有機金属化合物における金属とリンの結合

ているd軌道（d_{xy}, d_{yz}, d_{zx}；d_π軌道）から炭素の電子が入っていない空のπ^*軌道への**逆供与**（back donation）も起こる．このようにして，有機金属化合物の金属－カルボニル結合は形成される．同様の結合様式に有機金属化合物の「金属－リン結合」がある．その相互作用の様子を**図4.19**に示す．

このように，有機金属化合物の分野ではカルボニルやリンとの結合において混成軌道を考える．ただし，これらの結合によるd軌道の分裂におけるエネルギー変化は配位子のπ軌道とπ*軌道のエネルギー差に比べてきわめて小さい．このことから，配位子の炭素と金属イオンとの結合では，金属イオンのd軌道と配位子のπ軌道などが新しい混成軌道を形成する．混成軌道の形成によるエネルギー準位の変化は，配位子場によるd軌道の分裂におけるエネルギー変化よりも大きい．

金属とオレフィンあるいはアリル炭素の結合：オレフィンおよびπアリル錯体

この結合でもカルボニル錯体と同様に，金属イオンのd軌道と配位子のπ軌道およびπ*軌道が混成軌道を形成する．この結合では，配位子のπ軌道から$d_{x^2-y^2}$軌道（d_π^*軌道）への電子供与と，d_{xy}軌道（d_π軌道）からπ*軌道への逆供与を考える（**図4.20**）．

アリル基$CH_2=CH-CH_2-$は，上に述べたσ結合を金属と直接形成することもできるが，C＝Cのπ軌道と混成軌道をつくることもできる．後者のような結合をもつ有機金属化合物をπアリル錯体と呼び，非局在構造で表す．配位オレフィン（アルケン）は図4.20の右側に示すように自由に回転できる．

69

第4章 錯体の電子構造

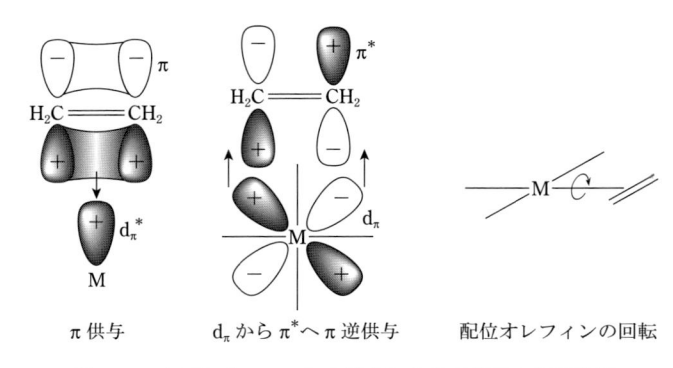

π供与　　　　　　d_πからπ^*へπ逆供与　　　　配位オレフィンの回転

図4.20　金属とオレフィンの結合における軌道の相互作用

金属とシクロペンタジエニルアニオン配位子の結合

　フェロセンをはじめとして，さまざまなタイプの有機金属化合物が報告されている．シクロペンタジエンから水素イオンが外れたシクロペンタジエニルアニオン配位子は平面構造を有し，各炭素原子の5つのp_z軌道からなる非局在化したπ軌道が存在する．この5つのp_z軌道における位相の組み合わせのパターンは5つある．つまり，シクロペンタジエニルアニオン配位子のおもな軌道は5つとなる．位相とは，波動の形を表す波動関数の符号である．シクロペンタジエニルアニオンは5つのπ軌道が，同位相（位相が同じ；＋と＋または－と－）と逆位相で組み合わされた**図4.21**のような軌道を形成する．

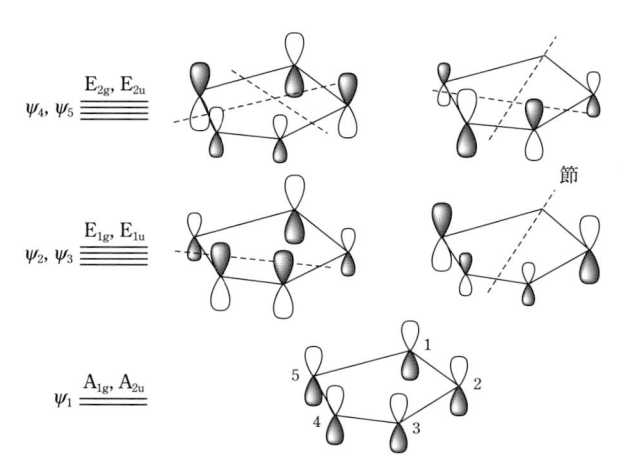

図4.21　シクロペンタジエニルアニオンの軌道

4.5 有機金属化合物の結合I：分子軌道理論

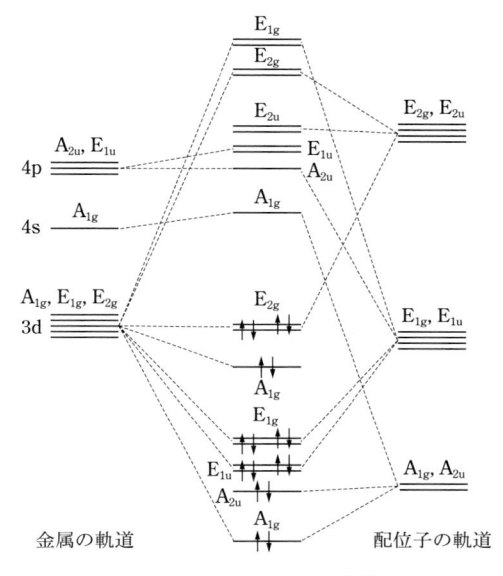

図4.22 フェロセンの軌道

D_{5d}点群であるフェロセンの表現行列を求めると，それぞれの対称操作についての指標から，

$$A_{1g} + E_{1g} + E_{2g} + A_{2u} + E_{1u} + E_{2u}$$

と得られる．D_{5d}点群の指標表から，A_{1g}は s 軌道，E_{1g}は d_{zx}, d_{yz}軌道，E_{2g}は $d_{x^2-y^2}$, d_{xy}軌道，A_{2u}は p_z軌道，E_{1u}は p_x, p_y軌道に対応することがわかる．金属イオンの軌道と配位子の軌道が**図4.22**のように相互作用して，フェロセンの軌道が構築される．

この結合は配位子の5つの p_z軌道と金属イオンとの混成結合であり，ハプト5配位様式（η^5）と呼ばれる．フェロセンは2つのシクロペンタジエニルアニオン配位子が金属イオンを挟むように位置していることから，別名「サンドウィッチ錯体」とも呼ばれる．また，シクロペンタジエニルアニオンを配位子とするサンドウィッチ型の有機金属化合物はメタロセンと呼ばれる．

4.6　有機金属化合物の結合II：18電子則

　前節で述べたように有機金属化合物の混成軌道は複雑であり，どのような構造が安定なのかを理解することは難しい．ここでは，安定構造を簡単に形式的に予想できる有機金属化合物の18電子則（EAN則：effective atimic number ruleともいわれる）について説明する．18電子則は，1927年にN. V. Sidgwick（シジウィック）により有機化合物の8電子則（オクテット則）の拡張として提案された．金属部位の電子数と配位子の供与電子数を足し算した値が18ならば，その錯体は安定構造とみなされる．この18電子則を用いることで，有機金属化合物の配位に関する情報を容易に得ることができる．ここでは，その計算方法を簡単に説明する．

（1）金属部位の電子数の計算

　まず，18電子則における金属の電子数について説明する．金属の電子数は，最外殻のd軌道に入っている電子の数となる．つまり，フェロセンに含まれるFeでは，3d軌道に8個の電子があるので8とする．その他の金属イオンの電子数を**表4.2**に示す．

　フェロセンの配位子シクロペンタジエニルアニオンには負電荷が2つあるため，中性なフェロセンを構成するためには，Feの形式的な電荷は＋2価となる．しかし，フェロセンのFeの軌道は配位子との混成軌道となっているため，金属錯体のFe^{2+}イオンとは性質が大きく異なる（フェロセンの価数が変化することはフェロセン分子自体の価数が変化することを意味するのであって，Fe^{2+}イオンの価数が変化するのではない）．このように，有機金属化合物ではFe^{2+}

表4.2　18電子則における金属の電子数

族	3A	4A	5A	6A	7A	8			1B	(2B)
元素	Sc Y La Ac	Ti Zr Hf	V Nb Ta	Cr Mo W	Mn Tc Re	Fe Ru Os	Co Rh Ir	Ni Pd Pt	Cu Ag Au	(Zn) (Cd) (Hg)
d電子数　0価金属	3	4	5	6	7	8	9	10		
1価金属	2	3	4	5	6	7	8	9	10	
2価金属	1	2	3	4	5	6	7	8	9	10
3価金属	0	1	2	3	4	5	6	7		
4価金属		0	1	2	3	4	5	6		

とは明確に定義できないため，フェロセン中のFeの電子は8個と数える．

(2) 配位子の電子数の計算

18電子則では配位子によって供与電子数が異なる．以下に典型的な配位子の供与電子数を示す．

・カルボニル（CO）：供与電子数 2
・アルキルまたはアリール基：供与電子数 1
・エチレン：供与電子数 2
・πアリル：供与電子数 3
・ブタジエン：供与電子数 4
・シクロペンタジエニルアニオン：供与電子数 5
・ベンゼン：供与電子数 6
・ハロゲンアニオン：供与電子数 1
・ハロゲンが金属についている場合：供与電子数 2

(3) 二核以上の有機金属化合物の場合

二核以上の有機金属化合物では，以下のように供与電子を数える．

・金属－金属の結合：1つの金属に対して供与電子数 1（もう一方の金属は配位子として電子を供与していると考える）
・2つの金属がCOで架橋されている場合：架橋COの供与電子数 1
・2つの金属がハロゲンで架橋されている場合：架橋ハロゲンの供与電子数 1

上記 (1) ～ (3) のように計算された金属の電子数と配位子の供与電子数を足し算することで，有機金属化合物の電子数が計算できる．

・フェロセン：8 (Fe) + 5 (シクロペンタジエニル) × 2 個 = 18
・$Fe(CO)_5$：8 (Fe) + 2 (CO) × 5 個 = 18
・$Fe_2(CO)_9$：1つのFeに対して，8 (Fe) + 2 (CO) × 3 個 + 1 (架橋CO) × 3 個 + 1 (架橋Fe) = 18

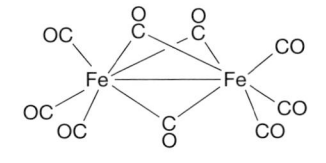

- ブロモジカルボニル(シクロペンタジエニル)鉄：8 (Fe)＋5 (シクロペンタジエニル)＋2 (CO)×2個＋1 (Br)＝18

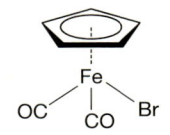

- ベンゼン(シクロペンタジエニル)鉄（＋I）：8 (Fe)＋5 (シクロペンタジエニル)＋6 (ベンゼン)－1 (＋1価)＝18

この有機金属化合物は，大気中や水中でもカチオン状態で安定に存在する．

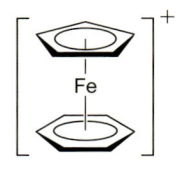

例外

　18電子則を満たす有機金属化合物は安定であるが，18電子則を満たさない安定化合物もメタロセンでは多く報告されている．（シクロペンタジエニルアニオンをCpと略す．）

　　$[V(Cp)_2]$　：15電子
　　$[Cr(Cp)_2]$　：16電子
　　$[Mn(Cp)_2]$：17電子
　　$[Co(Cp)_2]$　：19電子
　　$[Ni(Cp)_2]$　：20電子

これらの有機金属化合物は不安定であり，$[Co(Cp)_2]$ の場合は大気中で1個の電子を失って $[Co(Cp)_2]^+$（18電子）の構造となる．

　また，シクロペンタジエニルアニオン配位子に5つのメチル基がついたペンタメチルシクロペンタジエニルアニオン（Cp*）は立体的にかさ高い構造をしており，メチル基による電子供与効果が高い．このため，以下のような有機金属化合物も形成可能となる．

4.6 有機金属化合物の結合 II：18電子則

[Ti(Cp*)$_2$]：14電子

チタンから構成されるこの有機金属化合物は18電子よりも4つ電子が少ない．この状態を配位不飽和という．配位不飽和の状態は有機分子と結合をつくりやすいため，効果的な有機反応触媒となることが知られている（メタロセン触媒と呼ばれる）．

● コラム　「穴」だらけの金属錯体

　近年，金属イオンと，金属イオンどうしを架橋する有機配位子との自己集合によって形成される多孔性金属錯体が世界中で高い注目を集めている．こうした物質は金属有機構造体（metal organic frameworks；MOF）と呼ばれ，結晶性の固体中に無数のナノレベルの細孔が存在し，従来の多孔性材料であるゼオライトや活性炭とは大きく異なる性質を示す．金属イオンと有機配位子の組み合わせは無限に存在するので，これらを適切に組み合わせることによって，空間の次元性（線状，平面状，格子状など）やサイズの制御だけではなく，形状（正方形，六角形など）の制御や官能基の導入までできる．また，電子構造を調整することにより，電子物性，化学反応性の付与も可能になる．

　これにより，多孔性金属錯体をベースとした多種多彩な機能材料が提供されつつある．例えば，21世紀の新しいエネルギー源として水素が有望視されている．自動車や携帯機器などへの搭載を目指した水素を利用した燃料電池の開発が活発に行われ，その一方で有効な水素貯蔵材料が探索されている．現在のところ，高圧水素ボンベ，水素吸蔵合金，カーボンナノチューブなどによる貯蔵方法が検討されているが，見通しは明るいとは言えない．そのため，多孔性金属錯体を用いた水素吸蔵の研究が急速に展開しており，新しい水素吸蔵材料としての開発が期待されている．

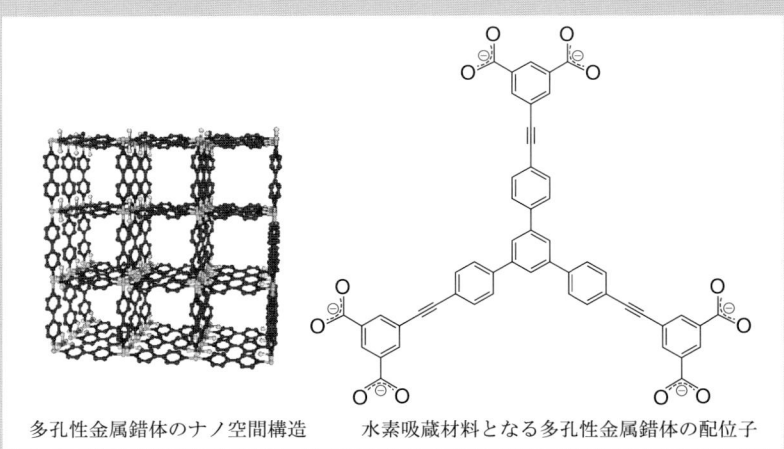

多孔性金属錯体のナノ空間構造　　　水素吸蔵材料となる多孔性金属錯体の配位子

参考文献
O. M. Yaghi *et al.*, *Science*, **341**, 974（2013）

（執筆：京都大学大学院工学研究科　植村卓史）

第5章　溶液中での錯体の状態

5章で学ぶこと
- 錯体化学における酸と塩基の概念
- 錯体の安定性や配位子置換反応

5.1　錯体化学における酸と塩基

　溶液中に配位子と金属イオンを溶解すると，それぞれの濃度の変化によって溶液の色が変わる現象などが見られる．これは，溶液中の錯体の構造が化学平衡状態にあるためである．また，溶液中では錯体の配位子置換反応なども起こる．本章では，錯体の構造を考えるうえで重要な溶液中における錯体の状態について説明する．

5.1.1　酸・塩基と平衡

　酸性や塩基性を示す物質の存在は古くから知られていたが，水溶液中における酸と塩基の挙動は1887年にArrhenius（アレニウス）によって説明された．Arrheniusは，水溶液において，水素イオン（プロトン；H^+）を発生させるものを酸，水酸化物イオン（OH^-）を発生させるものを塩基とした．その後，Brønsted（ブレンステッド）（1923年），Lowry（ローリー）（1924年），Lewis（ルイス）（1923年）によって酸塩基の概念が確立され，平衡論を定量的に取り扱えるようになった．まず，酸塩基を説明する際に基本となるBrønsted–Lowryの定義およびLewisの定義について説明する．

Gilbert N. Lewis
（1875〜1946）

Brønsted–Lowry の定義

Brønsted 酸　：プロトン（H^+）を<u>与える</u>ことのできる物質
Brønsted 塩基：プロトン（H^+）を<u>受け取る</u>ことのできる物質

$$H_3O^+ \rightleftharpoons H_2O + H^+$$

H_3O^+ は Brønsted 酸
H_2O は Brønsted 塩基

Lewis の定義

Lewis 酸　：非共有電子対を<u>受け入れて</u>錯体を形成できる物質
Lewis 塩基：非共有電子対を<u>与えて</u>錯体を形成できる物質

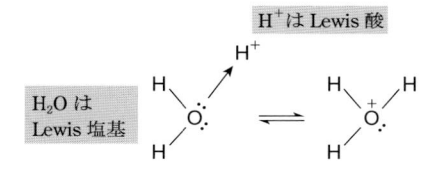

H^+ は Lewis 酸
H_2O は Lewis 塩基

Brønsted–Lowry の定義で重要なのはプロトンであり，プロトンの濃度により pH や酸解離定数 pK_a を求めることができる．一方，Lewis の定義では非共有電子対が重要となる．この定義によると，

金属イオン：Lewis 酸
配　位　子：Lewis 塩基

となる．

　錯形成反応は平衡反応である．錯体における配位子が 1 つのとき，平衡反応は基本的には以下の式で表され，この平衡反応における金属イオン M，配位子 L（ligand），錯体 ML の濃度と平衡定数 K の間には以下の関係が成り立つ．なお実際は，水溶液中の金属イオンは，水分子が複数配位した水和物として存在している．

5.1 錯体化学における酸と塩基

$$M + L \underset{k_{-1}}{\overset{k_1}{\rightleftharpoons}} ML$$
$$K = \frac{[ML]}{[M][L]} \tag{5.1}$$

Kは**安定度定数**，**結合定数**，**錯形成定数**などと呼ばれる．Kは錯形成反応の反応速度定数k_1を配位子解離反応の反応速度定数k_{-1}で割ったk_1/k_{-1}と等しい．また，Kの逆数は**解離定数**と呼ばれる．

錯体における配位子が2つ以上のときは，平衡反応は以下のような逐次反応となる．

$$\begin{aligned}
M + nL &\rightleftharpoons ML + (n-1)L & K_1 &= \frac{[ML]}{[M][L]} \\
ML + (n-1)L &\rightleftharpoons ML_2 + (n-2)L & K_2 &= \frac{[ML_2]}{[ML][L]} \\
&\vdots \\
ML_{n-1} + L &\rightleftharpoons ML_n & K_n &= \frac{[ML_n]}{[ML_{n-1}][L]}
\end{aligned} \tag{5.2}$$

各段階の平衡反応の平衡定数$K_1, K_2, \cdots, K_n$を逐次安定度定数と呼ぶ．この逐次反応は，以下のようにまとめることもできる．

$$M + nL \rightleftharpoons ML_n \qquad \beta_n = \frac{[ML_n]}{[M][L]^n} \tag{5.3}$$

β_nを全安定度定数と呼ぶ．β_nは逐次安定度定数の積，すなわち

$$\beta_n = K_1 \cdot K_2 \cdots K_n \tag{5.4}$$

となる．ここで，+2価のコバルトイオン（Co^{2+}）を例にとって，安定度定数についてもう少し説明する．以下の**表5.1**に示すように，安定度定数は同じ金属イオンでも配位子の種類によって異なる．

表5.1 配位子の違いによるCo^{2+}イオンの安定度定数の変化

配位子	OH^-	$EDTA^{4-}$	フェナントロリン（phen）		
安定度定数	$\log \beta_1$	$\log \beta_1$	$\log \beta_1$	$\log \beta_2$	$\log \beta_3$
	2.95	16.3	7.08	13.7	19.8

この表から，配位子が1つの場合はEDTA（エチレンジアミン四酢酸）配位子による安定度定数がもっとも大きいことがわかる．一方，3つのフェナント

ロリン配位子（phen）がCo^{2+}イオンに配位するとさらに安定であり，その安定度定数は$10^{19.8}$となる．

ここで簡単な計算を行ってみよう．Co^{2+}イオンは，水溶液のpHによって水中でアクア錯体$[Co(H_2O)]^{2+}$とヒドロキソ錯体$[Co(OH)]^+$の構造をとり，この2つの錯体は平衡状態にある．過塩素酸コバルト(II)($Co(ClO_4)_2$)を含む水溶液において，全コバルトイオンの99%以上がアクア錯体の形で存在するための条件は，コバルトのヒドロキソ錯体の安定度定数から計算できる．その安定度定数は，先ほどの表5.1より$\log \beta_1 = 2.95$，つまり$\beta_1 = 10^{2.95}$である．よって，

$$\beta_1 = \frac{[[Co(OH)]^+]}{[Co^{2+}][OH^-]} = 10^{2.95} \tag{5.5}$$

という式が得られ，この式を変形すると，

$$\frac{[[Co(OH)]^+]}{[Co^{2+}]} = 10^{2.95}[OH^-] \tag{5.6}$$

となる．左辺の$[[Co(OH)]^+]/[Co^{2+}]$は水溶液中の全コバルトイオンに対するヒドロキソ錯体の割合である．全コバルトイオンの99%以上がアクア錯体として存在するためには，この左辺が0.01よりも小さくなる必要がある．つまり，

$$0.01 < 10^{2.95}[OH^-] \tag{5.7}$$

すなわち，

$$[OH^-] < 10^{-4.95} \text{ mol L}^{-1} \tag{5.8}$$

の条件が必要であり，これをプロトン濃度に変換すると，

$$[H^+] > \frac{10^{-14}}{10^{-4.95}} = 10^{-9.05} \text{ mol L}^{-1} \tag{5.9}$$

となる．つまり，pHが9.05よりも小さいとき，全コバルトイオンの99%以上がアクア錯体として存在することになる．

5.1.2　安定度定数の求め方

安定度定数および組成比は，錯体の吸収スペクトルやNMRスペクトルから決定することが多い．以下に，クラウンエーテルを含むMo錯体によるLiイオ

ンの捕捉を^{31}P{^{1}H}NMR（^{31}Pを核種としたNMRに^{1}H NMRを混合した方法）で解析した例を示す．具体的には，Mo錯体とLiイオンの濃度比を変化させてLiを捕捉する割合を決める．2つの物質の混合比を変化させて得られた吸収・発光スペクトルやNMRスペクトルの変化を，その混合比に対してプロットしたグラフを**Job**プロット（ジョブ）という．

図**5.1**はLi錯体のモル分率に対して，NMRスペクトルのピークシフト量（$\Delta\sigma$）をプロットしたグラフである．Mo錯体とLiイオンはモル比が1：1のとき（図ではLiイオンのモル分率が0.5のとき）にNMRスペクトルのピークシフト量が最大値を示すため，1：1の錯形成を行っていることがわかる．また，Mo錯体の溶液に対して加えるLiイオンの濃度を変化させて得られる図**5.2**のようなグラフから，安定度定数Kを求めることもできる．

図5.2の縦軸はNMRスペクトルのピークシフトの割合（$(\sigma_{obs}-\sigma_i)/(\sigma_f-\sigma_i)$）である（$\sigma_{obs}$は観測されるNMRシグナル，$\sigma_i$はLiイオンを捕捉していないMo錯体のNMRシグナル，σ_fはLiイオンを捕捉した錯体のNMRシグナル）．1：1錯体の場合，以下の関係式が成り立つ．

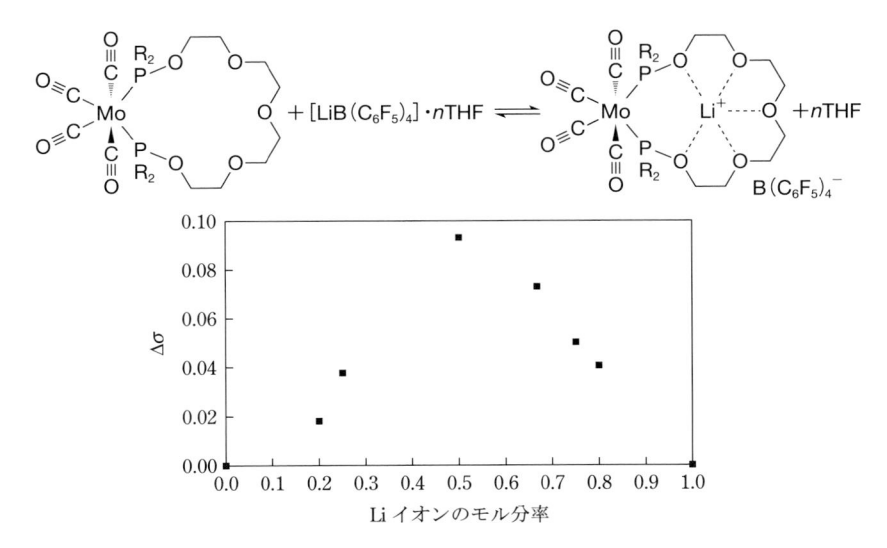

図5.1 クラウンエーテルを含むMo錯体によるLiイオンの捕捉
縦軸はNMRスペクトルのピークシフト量，横軸はLi錯体のモル分率．
［J. T. Sheff *et al.*, *Organometallics*, **30**, 5695（2011）］

第5章 溶液中での錯体の状態

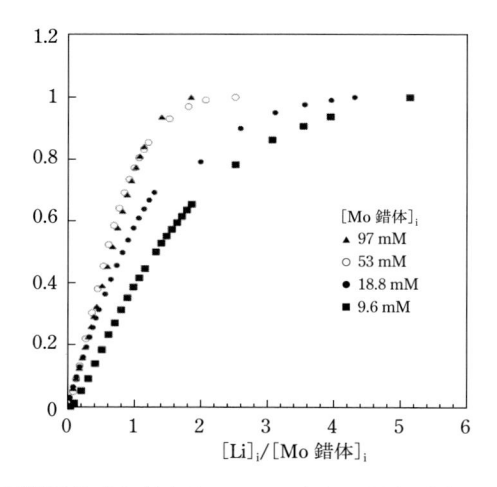

図5.2 Liイオンの初濃度 $[\text{Li}]_\text{i}$ に対するNMRスペクトルのピークシフトのプロット
Liイオンの初濃度 $[\text{Li}]_\text{i}$ を変化させたときの変化を見ている．横軸は $[\text{Mo錯体}]_\text{i}$ で規格してある．
[J. T. Sheff *et al.*, *Organometallics*, **30**, 5695 (2011)]

$$v = \frac{K[\text{Li}^+]_\text{F}}{1+K[\text{Li}^+]_\text{F}} \tag{5.10}$$

ここで，$[\text{Li}]_\text{F}$ は錯体を形成していない（フリーの）Liイオンの濃度，v は結合密度，ここではNMRスペクトルのピークシフトの割合（＝図の縦軸（$\sigma_\text{obs}-\sigma_\text{i}$)/($\sigma_\text{f}-\sigma_\text{i}$)）である．この v と $[\text{Li}]_\text{F}$ は以下の関係にある．

$$[\text{Li}]_\text{i} = [\text{Li}]_\text{F} + v[\text{Mo錯体}]_\text{i} \tag{5.11}$$

ここで，$[\text{Mo錯体}]_\text{i}$ はLiイオンを添加する前のMo錯体の濃度である．つまり，滴定により得られた結果をプロットし，(5.10)式を使って最小二乗フィッティングすれば K を算出することができる．この計算から，$K = 7.7 \pm 0.5 \text{ mol}^{-1}\text{L}$ と得られる．

金属イオンと配位子が1:2あるいは1:3である場合は，別の式を用いてフィッティングを行う[注1]．また，吸収スペクトルや発光スペクトルからも安定度定数を求めることができる．

[注1] 参考：K. A. Connors, *Binding Constants*, John Wiley&Sons (1987)

5.2　キレート

　すでに何回も登場しているが，エチレンジアミン四酢酸（EDTA）のような配位子は分子内に複数のカルボン酸を有し，まるで蟹（カニ）がはさみを使って金属イオンを捕まえているような形をした錯体を形成する（**図5.3**）．これを**キレート**という．キレートとは，ギリシャ語で「カニやエビのはさみ」という意味である．

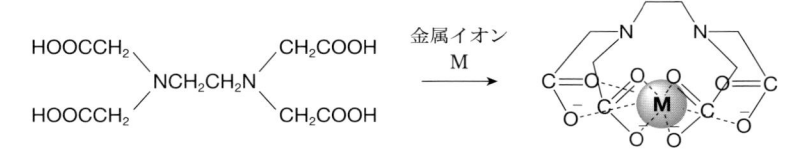

図5.3　エチレンジアミン四酢酸（EDTA）による金属イオンのキレート

　EDTAをY^{4-}と表してCa^{2+}イオンとの錯形成反応を考えると，平衡反応および安定度定数は

$$Ca^{2+} + Y^{4-} \rightleftharpoons [Ca(Y)]^{2-} \qquad K = \frac{[[Ca(Y)]^{2-}]}{[Ca^{2+}][Y^{4-}]} \qquad (5.12)$$

となる．ただし，EDTAの配位能力はpHによって変化する．EDTAとプロトンの平衡反応は以下のようになる．

$$
\begin{aligned}
YH_4 &\rightleftharpoons [YH_3]^- + H^+ & K_1 &= \frac{[H^+][[YH_3]^-]}{[YH_4]} = 1.0 \times 10^{-2} \\
[YH_3]^- &\rightleftharpoons [YH_2]^{2-} + H^+ & K_2 &= \frac{[H^+][[YH_2]^{2-}]}{[[YH_3]^-]} = 2.2 \times 10^{-3} \\
[YH_2]^{2-} &\rightleftharpoons [YH]^{3-} + H^+ & K_3 &= \frac{[H^+][[YH]^{3-}]}{[[YH_2]^{2-}]} = 6.9 \times 10^{-7} \\
[YH]^{3-} &\rightleftharpoons Y^{4-} + H^+ & K_4 &= \frac{[H^+][Y^{4-}]}{[[YH]^{3-}]} = 5.5 \times 10^{-11}
\end{aligned}
\qquad (5.13)
$$

ここで，キレートしていない（金属イオンと結合していない）EDTAの全濃度を$[Y']$とすると，

$$[Y'] = [Y^{4-}] + [[YH]^{3-}] + [[YH_2]^{2-}] + [[YH_3]^-] + [YH_4] \qquad (5.14)$$

である．$[Y^{4-}]$に対する$[Y']$の割合をα_Yとすると，

$$\alpha_Y = \frac{[Y']}{[Y^{4-}]}$$

$$= \frac{[Y^{4-}]+[[YH]^{3-}]+[[YH_2]^{2-}]+[[YH_3]^-]+[YH_4]}{[Y^{4-}]} \quad (5.15)$$

$$= 1 + \frac{[H^+]}{K_4} + \frac{[H^+]^2}{K_3 K_4} + \frac{[H^+]^3}{K_2 K_3 K_4} + \frac{[H^+]^4}{K_1 K_2 K_3 K_4}$$

となる．α_Yは副反応係数と呼ばれる．α_Yの逆数$1/\alpha_Y$は，すべてのEDTAに対するキレートしていないEDTAの割合であり，これをEDTAの分率という．

ここで，簡単な計算を行う．pHが10のときのY^{4-}の分率α_Yは

$$\begin{aligned}\alpha_Y &= \frac{[Y']}{[Y^{4-}]} \\ &= 1 + \frac{1.0\times10^{-10}}{5.5\times10^{-11}} + \frac{(1.0\times10^{-10})^2}{(6.9\times10^{-7})(5.5\times10^{-11})} \\ &\quad + \frac{(1.0\times10^{-10})^3}{(2.2\times10^{-3})(6.9\times10^{-7})(5.5\times10^{-11})} \\ &\quad + \frac{(1.0\times10^{-10})^4}{(1.0\times10^{-2})(2.2\times10^{-3})(6.9\times10^{-7})(5.5\times10^{-11})} \\ &\cong 2.9\end{aligned} \quad (5.16)$$

であり，

$$1/\alpha_Y = 0.34 \quad (5.17)$$

となる．よって，pH＝10の条件においてEDTAがY^{4-}として存在する分率は，0.34となる．

また，キレートによる多座配位では，単座配位子の配位と比べ，錯形成前後におけるエントロピーの変化が大きい．アンモニア，エチレンジアミン（en），およびペンタエチレンヘキサミン（penten）配位子を配位したNi錯体の安定度定数および錯形成時における自由エネルギー変化，エンタルピー変化，エントロピー変化を**表5.2**に示す．

この表では，各Ni錯体の錯形成前後におけるエンタルピー変化には，配位子の違いによる差はほとんどないが，エントロピー変化は多座配位になるほど大きくなることがわかる．このように，キレート配位子が金属イオンに配位す

表5.2 Ni錯体の熱力学パラメーター

	$\log \beta_n$	$\Delta G^\dagger$ [kJ mol^{-1}]	$\Delta H^\dagger$ [kJ mol^{-1}]	$\Delta S^\dagger$ [J mol^{-1} K^{-1}]
[Ni(NH$_3$)$_6$]$^{2+}$	9.1 ($n=6$)	-52	-100	-161
[Ni(en)$_3$]$^{2+}$	18.4 ($n=3$)	-105	-117	-40
[Ni(penten)]$^{2+}$	19.1 ($n=1$)	-109	-94	$+50$

ることによりエントロピー変化が大きくなり,錯体が安定化することを**キレート効果**という.クラウンエーテルなどが金属イオンを捕捉すると安定になるのは,このキレート効果によるところが大きい.

5.3 HSAB則

錯体の安定度定数は溶液中における錯体の安定性を表したものである.錯体の安定性は金属イオンや配位子の種類によって変化するが,安定な錯体は,熱力学的観点から以下の3つに分類することができる.

(1) 硬い酸および硬い塩基からなる錯体:安定性が静電的相互作用に基づいて説明できるもの

安定度定数が金属イオンの電荷に比例し,イオン半径に反比例するものである.同じ配位子を用いた場合の安定度定数の順序を以下に示す.

・イオン半径が小さいものほど安定

 $Mg^{2+} > Ca^{2+} > Sr^{2+} > Ba^{2+} > Ra^{2+}$

・価数が大きいものほど安定

 $Th^{4+} > Y^{3+} > Ca^{2+} > Na^+$ (イオン半径はすべて約1.0 Å)

これらの金属イオンは,その電子が分極を受けにくいため,「**硬い酸**(hard acid)」と呼ばれる.硬い酸は,分極を受けにくい塩基と強く結合する.こうした塩基のことを「**硬い塩基**(hard base)」という.

硬い酸:

 体積が小さく,高い正電荷をもっているもの.

 Al^{3+}, Fe^{3+}, Ce^{3+}, Cr^{3+}, Ca^{2+}, Sr^{2+}, Mg^{2+}, K^+, Na^+, H^+ など

硬い塩基:

 分極しにくく,電気陰性度が高いもの.

OH^-, F^-, Cl^-, PO_4^{3-}, SO_4^{2-}, CO_3^{2-}, H_2O, RNH_2 など

(2) 柔らかい酸および柔らかい塩基からなる錯体：安定性が共有結合に近いモデルで説明できるもの

混成軌道の形成や金属から配位子のπ^*軌道への電子の逆供与を含む有機金属化合物を構成する金属イオンおよび配位子を，それぞれ「**柔らかい酸**（soft acid）」および「**柔らかい塩基**（soft base）」と呼ぶ．

柔らかい酸：

体積が大きく，低い正電荷もしくは無電荷で，電気陰性度が低いもの．
Hg^{2+}, Cd^{2+}, Pt^{2+}, Au^+, Ag^+, Cu^+, M^0（0価の金属原子）など

柔らかい塩基：

分極しやすく，電気陰性度が低いもの．
I^-, CN^-, SCN^-, S^{2-}, RS^-, R_2S, R_3P, $(RO)_3P$, CO, ベンゼン, C_2H_4 など

(3) 硬い酸・塩基と柔らかい酸・塩基の中間からなる錯体

Fe^{2+}, Co^{2+}, Ni^{2+}, Cu^{2+}, Ru^{2+}, Zn^{2+} などとピリジン，ビピリジン，アニリン，Br^-, N_2, SO_3^{2-} などの錯体．2価の遷移金属イオンによる金属錯体が多い．

硬い酸と硬い塩基，および，柔らかい酸と柔らかい塩基からなる錯体は安定な物質を形成する．この法則を **HSAB則**（hard and soft acids and bases principle）という．例えば，柔らかいCd^{2+}と柔らかいS^{2-}は安定なCdSという化合物を与える．

また，金属錯体や有機金属化合物では一般に，中間または柔らかい酸と塩基同士の組み合わせが多い．このHSAB則は錯体形成に関する定性的な法則であるため厳密な分類は困難であるが，覚えておくと便利な法則である．

5.4 配位子置換反応

金属錯体および有機金属化合物は，ある条件下において配位子の置換反応を起こす．置換反応は金属錯体の安定性や有機金属化合物の反応性に大きな影響を与える．個々の錯体が起こしうる置換反応は多種多様であるため，ここでは配位子置換反応の基礎について簡単に説明するにとどめる．

5.4.1 金属錯体における配位子置換反応

金属錯体における金属と配位子の結合は平衡反応であるため，金属イオンの種類および配位子の配位力（安定度定数）によって置換反応の起こりやすさが決まる．配位子置換反応の反応機構はおもに3つある．

（1）解離機構

中心金属Mから配位子Lが1つ外れて<u>配位数が減少した</u>錯体が生成し，次に新しい配位子Zが配位する．

$ML_6 \longrightarrow ML_5 + L$ （律速反応）
$ML_5 + Z \longrightarrow ML_5Z$

（2）会合機構

錯体に新しい配位子Zが付加して<u>配位数が増加した</u>錯体が生成し，次にもとの配位子Lが脱離する．

$ML_6 + Z \longrightarrow ML_6Z$ （律速反応）
$ML_6Z \longrightarrow ML_5Z + L$

（3）交替機構

会合機構の中間体と似ているが，新しい配位子は錯体の外側（外部配位圏）に配位して，錯体の内側（内部配位圏）に存在するもとの配位子と交替する．

金属錯体の配位子置換反応に関しては，水分子が配位子であるアクア錯体（アコ錯体とも呼ぶ）の置換反応がもっとも古くから報告されている．

● コラム　　外部配位圏と内部配位圏

　溶液内の金属イオンは，その周囲に配位子または配位している溶媒分子を引きつけている．これを内部配位圏（内圏：第一配位圏）という．さらに，この外側を囲んでいる溶媒分子や対イオンなどが存在する範囲を外部配位圏（外圏：第二配位圏）という．配位子の置換反応は内圏で起こり，錯陽イオンと陰イオンとの間の会合などは外圏で起こる．

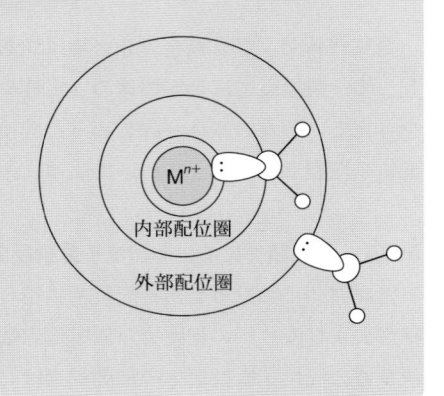

$$[M(H_2O)_x]^{n+} + H_2O^* \underset{}{\overset{k_{H_2O}}{\rightleftarrows}} [M(H_2O)_{x-1}(H_2O^*)]^{n+} + H_2O$$

アクア錯体における水分子の交換速度は，酸素の同位体「^{17}O」を含む水を用いた核磁気共鳴法により測定されている．この測定により，交換速度には金属イオン種によって以下のような差があることがわかっている．

　<u>反応が非常に速いもの</u>：$k_{H_2O} > 10^8 \text{ s}^{-1}$
　　1族の金属イオン：$Li^+, K^+, Na^+, Rb^+, Cs^+, Fr^+$
　　Be^{2+}, Mg^{2+} をのぞく2族の金属イオン：$Ca^{2+}, Sr^{2+}, Ba^{2+}$
　　12族の金属イオン：Cd^{2+}, Hg^{2+}
　　その他：$Cr^{2+}, Cu^{2+}, Pb^{2+}$

　<u>中間</u>：$k_{H_2O} = 10^4 \sim 10^8 \text{ s}^{-1}$
　　Y^{2+} をのぞく2価の第1遷移金属イオン：$Mn^{2+}, Fe^{2+}, Co^{2+}, Ni^{2+}, Zn^{2+}$
　　希土類イオン：
　　その他：$Mg^{2+}, Ti^{2+}, Mg^{3+}, In^{3+}, Tl^{3+}$

反応が遅いもの：$k_{H_2O}=1\sim10^4\ s^{-1}$
　　3価の13族金属イオン：Al^{3+}, Ga^{3+}
　　その他：V^{3+}, Fe^{3+}, Be^{2+}, V^{2+}, Pd^{2+}

置換反応しないもの：$k_{H_2O}<1\ s^{-1}$
　　低スピンd^6配置の金属イオン：Ru^{2+}, Co^{3+}, Ph^{3+}, Ir^{3+}, Pt^{4+}
　　その他：Cr^{3+}, Pt^{2+}

　d^0配置やd^{10}配置の金属イオンではイオン半径が大きいものほど水の交換は速い．しかし，それ以外の個数のd電子を有する金属イオンでは，イオン半径と交換速度との間に明確な傾向は見られない．これは，配位子場による安定化がこれらの金属イオン錯体の安定化に大きく寄与していることを示唆する．また，d電子の数が同じでも族が異なる（価数が違うことを意味する）場合は，価数の低いものほど水の交換が速い．

5.4.2　有機金属化合物における配位子置換反応

　有機金属化合物の結合は，金属－炭素間のσ結合およびπ結合から構成される．この特異な結合により，通常の有機化合物や金属錯体とは異なった独特の反応性を示す．具体的には，以下の配位子置換反応が起こる．

（1）酸化的付加反応

　金属の形式的な酸化数および配位数が同時に増加する反応であり，合成化学における重要な素反応の1つである．

$$L_nM\ +\ X-Y\ \longrightarrow\ L_nM\!\!\begin{array}{c}X\\|\\-Y\end{array}$$

　上記の反応においてはXとYが金属に配位し，金属の酸化数および配位数が2増加する．例えば，以下のような反応がある．

$$Pt(PPh_3)_4\ +\ CH_3I\ \longrightarrow\ PtICH_3(PPh_3)_2\ +\ 2PPh_3$$
$$Pt(0),\ d^{10} \qquad\qquad\qquad Pt(II),\ d^8$$
錯体の電子数＝18　　　　　　　　　錯体の電子数＝16

第5章 溶液中での錯体の状態

この反応で生成するPt錯体の電子数は16となってしまうため，18電子則を満たすように，さらに酸化的付加反応が進行する．

$$PtICH_3(PPh_3)_2 \; + \; CH_3I \longrightarrow PtI_2(CH_3)_2(PPh_3)_2$$
$$Pt(IV), d^6$$
$$錯体の電子数=18$$

この酸化的付加反応は，電子密度の高い金属（Lewis酸）が反応基質へ求核攻撃することにより進行する．よって，金属の電子密度を低下させる配位子，つまり塩基性が強い配位子がついた有機金属化合物では反応性が低い．リン原子を含む配位子の塩基性の強さは，以下のような順序である（Rはアルキル基）．

$$PR_3 > PPh_3 > P(OR)_3$$

　PPh_3配位子を含む有機金属化合物は，アルケンや一酸化炭素（CO）が配位した有機金属化合物よりも反応性が高い．これは，アルケンやCOが配位した錯体では金属から配位子のπ^*軌道への電子の逆供与（4章参照）が起こり，金属部位の電子密度が低下するためである．

　有機金属化合物の酸化的付加反応では立体化学が重要となる．Pd(0)錯体の酸化的付加反応における立体配置を以下に示す．

上の反応式において，酸化的付加により生成したPd-アルキル化合物を立体関係が保持したままフェネチルアルコールに誘導すると，出発物質の塩化ベンジルの付加反応は立体反転をともなって進行していることになる．つまり，この反応ではPd(0)によるC–X結合へのS_N2型の酸化的付加が起こったことになる．

（2）還元的脱離反応

金属の形式的な酸化数および配位数が 2 減少する反応である．この反応では金属上に結合している有機配位子が放出されるため，この反応も合成化学上重要な素反応の 1 つとなっている．

$$L_nM\begin{matrix}X\\Y\end{matrix} \longrightarrow L_nM + X-Y$$

還元的脱離反応においては，X と Y が近い場所に位置することが重要である．例えば以下に示す 4 配位平面構造の Pd 錯体では，X と Y の関係がシスである場合には反応が速く進行する．トランス体の場合にはシス体への異性化反応が起こってから脱離反応が起こるため，反応速度は遅い．

$$\begin{matrix}& Me & & & Me & & \\ L-&Pd&-L & \rightleftharpoons & [L-Pd] & \nrightarrow & Me-Me \\ & Me & & & Me & & \end{matrix}$$

$$\updownarrow$$

$$\begin{matrix}& Me & & & Me & & \\ L-&Pd&-Me & \rightleftharpoons & [L-Pd-Me] & \longrightarrow & Me-Me \\ & L & & & & & \end{matrix}$$

還元的脱離反応は，金属部分の電子密度を低下させると反応の進行が促進される．これは酸化的付加反応とは逆である．このため，以下の Ni 錯体の還元的脱離反応では，電子求引性置換基をもつオレフィン（アルケン）を配位させることで，還元的脱離反応を促進できる．

（3）その他

上の 2 つの反応の他に，有機金属化合物が起こす反応には β 水素脱離，オレフィン挿入，CO 挿入，脱カルボニル化，親電子的反応，および求核的反応がある．

5.4.3 トランス効果

金属錯体の配位子置換反応においては，どの位置から配位子置換反応が起こるのかという点も重要となる．以下に，Pt錯体のCl^-配位子とNH_3配位子の配位子置換反応について示す．

$[PtCl_4]^{2-}$にNH_3配位子を添加すると，シス位に配位する．

一方，$[Pt(NH_3)_4]^{2+}$にCl^-配位子を添加すると，トランス位に配位する．

この配位子置換反応に関しては，Cl^-配位子の方が優先してトランス位に反応する．これを**トランス効果**と呼ぶ．トランス効果は金属錯体にも有機金属化合物にも共通である．トランス効果がより強い配位子の順序は以下のようになる．

$$CN^-, CO, C_2H_4, NO > H^-, CH_3^-, PR_3, SR_2$$
$$NO_2 > I^- > SCN^- > Br^- > Cl^- > NH_3, py > OH > H_2O$$

トランス効果を利用すると，置換反応によって錯体の異性体を作り分けることができる．特に有機金属化合物の還元的脱離反応においては，このトランス効果を念頭におくことで，効果的な有機金属触媒を設計することが可能となる．

● コラム　　酸・塩基で ON/OFF できる「ソルバトクロミック錯体」

　物質に対して何らかの刺激を加えたときに物質の色が可逆的に変化する現象をクロミズムと呼ぶ．金属錯体に限らず数多くのクロミック材料が知られており，さまざまな場面でセンサーや分析に用いられている．そのうち，色変化が溶媒の種類や極性による場合をソルバトクロミズムという．

　最近，銅(II)イオンに，ヒドラゾンを骨格とする有機配位子が結合している金属錯体が興味深いソルバトクロミズムを示すことが見出された．すなわち，図の銅(II)錯体は，酸や塩基を添加することによりソルバトクロミズムの挙動が劇的に変化する．配位子であるヒドラゾン誘導体自体は強塩基性条件下でしか水素イオン（プロトン）を解離することができないが（酸性度がきわめて低い），いったん金属イオンに配位すると，より温和な条件下でプロトンを解離することが可能となる（酸性度が高くなる）．特におもしろいことに，金属イオンを変えると，平面性の高い構造をとる錯体ほど酸性度は高くなる傾向がみられる．

　この銅(II)錯体では，pH 9 以上では水素イオンを放出した「脱プロトン体」，pH 9 以下では放出していない「プロトン体」の 2 種類の状態をとり，これらの発色は大きく異なる．注目すべきは，脱プロトン体が溶媒の種類（極性）の変化に応じて色が変化するソルバトクロミズムを示すのに対し，プロトン体ではその挙動がほとんど観測されない点である．これはプロトンの付加によって，光の吸収に関わる電子遷移の性質が大きく変化した結果であり，有機配位子の性質を巧みに活かした金属錯体ならではのクロミック特性といえよう．

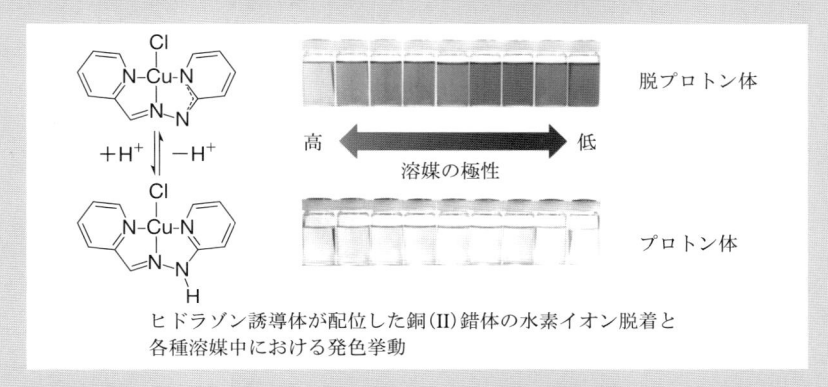

ヒドラゾン誘導体が配位した銅(II)錯体の水素イオン脱着と各種溶媒中における発色挙動

参考文献

M. Chang *et al.*, *Chem. Lett.*, **40**, 1335-1337 (2011)

（執筆：北海道大学大学院理学研究院　加藤昌子・小林厚志）

第6章　錯体の光化学

6章で学ぶこと
- 光の吸収による励起状態の生成と励起状態からの緩和過程
- 金属錯体の光化学的性質

6.1　スペクトルと色

　金属錯体の色は配位子の種類や構造によって変化する．例えば，塩化コバルト(II)水和物 $[Co(H_2O)_6]Cl_2$ を水に溶かし，その溶液を加熱すると，溶液の色はピンクから青に変化する．これは水中で，

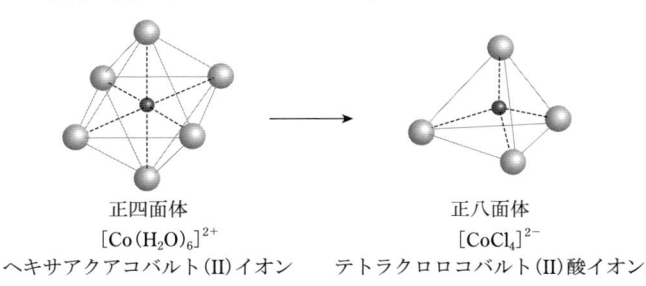

正四面体　　　　　　　　　　　正八面体
$[Co(H_2O)_6]^{2+}$　　　　　　　　$[CoCl_4]^{2-}$
ヘキサアクアコバルト(II)イオン　　テトラクロロコバルト(II)酸イオン

という反応が生じるためである．このとき，幾何学構造は正八面体構造から正四面体構造へと変化する．このように，錯体の構造と色には密接な関係があり，また錯体の色は錯体の電子状態を反映している．

　ここで，色と光の関係について説明する．我々は暗闇では，光がなければ色を認識することができない．色とは，物質に光が当たることで初めて見えるものである．我々はいろいろな物質の色彩を感じることができる．例えば，リンゴを見て，「リンゴは赤い」と認識することができる．リンゴの皮には青緑色の光を吸収する色素が含まれているため，リンゴの皮に青緑色の光が吸収され，青緑以外の光（おもに赤色光）が反射される．この反射された光を見て，我々は「リンゴは赤い」と認識できる．

赤　：700〜605 nm
橙　：605〜595 nm
黄　：595〜580 nm
緑黄：580〜560 nm
緑　：560〜500 nm
青緑：500〜490 nm
緑青：490〜480 nm
青　：480〜435 nm
紫　：435〜400 nm

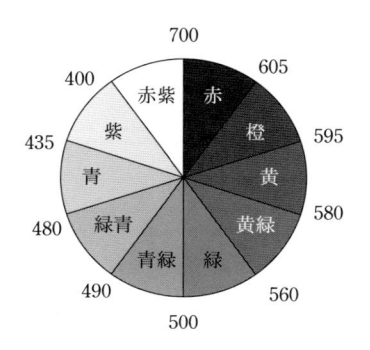

図6.1　光の波長と色の関係

一方で，我々は信号機の「青」「黄」「赤」の光を目で見ることにより信号機の色を識別したり，テレビ画面の色を認識することができる．信号機やテレビは暗闇でも見ることができるが，これは信号機やテレビが自ら光を発しているためである．

光の波長と色の関係を**図6.1**に示す．それぞれの色に相当する波長は説明をわかりやすくするためにここで設定したものであり，普遍性はない．波長にして約700 nm以上が赤外光，約400 nm以下が紫外光となる．色を波長の長さの順に円形にして並べたものは，カラーサークルと呼ばれる．カラーサークルにおいて，光と色は相補的な関係となる．つまり，ある金属錯体が435 nmから480 nm付近の青色光を吸収する場合，その錯体は黄色に見える．490 nm付近の光を吸収する錯体は，赤色となる．一方，錯体が緑色となるには，450 nm付近の光と600 nm付近の光を両方吸収する必要がある．緑色の錯体はクロロフィルやポルフィリン類においてよくみられる．

6.2　光の吸収および励起状態からの緩和過程

6.2.1　光の吸収と励起状態の生成

物質は光を吸収することで，いろいろな機能を発現する．ここでは，物質における光の吸収，および光の吸収により生じる現象について説明する．

原子は原子核と原子核のまわりに存在する電子から構成されており，分子は原子が結合したものである．分子において電子が存在できる軌道は複数あり，

第6章　錯体の光化学

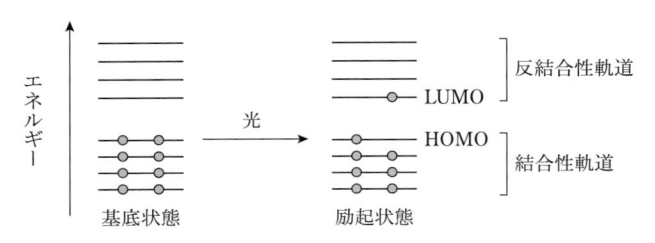

図6.2　基底状態および励起状態における分子の電子構造

この軌道の性質により発光特性，光触媒活性，光誘起電子移動特性といった分子の光機能が決まる．

電子が存在できる原子の軌道には，エネルギーの低いものから順にs軌道，p軌道，d軌道，f軌道がある．分子では，これらの原子軌道に基づく混成軌道が形成され，物質の骨格や結合に応じて結合性軌道，反結合性軌道などがつくられる．4章でも述べたように分子軌道には電子が2個ずつ入ることができ，電子はエネルギーが低い軌道から順番に詰まっていく．すべての電子が下から順番に詰まった安定状態のことを**基底状態**と呼ぶ．

基底状態の分子において，電子が詰まったもっともエネルギーの高い軌道を**最高被占軌道**（highest occupied molecular orbital, **HOMO**），電子が詰まっていないもっともエネルギーの低い軌道を**最低空軌道**（lowest unoccupied molecular orbital, **LUMO**）と呼ぶ．基底状態の分子に光を照射すると，**図6.2**に示すようにHOMOの電子はLUMOへと励起されて励起状態となる．一方，電圧をかけることによってLUMOに電子を与え，HOMOから電子を引き抜くことでも励起状態をつくることができる．これは次章で説明する有機EL素子の原理である．

一般に，分子の励起状態はHOMOとLUMOの間のエネルギー差に相当するエネルギーをもつ光を与えることによってつくることができる．このエネルギーについては，以下の関係式がある．

$$波長\ \lambda/\mathrm{nm} = \frac{1239.8}{エネルギー/\mathrm{eV}} \text{[注1]}$$

[注1] この式は光子のエネルギーに関する $E=h\nu=hc/\lambda$ という式から，Planck定数 6.626×10^{-34} J s，1 eV $=1.6022\times 10^{-19}$ J を用いて計算することができるので，各自試していただきたい．

6.2 光の吸収および励起状態からの緩和過程

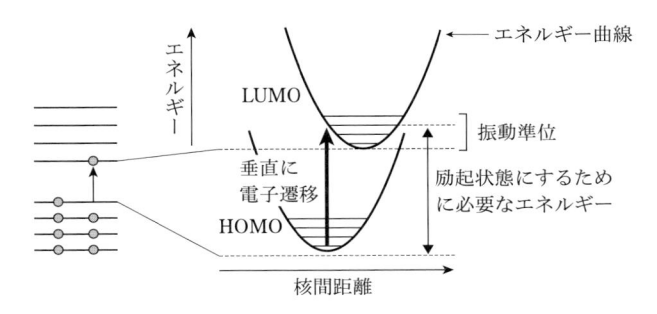

図6.3 Franck–Condonの原理

つまり，ある分子におけるHOMOとLUMOのエネルギー差が4 eVであるとき，そのエネルギー差は波長が約310 nmである光に相当するため，310 nmの紫外光を照射することにより，分子を励起できる．

しかし，実際に4 eVのエネルギー差をもつ分子に310 nmの光を当てても，ほとんどの分子は励起状態を効率よくつくり出すことができない．これは，HOMOとLUMOの軌道のエネルギーの高さ（エネルギー準位）のみを考えているためで，実際は**図6.3**のように基底状態と励起状態における分子の平衡結合長を考える必要がある．電子があるエネルギー準位から別のエネルギー準位へ移動することを**電子遷移**と呼ぶ．一般に，電子が光エネルギーを吸収して電子遷移する際，図において垂直に，つまり核間距離（平衡結合長）を保ったまま移動する．これは，原子核は電子よりもはるかに大きくて重く，電子遷移は原子核の応答よりもずっと速く起こるためである．これを**Franck–Condonの原理**という．一般に，励起状態のエネルギー曲線は基底状態のものよりも核間距離が長い方向にずれるが，これは多くの分子の励起状態では基底状態よりも核間距離の長い反結合性軌道の寄与が大きいためである．

Franck–Condonの原理を考慮に入れると，実際に必要とされる光エネルギーはHOMOとLUMOのエネルギー差よりも大きいことになる．このエネルギーのずれを**ストークスシフト**という．

光励起のために必要なエネルギーの大きさは，分子の吸収スペクトル測定によって調べることができる．300 nmから400 nmの範囲の光を吸収する（「300 nmから400 nmに吸収帯をもつ」と表現されることも多い）錯体の電子構造および電子遷移の様子と吸収スペクトルの関係について，**図6.4**に模式的

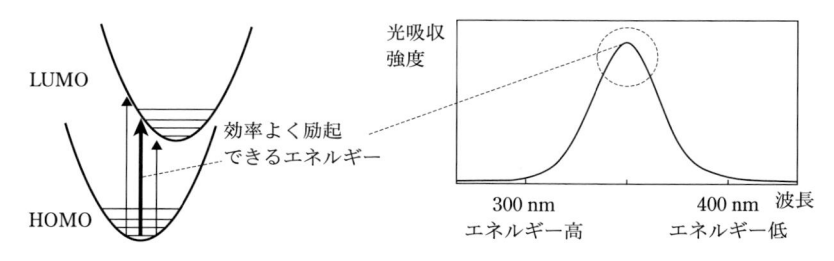

図6.4　分子の電子構造，電子遷移の様子と吸収スペクトルの関係

に示す．この図を見るとわかるように，300 nmから400 nmの間のどの波長の光を用いてもこの分子を励起することはできるが，分子をもっとも効率よく励起できる光の波長は，吸収強度が一番強い350 nmである．これはちょうど，基底状態の電子のエネルギー準位とそこから垂直に電子遷移したときのLUMOのエネルギー準位の差に相当する．

これに対して，吸収のない領域，例えば波長465 nmの光をこの分子に当てても励起状態にすることはできない．物質を励起状態にするためには，どのような波長の光エネルギーを当てるのかが重要となる．

6.2.2　光吸収の起こりやすさ

光吸収の起こりやすさは，物質の分子構造や集合構造によって異なる．一般に光吸収の起こりやすさは吸光係数εを用いて表される．吸光係数ε（単位はL mol^{-1} cm^{-1}）は，以下の式で表される**Lambert–Beerの法則**（ランベルト・ベール）から求められる．

$$A = -\log \frac{I_t}{I_0} = \varepsilon \cdot c \cdot l$$

ここで，Aは吸光度，I_0は入射光の強度，I_tは透過光の強度（つまりI_t/I_0は透過率（％）），cは分子の濃度（mol L^{-1}），lは光路長（cm）である．通常，光路長1 cmの石英セルの中に分子の溶液を入れて，ある波長における透過率または吸光度を測定する．得られた値を上式に代入すると，εが計算できる．εの値が大きいものほど光吸収をしやすい物質ということになる．

6.2 光の吸収および励起状態からの緩和過程

6.2.3 励起状態からの緩和過程

上で述べたように，分子が吸収できるエネルギーを与えれば，その分子は励起状態を形成する．励起状態から基底状態に戻ることを**緩和**という．また，**図6.5**に示すような電子遷移の経路をまとめた図を**Jablonski図**(ヤブロンスキー)と呼ぶ．ここでは，励起状態からの緩和過程について説明する．

まず，HOMOからスピンを保ったままLUMOに励起した電子を考える．この励起状態を**励起一重項**と呼ぶ．励起一重項状態にある励起電子は，（1）光を放出しながら緩和する過程（**蛍光**），（2）熱を放出しながら緩和する過程（**無放射失活あるいは内部変換**；internal conversion, IC），（3）スピンの向きが変わる過程（**項間交差**；intersystem crossing, ISC）の3つを経由してもとのエネルギー状態に戻る．この3つの緩和過程の大きさ（確率）は物質によって異なる．

項間交差によってスピンの向きが変化した励起電子は新しい励起状態を形成する．この状態を**励起三重項**という．励起三重項状態にある励起電子はスピン

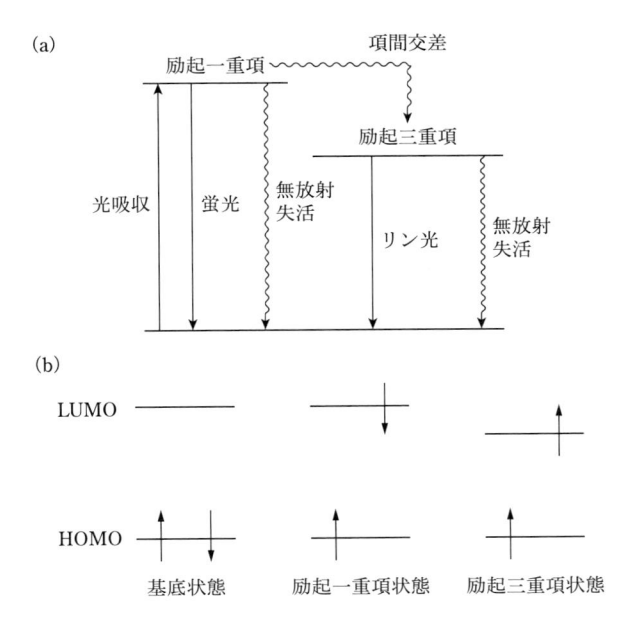

図6.5 （a）電子遷移の経路（Jablonski図），（b）基底状態，励起一重項状態，励起三重項状態の電子構造

第6章 錯体の光化学

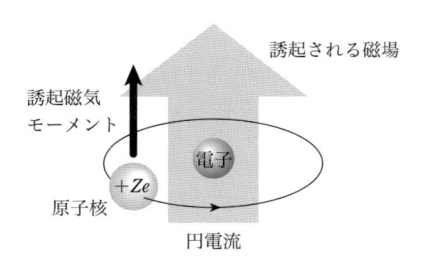

図6.6 原子核の運動により誘起される誘起磁気モーメント

を反転しながらもとの基底状態に戻るが，そのときに光を放出しながら緩和する過程（**リン光**）と熱を放出しながら緩和する過程（無放射失活）の2つがある．

そのため，分子が光る過程には，励起一重項からの発光である「蛍光」と励起三重項からの発光である「リン光」の2つがある．一般に有機分子はπ-π^*遷移に基づく蛍光を，遷移金属錯体は金属から配位子への電子遷移（MLCT遷移）に基づくリン光を放出する．これは，金属イオンを含む錯体ではスピン－軌道相互作用が大きく，項間交差の確率が高くなり，励起三重項を形成しやすくなるためである．

ここで，金属錯体におけるスピン－軌道相互作用について説明する．スピン－軌道相互作用の基本については4章で解説したが，この相互作用は軌道運動している電子と原子核の磁気的相互作用に基づく．電子と原子核を相対的にとらえると，**図6.6**のように，電荷$+Ze$をもつ原子核が電子のまわりを軌道運動していると考えることもできる．この考え方に基づくと，原子核の荷重（つまり原子番号Z）が大きいほど，原子核の運動により生じる円電流が大きくなり，この電流により誘起される磁気モーメントが大きくなる．つまり，原子番号の大きな金属イオンを含む錯体では誘起磁気モーメントが大きくなるため，スピン－軌道相互作用が大きくなり，励起三重項を形成しやすくなる．このスピン－軌道相互作用を**内部重原子効果**ともいう．なお，重原子を含む溶媒に有機分子が溶解している場合もスピン－軌道相互作用が大きくなる．このことを**外部重原子効果**と呼ぶ．

続いて，吸収スペクトルと発光スペクトルの形の関係について説明する．先ほど説明したHOMOとLUMOの軌道には原子間の振動に基づく準位（振動準

6.2 光の吸収および励起状態からの緩和過程

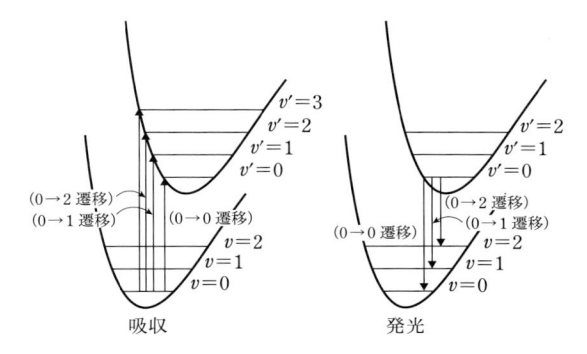

図6.7 振動構造を含めた電子遷移の様子

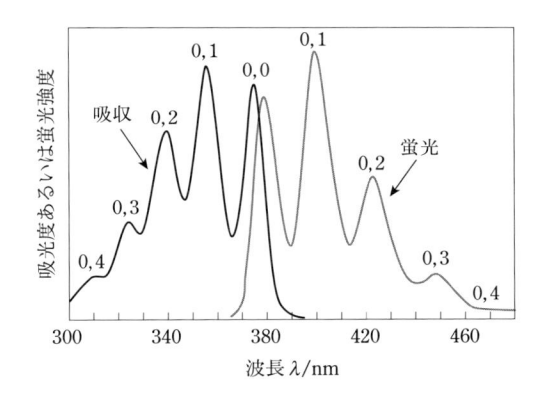

図6.8 アントラセンの吸収および蛍光スペクトル

位）がある．この振動準位は，下から $v=0, 1, 2, 3, \cdots$ となり，その準位間のエネルギーは赤外領域の波長をもつ光に相当する（これは赤外吸収（IR）スペクトル測定などにより観察できる）．この振動構造はLUMO中にも存在する．振動構造を含めた電子遷移の様子を**図6.7**に示す．

吸収および発光スペクトルにはこのようなHOMOとLUMOの振動構造が反映される．**図6.8**に蛍光性分子であるアントラセンの吸収および発光スペクトルを示す．

この図においては，HOMOの $v=0$ の位置からLUMOの $v=1$ に遷移する吸収過程（360 nm付近）を「0, 1」と表記してある．また，LUMOの $v=0$ の位置からHOMOの $v=1$ に遷移する発光過程（400 nm付近）も「0, 1」と表して

第6章 錯体の光化学

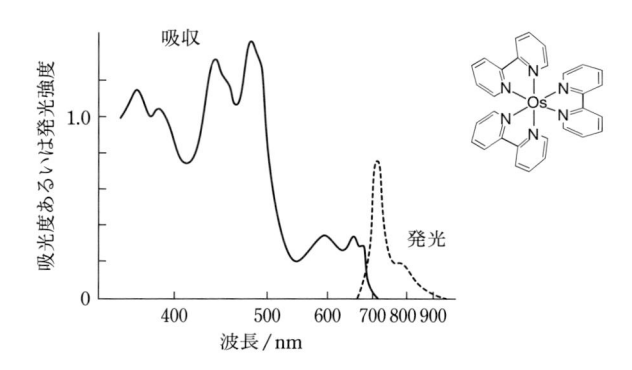

図6.9 オスミウム錯体の発光（リン光）スペクトル

いる．基底状態と励起状態の振動構造はわずかに異なるため，吸収過程と発光過程の「0, 0」と「0, 1」の間のエネルギー幅は異なるが，「0, 0」の位置は振動構造の影響を受けないためにほぼ重なる．この吸収のピークと発光のピークが重なる位置を **0-0 バンド** と呼ぶ．0-0 バンドは HOMO と LUMO のエネルギーギャップとして換算することができる．

　遷移金属の場合は励起三重項からのリン光が観測される．**図6.9**にオスミウム錯体の発光（リン光）スペクトルを示す．アントラセンとは異なり，吸収と発光は 0-0 バンドを中心とした対称形にはならない．これは，オスミウム錯体の吸収スペクトルが配位子中の電子遷移（450 nm 以下）に加えて金属イオンから配位子への電子遷移（450～700 nm）に基づくのに対し，発光過程は最低励起三重項である金属イオンから配位子への電子遷移（800 nm 付近）のみによるためである．これらの電子遷移過程については6.3節で説明する．

6.2.4　励起状態からの緩和過程の速度論

　励起一重項状態からの緩和である蛍光に比べ，励起三重項状態を経て緩和するリン光は一般に発光速度が遅い，つまり励起状態が生成してから光を放出するまでの時間が長い．こうした発光過程の速度論解析は，発光を示す金属錯体の光物性評価を行ううえできわめて重要である．近年，金属錯体を用いた発光材料や有機EL素子の研究が盛んに行われ，速度論解析により優れた発光特性を示す金属錯体を設計するための重要な指針が得られている．

　まず，蛍光物質とリン光物質の発光量子収率と発光寿命について説明する．

A. 発光量子収率

発光特性の評価を行ううえでは，**Stark–Einstein の原理**(シュタルク アインシュタイン)という重要な法則がある．

Stark–Einstein の原理

"通常の"光反応では，1個の原子や分子は，一度に1個の光子しか吸収できない．

この原理の中に出てくる通常の光とは，ランプや LED（発光ダイオード）などの光源という意味で，高い強度をもつレーザーなどの場合は，一度に2つの光子を吸収する現象も起きる．**光子**（photon）とは，光を粒子とみたときの単位である．

1つの光子は振動数（ν）に Planck 定数（プランク）（$h: 6.626 \times 10^{-34}$ J s）をかけた分のエネルギー（$h\nu$）をもつ．また，光子が Avogadro 数（アボガドロ）（$N_A: 6.022 \times 10^{23}$）個集まった集合を「1アインシュタイン（einstein）」と呼ぶ．

Stark–Einstein の原理によると，通常の光の照射下では，分子は1個の光子しか吸収できないので，1000個の分子が励起した場合は，1000個の光子が吸収されたことになる．

光子という単位は，発光過程にも使用できる．発光により放出された光子数を吸収された光子数で割ったものを**発光量子収率**と呼ぶ．

$$発光量子収率(\Phi) = \frac{発光により放出された光子数}{吸収された光子数}$$

発光量子収率の測定法には以下の2つがある．

比較法

発光量子収率がすでに報告されている分子を基準サンプルとして，基準サンプルと測定サンプルの発光スペクトル測定を行い，得られたスペクトルの比較から発光量子収率を見積もる方法

絶対法

測定サンプルが吸収した光子数と発光により放出された光子数を直接計測する方法．絶対法の測定には通常，積分球が用いられる．積分球とは，内壁に

第6章　錯体の光化学

硫酸バリウムなどの白色拡散反射塗料を塗った中空の球である（**図6.10**）．この球の中にサンプルを固定し，励起光を導入してサンプルからの発光を検出する．光学測定ではわずかな光路長のずれでも測定値に影響が出てしまうが，積分球を用いると溶液だけでなく，粉体や薄膜の測定も可能になる．

図6.10　積分球

発光量子収率は，分子の発光性能を評価するうえで重要である．例えば，1000個の光子を吸収した励起状態の分子群Aから600個の光子が発光により放出された場合，発光量子収率は60％（0.60）となる．よって，残りの40％は光らない過程（無放射失活過程）となる．発光量子収率が高い分子ほど，効率よく光っていることになる．

B．発光寿命

発光寿命とは，励起した分子がどのくらいの時間をかけて光子を放出するのかを表す因子である．励起直後（$t=0$）の励起分子の数をN_0とすると，それから時間tが経過した後の励起分子の数Nは

$$N = N_0 e^{-\frac{t}{\tau}}$$

となる．この式におけるτが発光寿命である．つまり，発光寿命は，励起分子の数が時間ゼロのときの値の$1/e$（＝約37％）に達するまでの時間のことである．

上の式を対数に変換すると，

$$\ln(N) = \ln\left(N_0 e^{-\frac{t}{\tau}}\right) = -\frac{t}{\tau} + \ln(N_0)$$

となる．励起分子の数は発光の強度に置き換えることができる．つまり，**図6.11**のように発光強度の対数を縦軸に，時間を横軸にプロットして，得られた直線の傾きの逆数が発光寿命となる．このように，励起分子からの発光強度の時間変化を計測することで発光寿命を見積もることができる．

一般に蛍光物質の発光寿命は数ナノ秒であるのに対し，リン光物質はその100倍以上の数マイクロ秒から数ミリ秒の発光寿命となる．もちろん，分子の

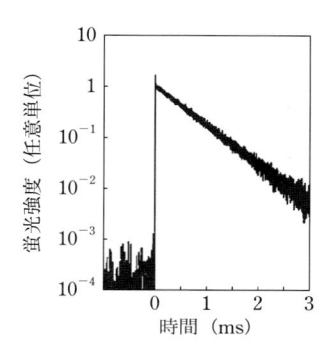

6.2 光の吸収および励起状態からの緩和過程

図6.11 励起分子からの発光強度の時間変化

構造や発光に寄与する軌道によって発光寿命は大きく変わるが，一般的に「蛍光は速く光る」「リン光はゆっくり光る」と理解しておくとわかりやすい．

速度論解析

一般に，蛍光やリン光といった放射失活過程や熱としてエネルギーが放出される無放射失活過程の反応速度は，反応速度定数によって評価される．励起状態からの発光速度定数（**放射失活速度定数**）k_rは以下の式で表される．

$$k_r = \frac{発光量子収率\,\Phi}{発光寿命\,\tau}$$

一方，無放射失活過程の速度定数（無放射失活速度定数）をk_{nr}とすると，項間交差や光化学反応が起こらない場合，先ほど示した発光量子収率Φは

$$\Phi = \frac{k_r}{k_r + k_{nr}}$$

と表すことができる．よって，発光寿命は

$$\tau = \frac{1}{k_r + k_{nr}}$$

となる．例えば，右のユーロピウムEu(III)錯体の発光量子収率と発光寿命が，それぞれ72％および1.5ミリ秒であった場合，このEu(III)錯体の放射失活速度定数および無失活放射速度定数は

第6章 錯体の光化学

$$k_r = \frac{\Phi}{\tau} \approx 4.7 \times 10^2 \, \text{s}^{-1}$$

$$k_{nr} = \frac{1}{\tau} - k_r \approx 1.8 \times 10^2 \, \text{s}^{-1}$$

と計算できる．つまり，光励起したこのEu(III)錯体においては，無放射失活過程に比べて発光過程の方が速いということになる．

6.3 金属錯体における電子遷移

6.3.1 電子遷移の基礎――群論の量子化学への応用

分子中の電子のふるまいは，Schrödinger方程式により以下のように表される．

$$H\psi = E\psi$$

ここで，ψは波動関数，Hは分子の中の電子のエネルギーを表す演算子である．観測量として電子のエネルギーを得るための演算子Hをある波動関数に対して施すと，固有のエネルギーEと波動関数ψの積に変換できる，というのがこの式の意味である．しかし，多くの電子を含む系では，演算子にはいろいろな要素が含まれ，上の関数を正確に解く（Eの値を得る）ことが難しいため，近似法によって求めることになる．なお端的にいえば，演算子とは行列やベクトルである．波動関数は行列やベクトルとして表すことができるので，波動関数に対して演算子を施すということは，波動関数を別の行列やベクトルに変換することを意味している．

光吸収や発光などの光学的電子遷移は，電磁波の電気ベクトルと分子との摂動（相互作用）により起きる．ある分子の基底状態と励起状態の波動関数をそれぞれψ_iとψ_fとして，電気双極子モーメント（演算子）を$\hat{\mu}$とすると，電子遷移確率Pは，以下の式のように表される．

$$P \propto \left| \int \psi_i \hat{\mu} \psi_f \, d\tau \right|^2$$

右辺の絶対値は遷移双極子モーメントの積分である．$d\tau$は体積素片を表すので，右辺は全空間における遷移双極子モーメント積分の二乗を表す．また，電気双極子モーメントはj番目の電子の位置を$\mathbf{r}_j$，電気素量をeとすると，$\sum e\mathbf{r}_j$で

6.3 金属錯体における電子遷移

表6.1 アンモニア分子（点群はC_{3v}，対称操作はE, C_3×2, σ_v×3）の指標表

C_{3v}	E	$2C_3$	$3\sigma_v$
A_1	1	1	1
A_2	1	1	-1
E	2	-1	0

表6.2 アンモニア分子のすべての既約表現の直積

	E	$2C_3$	$3\sigma_v$	直積
$A_1 \times A_1$	1	1	1	$=A_1$
$A_2 \times A_2$	1	1	1	$=A_1$
$E \times E$	4	1	0	$=A_1+A_2+A_3$
$A_1 \times A_2$	1	1	-1	$=A_2$
$A_1 \times E$	2	-1	0	$=E$
$A_2 \times E$	2	-1	0	$=E$

表される．電子遷移が起こるためには，遷移双極子モーメントの積分がゼロでない値をとらなければならない．これを評価するためにも，3章で学んだ群論を用いることができる．

ここで群論において重要な概念である直積について説明する．ある点群の中の2つの既約表現をΓ_i, Γ_j ($i, j = 1, 2, \cdots, h$) とすると，直積は$\Gamma_i\Gamma_j$で表される．ある点群に含まれる既約表現同士の直積は，その点群に含まれる別の既約表現の線形結合により表すことができるという性質がある．具体例として，3章でも述べた点群がC_{3v}であるアンモニア分子を用いる．C_{3v}点群の指標表は**表6.1**のようになる．

A_1とA_2の直積は，

E操作 ：$A_1 \times A_2 = 1 \times 1 = 1$

C_3操作：$A_1 \times A_2 = 1 \times 1 = 1$

σ_v操作：$A_1 \times A_2 = 1 \times -1 = -1$

となり，A_2と同じになる．このように，A_1との直積はすべてその既約表現のままとなる．このため，A_1を全対称表現という．すべての既約表現の直積は**表6.2**のようになり，直積はその点群に含まれる別の既約表現の線形結合により表すことができることがわかる．またこの表から，直積が全対称表現となる

のは，同じ表現間の直積に限られることもわかる．実際，直積$\Gamma_i\Gamma_j$については，既約表現Γ_iとΓ_jが同じである場合のみ，全対称表現になりうるという性質がある．

遷移双極子モーメントは全空間にわたる積分である．全空間にわたる積分がゼロでない値をとるためには，被積分関数が全対称表現であるか，全対称表現を含んでいる必要がある．もし全対称表現をまったく含まなければ，座標を反転したときに（＝符号を入れ替えたときに；xyz座標系において$x\to -x, y\to -y, z\to -z$），積分値が打ち消し合い，ゼロとなる可能性がある．例えば$y=x^2$などは偶関数であり（つまり$x\to -x$に置き換えても変わらない），積分値はゼロにはならないが，$y=x^3$などは奇関数であり，xの全範囲についての積分はゼロとなる．

そのため，遷移双極子モーメントがゼロでない値をとるためには，基底状態の波動関数ψ_iの既約表現を$\Gamma(\psi_i)$，励起状態の波動関数ψ_fの既約表現を$\Gamma(\psi_f)$，双極子モーメントの既約表現を$\Gamma(\mu)$とすると，直積$\Gamma(\psi_i)\times\Gamma(\mu)\times\Gamma(\psi_f)$が全対称表現であるか，全対称表現を含んでいる必要がある．

遷移双極子モーメントがゼロとならないためには，つまり許容遷移となるためには，少なくとも直積$\Gamma(\psi_i)\times\Gamma(\mu)\times\Gamma(\psi_f)$が偶関数でなければならない．双極子モーメント$\hat{\mu}(=\sum e\boldsymbol{r}_j)$は座標を反転すると符号も反転するため，奇関数である．つまり，許容遷移となるためには，直積$\Gamma(\psi_i)\times\Gamma(\psi_f)$が奇関数でなければならない．これが**Laporte の選択則**(ラポルテ)である．この直積が奇関数となれば許容遷移（Laporte 許容）となり，偶関数となれば禁制遷移（Laporte 禁制）となる．

軌道の対称性については，電子遷移に関与する軌道の形が反転中心 i に対して対称的かどうかで以下のように分類する．

　　i について対称ではない軌道は，「偶対称性 g（gerade）をもつ」
　　i について対称な軌道は，「奇対称性 u（ungerade）をもつ」

gやuはパリティ（偶奇性）と呼ばれる．軌道の形はすべてgとuで分類される．一方，x, y, z方向の単位ベクトルはすべて対称中心に対して反対称，すなわち奇関数（u）となる．

また偶奇性のかけ算の組み合わせは以下のようになる．

6.3 金属錯体における電子遷移

偶対称性 g × 偶対称性 g ＝ 偶対称性 g
偶対称性 g × 奇対称性 u ＝ 奇対称性 u
奇対称性 u × 奇対称性 u ＝ 偶対称性 g

（1）π–π*遷移

錯体を構成する有機配位子の基底状態のπ軌道（結合性軌道）と励起状態のπ*軌道（反結合性軌道）間の電子遷移である．いまC＝C二重結合をもつ単純なエチレン分子の分子軌道を考える．分子軌道は**図6.12**のようになる．

ここで，π軌道とπ*軌道の軌道の形に注目しよう．π*軌道は点iを中心に対称な形になっているのに対し，π軌道はiに対して対称な形になっていない．

有機分子のπ–π*遷移では

$$g(\pi 軌道) \times u(\pi^* 軌道) = u$$

となり，電子遷移は許容となる．つまり，有機分子は軌道の対称性からも光吸収・発光が起こりやすいことになる．基本的に基底状態と励起状態において，偶奇性が変化するものはLaporte許容となる．このため，π–π*遷移の吸光係数 ε は通常，$10000 \text{ L mol}^{-1}\text{ cm}^{-1}$ 以上となる．

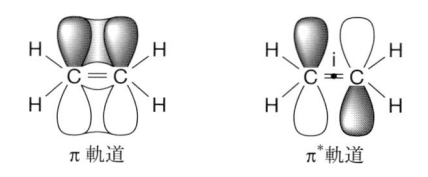

図6.12　エチレン分子のπ軌道とπ*軌道

（2）d–d遷移

4章でも説明したように，金属錯体の金属イオンはd軌道を含む．d軌道は基本的に偶対称性 g なので（**図6.13**），

$$g(\text{d軌道}:T_{2g}) \times g(\text{d軌道}:E_g) = g$$

となり，遷移金属イオンのd軌道からd軌道の遷移（d–d遷移）はLaporte禁制となる．このため，d–d遷移の吸光係数はきわめて低くなる．

第6章　錯体の光化学

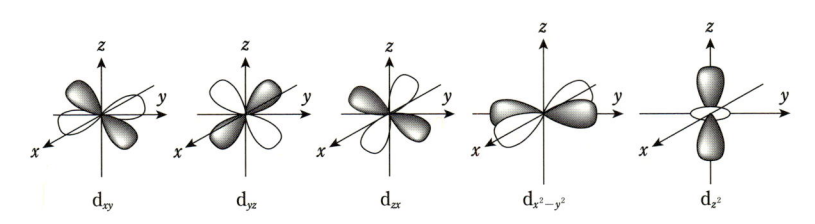

図6.13　d軌道の形

図6.14　正八面体構造をとるNi(II)錯体の電子構造および直積
Ni(II)錯体はd^8配置であり，正八面体構造の場合，基底状態はA_{2g}となる．

しかし，d-d遷移はまったく起こらないわけではなく，金属錯体の配位子場の変化によって起こりやすさが変わる．ここではd^8配置であるNi(II)の正八面体型錯体を例に説明する．

4章の4.3.2項で示したことから考えると，d^8配置の正八面体錯体の基底項は^{3}Fであり，基底状態の軌道の対称性はA_{2g}となる．また，三重項励起状態はT_{1g}とT_{2g}であり，いずれも基底状態と同じ偶対称性gである．したがって，励起状態への光学遷移はLaporte禁制であり，本来吸光係数をもたないはずである（**図6.14**）．

ここで，金属錯体における中心金属と配位子間の結合の振動について考える．こうした振動は基準振動とよばれる．4.4節で示したO_h点群の指標表に注目してみよう．4.2節の図4.7に示したように，O_h点群である正八面体構造の錯体において，6つの配位子はいずれもx, y, z軸上に位置する．x, y, z軸上の基準振動の対称性はT_{1u}である．この振動が，例えば励起状態のうちのT_{2g}と相互作用すると，

$$T_{1u} \times T_{2g} = A_{2u} + E_u + T_{1u} + T_{2u}$$

となり，奇対称性となる．このように基準振動が結合することにより，本来

6.3 金属錯体における電子遷移

Laporte禁制であるd–d遷移は部分的に許容となる．このような基準振動が関与した電子遷移を**振電遷移**（**vibronic transition**）という．通常の遷移金属イオンにおけるd–d遷移の吸光係数εは100 L mol^{-1} cm^{-1}程度である．

（3）MLCTおよびLMCT遷移

遷移金属錯体における金属のd–d遷移はLaporte禁制であるが，金属から配位子への電子遷移（metal to ligand charge transfer, MLCT）を使うことによって，電子遷移を大きく許容にすることができる．つまり，

$$g(\text{T}_{2g}\text{軌道}) \times u(\text{配位子の}\pi^*\text{軌道}) = u$$

となり，電子遷移が許容になる．通常の遷移金属錯体におけるMLCT遷移の吸光係数εは1000 L mol^{-1} cm^{-1}程度となる．

（4）f–f遷移

希土類錯体はf軌道を有し，このf軌道間での電子遷移が起こる．f軌道の形を**図6.15**に示す．図からわかるように，このf軌道はすべて奇対称性uとなる．つまり，電子遷移の直積は

$$u(\text{f軌道}) \times u(\text{f軌道}) = g$$

となるので，Laporte禁制となる．また，希土類錯体のf–f電子遷移は，外殻にある5s軌道と5p軌道による**遮蔽効果**のため基準振動と関与することができない．さらに希土類イオンと配位子との間のMLCTは一般に高いエネルギー領域（200 nm付近）であるので，希土類イオン自身の吸収強度はきわめて小さくなる．例えば，Eu^{3+}イオンのf–f遷移の吸光係数εは1 L mol^{-1} cm^{-1}以下となる．

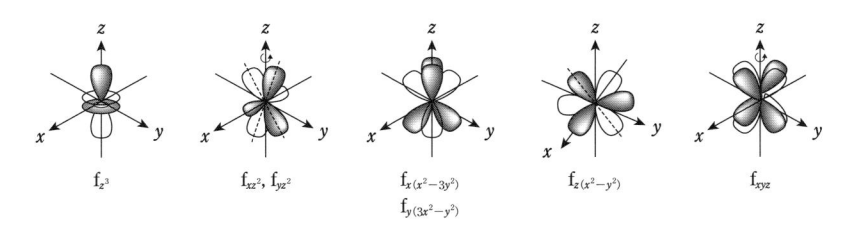

f$_{z^3}$　　f$_{xz^2}$, f$_{yz^2}$　　f$_{x(x^2-3y^2)}$ f$_{y(3x^2-y^2)}$　　f$_{z(x^2-y^2)}$　　f$_{xyz}$

図6.15　f軌道の形

6.3.2 電子遷移に対するスピンの影響

電子遷移の許容性には軌道の対称性だけでなく，スピンも重要な因子となる．特に遷移金属錯体のd–d遷移や希土類錯体のf–f遷移では，スピン状態を考慮する必要がある．物質がどのようなスピン状態なのか（一重項なのか，三重項なのか）を表す指標として**スピン多重度**がある．遷移金属錯体や希土類錯体では，有機低分子化合物と異なり，基底状態＝一重項状態ではない物質も多い．4章でも述べたが，**スピン量子数** m_s は

↑（上向き，αスピン）＝＋1/2

↓（下向き，βスピン）＝－1/2

と表す．電子が複数あるときはスピン量子数の和が重要であり，電子が2つあるときは

↑↑＝（＋1/2）＋（＋1/2）＝1

↑↓＝（＋1/2）＋（－1/2）＝0

↓↓＝（－1/2）＋（－1/2）＝－1

電子が3つ，5つの場合は

↑↑↑＝（＋1/2）＋（＋1/2）＋（＋1/2）＝＋3/2

↑↑↑↑↑＝（＋1/2）＋（＋1/2）＋（＋1/2）＋（＋1/2）＋（＋1/2）＝＋5/2

のようになる．このようにスピン量子数を足し合わせたものの絶対値を**合成角運動量**と呼び，Sで表す．スピン多重度はこの合成角運動量Sを使って，$2S+1$から計算できる．この$2S+1$の値が先述の一重項，三重項に相当するスピン多重項である．つまり，

↑↓の場合，$S=0$より，$2\times 0+1=1$（一重項）

↑の場合，$S=1/2$より，$2\times 1/2+1=2$（二重項）

↑↑の場合，$S=2/2$より，$2\times 2/2+1=3$（三重項）

↑↑↑の場合，$S=3/2$より，$2\times 3/2+1=4$（四重項）

↑↑↑↑↑↑の場合，$S=6/2$より，$2\times 6/2+1=7$（七重項）

となる．この考え方は励起状態へも適用できる．例えば，図6.5のように励起一重項と励起三重項も区別できる．

スピンを考慮するうえでは，先述したPauliの排他原理という大原則がある．Pauliの排他原理により，通常の有機分子は一重項状態にあり三重項状態をとれないこと，および，励起状態になると三重項状態を形成できることがわかる．

6.3 金属錯体における電子遷移

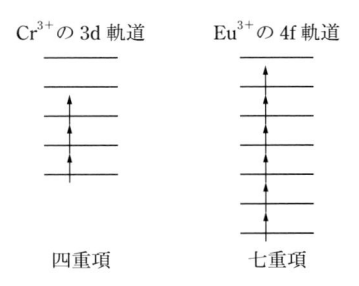

図6.16 遷移金属イオン（3d）と希土類イオン（4f）の軌道の違い

一方，遷移金属イオンであるCr^{3+}がもつd軌道は五重に，希土類イオンであるEu^{3+}がもつf軌道は七重に縮退している（**図6.16**）．この縮退軌道の中では，スピンは四重項状態や七重項状態をとることが可能となる．

以上を踏まえ，一重項と三重項以外のスピン多重項にも対応できるように蛍光とリン光を定義すると，以下のように表される．

蛍　光：励起状態と基底状態のスピン多重度が同じ状態間の電子遷移による発光
リン光：励起状態と基底状態のスピン多重度が異なる状態間の電子遷移による発光

先述のとおり，励起一重項状態から基底一重項状態への電子遷移による発光は「蛍光」，励起三重項状態から基底一重項状態への電子遷移による発光は「リン光」となる．これを希土類イオンの電子遷移へ拡張したものを**図6.17**に示す．Nd^{3+}イオンの励起状態は四重項（^4F_J），基底状態も四重項（^4I_J）となる．ここで，Jは4章で述べた全角運動量である．つまり，この場合は「蛍光」となる．一方，Eu^{3+}イオンやTb^{3+}イオンの励起状態は五重項（^5D_J），基底状態は七重項（^7F_J）となるため，この発光は「リン光」となる．希土類錯体については10章で詳しく述べる．

一般にスピン多重度が同じ状態間では電子遷移が起こりやすく，こうした電子遷移を「**スピン許容遷移**」と呼ぶ．蛍光はこれにあたる．これに対し，スピン多重度が異なる状態間の電子遷移，つまりリン光は「**スピン禁制遷移**」となる．

第6章　錯体の光化学

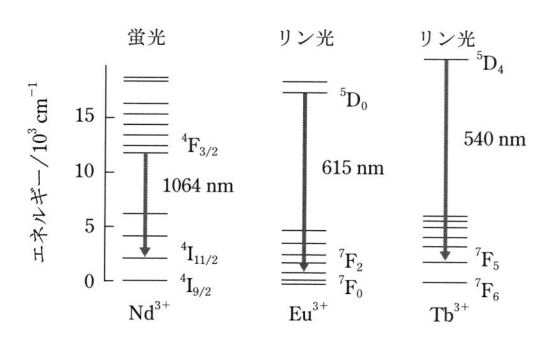

図6.17　希土類イオンの電子遷移

6.4　光化学反応

光照射により生成する金属錯体の励起状態は，エネルギー移動，電子移動，光触媒反応などの光化学反応を起こす．ここでは，これらの光化学反応について簡単に説明する．

6.4.1　光誘起エネルギー移動

光誘起エネルギー移動とは，ある分子D（ドナー）の励起状態が伝達し，別の分子A（アクセプター）の励起状態が形成される反応である．式で表すと以下のようになる．

$$D^* \cdots A \longrightarrow D \cdots A^*$$

分子Dからの光誘起エネルギー移動によって分子Aの励起状態が生成する作用を光増感作用と呼ぶ．太陽電池などの光エネルギー変換，発光材料，光合成，光触媒などにおいて重要な現象である．光誘起エネルギー移動の反応機構は以下の2つに大別される（**図6.18**）．

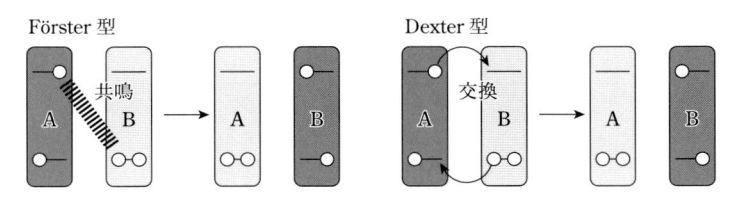

図6.18 光誘起エネルギー移動の2つの型

（1）Förster（フェルスター）型エネルギー移動

LUMOに光励起された電子はHOMOのときの電子の環境（波動運動）とは異なるため，電場（光も電場の一種）によって双極子モーメントの変動が起こる．このことを双極子振動という．このLUMO状態の電子の双極子振動が別の物質のHOMOの電子と共鳴すると励起状態のエネルギー移動が起こる．この現象を共鳴機構，もしくはFörster型機構という．

（2）Dexter（デクスター）型エネルギー移動

励起状態の分子の電子とエネルギーを受ける分子の電子の交換（正確には波動運動の交換）を通じてエネルギー移動する現象．交換機構，もしくはDexter型機構という．

Förster型エネルギー移動の反応速度定数 $k^{D \to A}$ は

$$k^{D \to A} = \frac{1}{\tau}\left(\frac{R_0}{R}\right)^6$$

と表され，分子間距離 R の6乗に反比例する．ここで，τ はドナーDのエネルギー移動がない場合の発光寿命，R_0 はエネルギー移動効率が0.5となるときの2分子間距離である．

Dexter型エネルギー移動の反応速度定数 $k^{D \to A}$ は

$$k^{D \to A} = \frac{1}{\tau}\exp\left[\frac{2R_0}{L}\left(1-\frac{R_0}{R}\right)\right]$$

と表され，$\exp(-2R/L)$ に比例する．L は D^* とAの有効Bohr（ボーア）半径，つまり電子が原子核のまわりに存在できる空間分布の半径のことである．物質によって有効Bohr半径は異なる．

エネルギー移動は以下のようにまとめられる．

	Förster 型	Dexter 型
スピン多重度	一重項——一重項	一重項——一重項 三重項——三重項
相互作用	双極子——双極子	電子交換
距離依存性	$k^{A \to B} \propto \dfrac{1}{R^6}$ ($R = 1 \sim 10$ nm)	$k^{A \to B} \propto \exp\left(-\dfrac{2}{L}R\right)$ ($R = 0.3 \sim 1$ nm)
スペクトル条件	D^*(蛍光) と A(吸収) の重なりが必要	重なりは 必要ではない

2つのエネルギー移動のうちDexter型の三重項－三重項間のエネルギー移動は金属錯体において特に重要である．

発光を示す金属錯体は光励起によって容易にMLCT励起三重項状態を生成する．この三重項状態は大気中の酸素（基底状態で三重項）に対して容易にDexter型のエネルギー移動を起こし，金属錯体は発光を示さなくなってしまう．よって，金属錯体の発光を観察する際には，大気中や溶液中の溶存酸素を窒素などで置換することが重要である．

6.4.2 光誘起電子移動

光誘起電子移動とは，励起状態のドナー分子D*から基底状態のアクセプター分子Aに電子が移動し，Dは酸化され，Aは還元される反応である．図で表すと図6.19のようになる．

光誘起電子移動は光合成のメカニズムにも関連しているため，古くから研究されてきた．電子を放出しやすいドナーと電子を受け入れやすいアクセプターを連結させた化合物について，電子移動の速度や効率などに対する周囲の環境の影響などが検討されている．

光誘起電子移動反応における自由エネルギー変化（$\Delta G°$）は，以下のRehm-Weller（レーム-ウェラー）の式によって見積もることができる．

$$\Delta G°(\mathrm{ET}_1) = E°(D^{+/0}) - E°(\mathrm{A}^{0/-}) - E° + \omega_\mathrm{q}$$

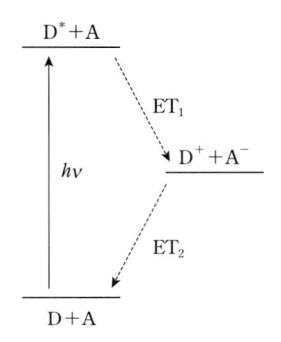

図6.19　光誘起電子移動のエネルギー図

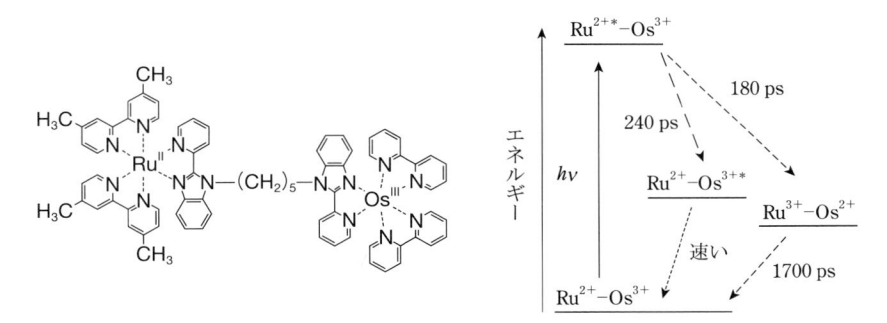

図6.20　Ru(II)錯体とOs(III)錯体が共有結合でつながった化合物の光誘起電子移動反応

$$\Delta G°(\mathrm{ET}_2) = E°(A^{0/-}) - E°(\mathrm{D}^{+/0}) + \omega_\mathrm{q}$$

ここで，$E°(\mathrm{D}^{+/0})$は電子供与体（ドナー）の標準酸化還元電位，$E°(A^{0/-})$は電子受容体（アクセプター）の標準酸化還元電位，$E°$は電子移動に関与する励起状態の0-0バンドのエネルギー，ω_qは静電的な補正項である．光誘起電子移動の生成物はET_1の電子移動過程により生成する．一般にこの生成物は光照射前の状態よりも高いエネルギーなので，電子移動生成物からもとの状態へET_2過程を経て自発的に戻る．標準酸化還元電位は7章で述べる電気化学測定により求めることができる．

図6.20は，Ru(II)錯体とOs(III)錯体が共有結合でつながった化合物における光誘起電子移動反応である．この光誘起電子移動反応の起こりやすさは$\Delta G°$

の大きさに依存し，ドナーとアクセプターの電位によって変化する．この光誘起電子移動反応では溶媒の再配向エネルギーが重要であり，亜鉛ポルフィリンとフラーレンを連結した化合物における光誘起電子移動過程の研究が今堀らによって報告されている．その詳細は7章で説明する．

6.4.3 光触媒

触媒はある特定の反応の活性化エネルギーを下げることで，その反応が効率的に起こるようにする機能をもつ物質である．これに対して光触媒は，光を吸収することで励起状態となり，物質との間で電子授受などをして化学反応を進める．反応後には反応前の状態に戻るため，光触媒といわれる．

光触媒は光エネルギーを化学エネルギーへと変換するための研究分野として，現在盛んに研究が行われている．図6.21, 6.22にその具体例を示す．

金属錯体の光励起状態からの電子移動反応により効果的な触媒作用が生じる．これらの光化学反応では電子移動過程が鍵であり，金属錯体のHOMOとLUMOの準位を調べることが重要となる．このHOMOとLUMOの準位は次章で説明する電気化学測定によって見積もることができる．

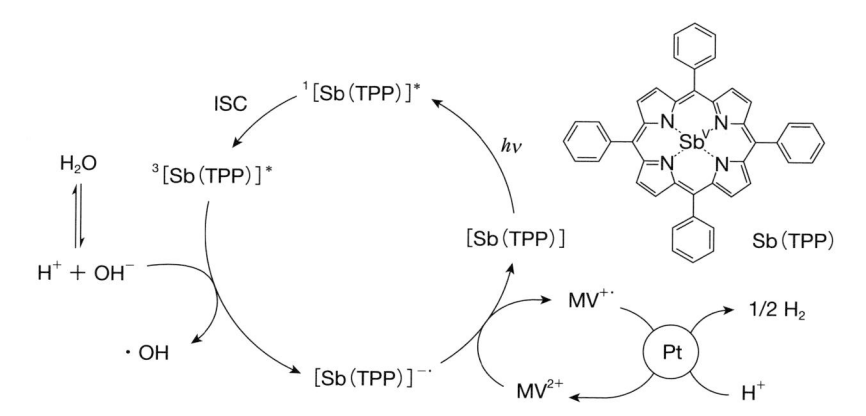

図6.21　アンチモンポルフィリン錯体Sb(TPP)を用いた水を電子源とする光水素発生反応
TPP：テトラフェニルポルフィリン，MV：メチルビオロゲン
[T. Shiragami *et al., J. Photochem. Photobiol. C: Photochem. Rev.*, **6**, 227 (2005)]

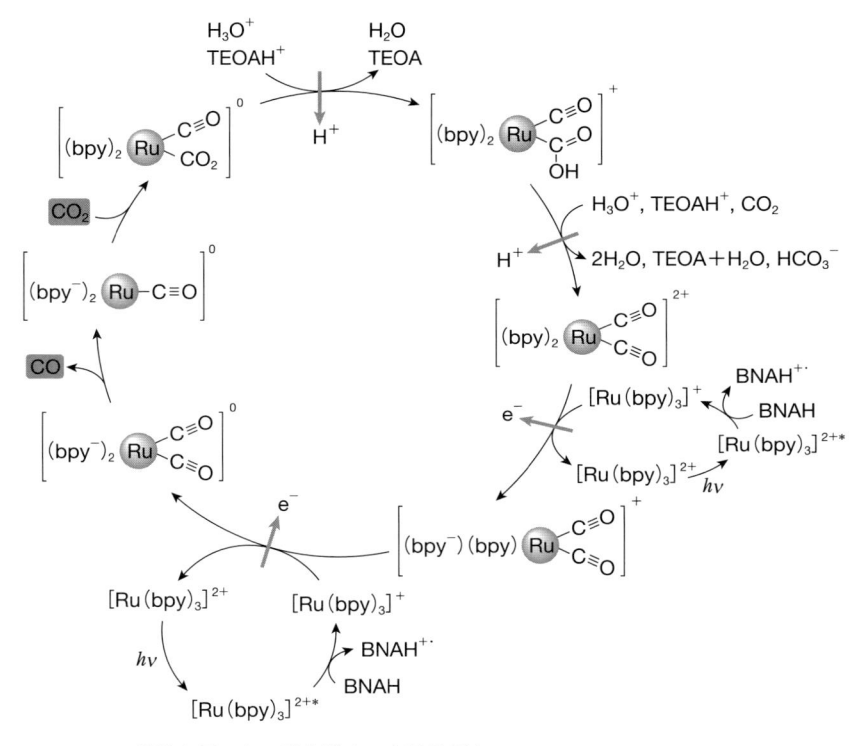

図6.22 Ru錯体を用いた二酸化炭素の光還元反応
bpy：ビピリジル，TEOA：トリエタノールアミン（犠牲還元剤），BNAH：1-ベンジル-1,4-ジヒドロニコチンアミド（電子源）．
[H. Ishida, K. Tanaka, T. Tanaka, *Organometallics*, **6**, 181 (1987)]

コラム　　溶液中の超分子錯体

近年，溶液中の金属イオンと配位子の濃度比に応じてダイナミックに構造を変化させる超分子錯体が注目されている．図中に示すアントラセン誘導体は20～100 μM 程度の低濃度域の亜鉛イオン存在下においては，6分子で2個の亜鉛イオンと錯体を形成する．この超分子錯形成によってアントラセン部位に π-π 相互作用が誘起され，アントラセン二量体に特徴的な白黄色の発光が観測される．一方で 100 μM 以上の亜鉛イオンを存在させると，2分子のアントラセン誘導体と1個の亜鉛イオンからなる錯体へと変換される．この構造変化によってアントラセン部位の π-π 相互作用が解消され，アントラセン単量体に由来する青色の発光が観測されるようになる．

このような溶液中の超分子錯形成を利用した蛍光センサーは，金属イオンの濃度変化を発光の色調変化によって可視化することが可能であり，インテリジェント蛍光プローブと呼ばれる．生体内の金属イオンのダイナミックな挙動を追跡する手法への応用展開が期待される．

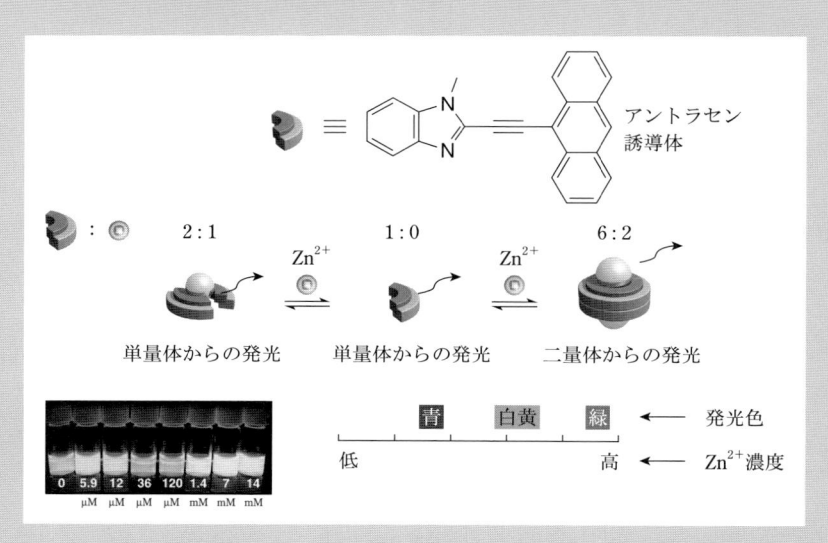

参考文献
J. Yuasa *et al.*, *Angew. Chem., Int. Ed.*, **49**, 5110-5114 (2010)

（執筆：奈良先端科学技術大学院大学物質創成科学研究科　湯浅順平）

第7章　錯体の電気化学

7章で学ぶこと
- サイクリックボルタンメトリーによる錯体のHOMOとLUMOの見積もり方
- 色素増感太陽電池と有機EL素子の原理
- 電子移動反応の反応機構（Marcus理論）

7.1　サイクリックボルタンメトリー

　金属錯体中の金属イオンは，酸化反応および還元反応によって価数が変化する．また，有機金属化合物も酸化反応および還元反応を起こすことができる．酸化反応および還元反応について，ここでもう一度定義する．

　　酸化反応：物質から電子が放出される反応，酸化数が増える反応
　　　　　　　還元体（Red）$\longrightarrow$ 酸化体（Ox）$+\ ne^-$
　　還元反応：物質へと電子が移動する反応，酸化数が減少する反応
　　　　　　　酸化体（Ox）$+\ ne^- \longrightarrow$ 還元体（Red）

物質において電子の授受に関与するエネルギー準位（電位）は，前章で説明したHOMOとLUMOである．具体的には，HOMOは酸化電位，LUMOは還元電位となる．なお6章で述べた光物理過程では，電子は光励起前後においてHOMOとLUMOの間を遷移しているだけであり，物質間の電子のやりとりは生じない．

　よって，物質の酸化電位および還元電位を測定することで，物質のHOMOとLUMOを見積もることができる．酸化還元電位を測定するためには，電気化学測定を行う必要があり，**サイクリックボルタンメトリー**（CV）が一般的に用いられる．酸化反応・還元反応を電極上で起こすのに必要な電圧およびそ

第7章 錯体の電気化学

のときの電流量によって評価を行う．

サイクリックボルタンメトリーでは，以下に示す3つの電極を用いる．

参照電極（reference electrode）

作用電極の電位の基準点を与える基準電極．基準電極には，標準水素電極（NHE），銀－塩化銀電極（Ag/AgCl），飽和カロメル電極（SCE）などがあるが，金属錯体の測定には銀－塩化銀電極を使う場合が多い．銀－塩化銀電極では，

$$AgCl + e^- \rightleftharpoons AgCl^-$$

という反応の電位を基準としている．また，各参照電極の電位の関係は以下のとおりである．

$$E(SCE) = E(NHE) - 0.2444 \text{ V}$$
$$E(Ag/AgCl) = E(NHE) - 0.196 \text{ V}$$

作用電極（working electrode）

実際に電圧をかけて，酸化還元反応を起こすための電極．参照電極との電位差および電流を計測する．金属錯体の測定には，白金電極やグラッシーカーボン（ガラス状炭素）電極などが用いられる．

対極（counter electrode）

作用電極に流れる電流を測定するための対極である．安定な電流を流すために，一般に表面積を大きくしたコイル状の白金ワイヤー電極を用いることが多い．

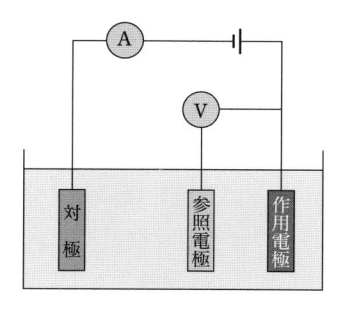

図7.1　電気化学セルの模式図

これら3つの電極を用いる三極式が金属錯体のサイクリックボルタンメトリーにおける一般的な方法である．この3つの電極を**図7.1**のように取り付けた電気化学測定用の容器を一般に電気化学セルという．測定には，測定対象物と支持電解質を溶かした溶液を用いる．溶媒としては，水に溶解する錯体には純水，水に溶解しない錯体にはアセトニトリルやジクロロメタンを用いる．この際，測定したい錯体の酸化還元電位の周辺で溶媒が電気化学反応を起こさないことが重要である（電気化学反応を起こさない電位領域を電位窓という）．測定する錯体は，通常0.1〜1 mmol L^{-1}の濃度で溶解し，溶液には導電性を高めるために錯体の100倍程度の量の支持電解質と呼ばれるイオン性物質を加える．支持電解質には，溶媒が水のときは塩化カリウムや硝酸カリウム，硫酸ナトリウムが多用される．溶媒が有機溶媒のときは過塩素酸テトラブチルアンモニウムなどのテトラアルキルアンモニウムの過塩素酸塩が，溶解度などの観点からよく用いられる．

このような測定系を用いて実際にサイクリックボルタンメトリー測定を行うと，金属錯体の酸化還元反応が起こるとき，作用電極に大きな電流が流れる．一般に，金属錯体の酸化電位もしくは還元電位を測定する場合は，0 Vから一定速度で作用電極の電位を変化させていき，流れた電流の変化を計測する．電位をかけた状態から，再度0 Vまで電位を戻す．電流を縦軸，電位を横軸にしてプロットすると**図7.2**のようなサイクルになった曲線が得られる．これをサイクリックボルタモグラムと呼ぶ．

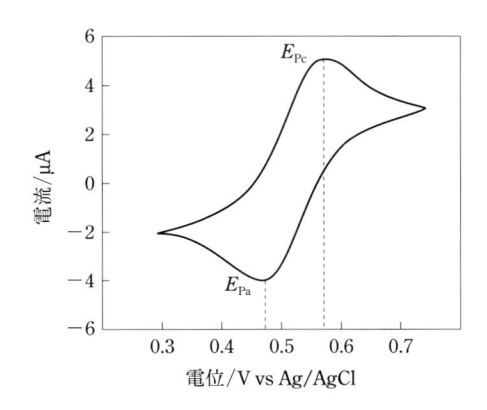

図7.2　フェロセンのサイクリックボルタモグラム

第7章 錯体の電気化学

　図7.2は有機金属化合物であるフェロセンのサイクリックボルタモグラムである．電位を0 Vから正の電位へ変化させていくと，0.5 Vあたりで正の電流が流れる．これは，この電位で，

$$E_{\mathrm{Pc}}：\text{フェロセン} \longrightarrow \text{フェロセニウムカチオン} + \mathrm{e}^-$$

で表される酸化反応が進行しているためである．酸化電流のピークにおける電位をE_{Pc}と表す．生成したフェロセニウムカチオンは安定であり，作用電極の電位を逆向きに変化させると，酸化反応のときとは逆の電流（負の電流）が流れる．このとき起こる電気化学反応は

$$E_{\mathrm{Pa}}：\text{フェロセニウムカチオン} + \mathrm{e}^- \longrightarrow \text{フェロセン}$$

で表される還元反応である．還元電流のピークにおける電位をE_{Pa}と表す．このとき，フェロセンの酸化電位$E_{1/2}$は

$$(E_{\mathrm{Pc}} + E_{\mathrm{Pa}})/2 = E_{1/2}$$

と求められる．電気化学反応が起こる電位は，電位を変化させる速度にも依存する．

　なお，電気化学で用いる電位の単位にはV（ボルト）を用いる．これに対して光化学では，光子や電子のもつエネルギーを表す単位としてeV（エレクトロンボルト）が用いられる．

　J（ジュール），C（クーロン），V（ボルト）の間には

$$1\,\mathrm{J} = 1\,\mathrm{C} \times 1\,\mathrm{V}$$

の関係がある．電子1個の電荷は1.602×10^{-19} Cであり，これにAvogadro数6.022×10^{23}をかけた96500 Cという値は電子1 mol分の電荷に相当する．電子1個の電位が，外から与えられた電場によって1 V変化すると，電子のポテンシャルエネルギーは

$$1\,\mathrm{eV} = 1.602 \times 10^{-19}\,\mathrm{C} \times 1\,\mathrm{V} = 1.602 \times 10^{-19}\,\mathrm{J}$$

だけ変化する．

7.2　錯体の酸化還元電位と電子構造

　酸化反応は，電子が入っているもっともエネルギーが高い軌道の電子（もっとも不安定な電子）を引き抜く反応であり，この電位はHOMOのエネルギー準位に相当する．しかし，6章で述べたFranck–Condonの原理により，HOMOとLUMOのエネルギー幅は，吸収する光のエネルギーとは異なる．LUMOのエネルギー準位は，吸収スペクトルと発光スペクトルが重なる0–0バンドの波長をエネルギーに変換し，サイクリックボルタンメトリー（CV）から計算されたHOMOのエネルギーから引き算することで求められる．

　　LUMOのエネルギー準位
　　　＝HOMOのエネルギー準位　－　0–0バンドのエネルギー
　　　（CVから計算された酸化電位）

このようにして，6章で説明した金属錯体のHOMOとLUMOのエネルギー準

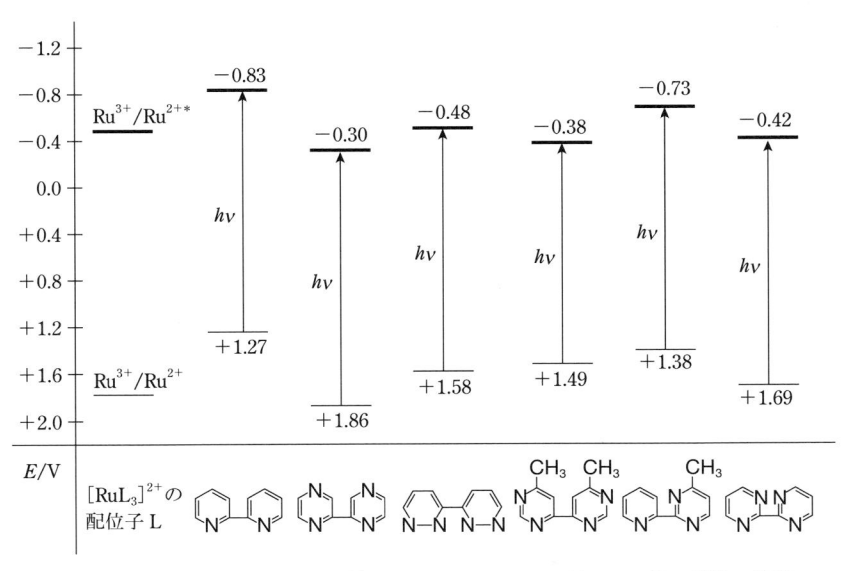

図7.3　ルテニウム錯体 $[RuL_3]^{2+}$ のHOMOとLUMOに対する配位子構造の影響
［S. Tazuke *et al.*, *J. Photochem.*, **29**, 123 (1985) に基づいて作図］

位を求めることができる．金属錯体のHOMOとLUMOのエネルギー準位は，同じ金属であっても配位子の構造によって変化する．**図7.3**にルテニウム錯体の配位子の違いによるHOMOとLUMOの変化をまとめて示す．このように，配位子によってルテニウム錯体の電子構造をコントロールできることがわかる．配位子の設計は，光触媒反応や光誘起電子移動反応を制御するうえできわめて重要である．

6章で説明した光化学と本章の電気化学を組み合わせた「光電気化学」は現在さまざまな応用展開が行われている．次節では特に，色素増感太陽電池と有機EL素子について説明する．

7.3 錯体の光電気化学への応用

7.3.1 色素増感太陽電池

色素増感太陽電池は，有機色素と酸化チタンで被覆した電極を組み合わせた光電変換素子であり，シリコン太陽電池とは異なる原理で動作する．**図7.4**に色素増感太陽電池の構成およびエネルギー構造について示す．太陽光を吸収する色素部分にはルテニウム錯体などが用いられ，ルテニウム錯体は配位子のカルボキシル基を介して酸化チタンナノ粒子電極に固定化されている．

色素増感太陽電池は以下の原理で発電する．

動作原理
① ルテニウム錯体が太陽光を吸収して励起状態を形成する．
② ルテニウム錯体の励起電子は，酸化チタンへ移動する．ルテニウム錯体は酸化状態となる．
③ 酸化チタン中の電子は電極（透明電極）へと電子を受け渡す．
④ 酸化状態であったルテニウム錯体は，電解質溶液中のヨウ素イオンI^-を酸化して電子を受け取る．I^-はI_3^-へと酸化される．
⑤ 酸化されたI_3^-は対極で再び電子を受け取って，I^-へと還元される．
⑥ 両極間を電子がサイクルすることによって電池として作動する．

色素増感太陽電池では，ルテニウム錯体から酸化チタンへと高効率な電子移動

7.3 錯体の光電気化学への応用

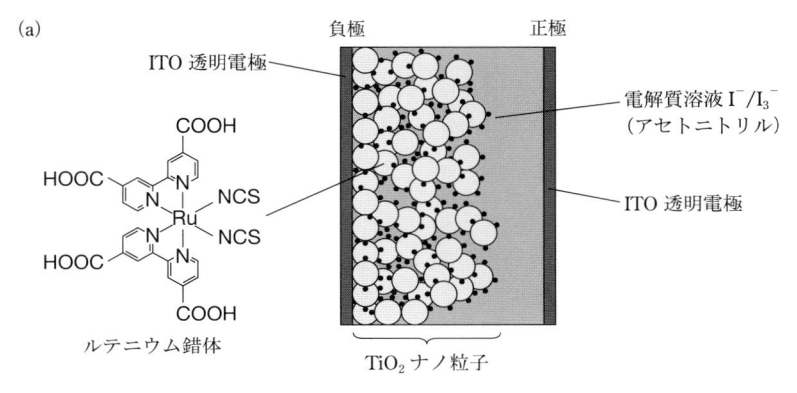

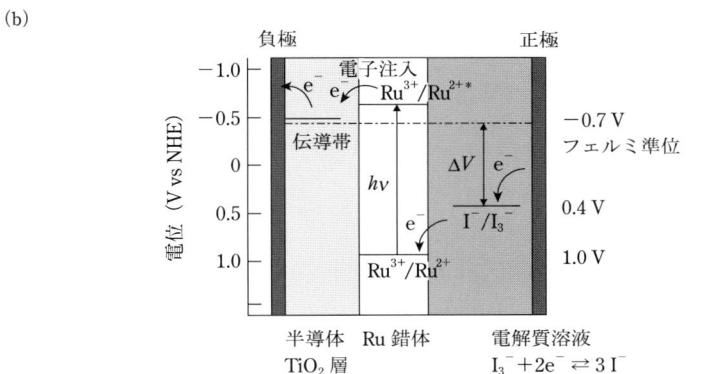

図7.4 (a) 色素増感太陽電池の構成と (b) エネルギー構造および原理

が行われる．ここで，半導体の電子構造について少し説明する．半導体の中では，金属イオンと酸素などのイオンによって格子が形成されている．格子の形成によって金属イオンは互いに近づき，分裂した軌道の間隔は狭くなっていく．最終的には，それぞれの軌道は分裂し，ある幅をもつようになる（**図7.5(a)**）．この分裂したエネルギー準位の集合体をエネルギーバンドという．TiO_2 の場合は Ti の 3p 軌道と酸素の 2p 軌道によりエネルギーバンドが形成される．Si の場合は，Si の 3s 軌道と 3p 軌道からなる sp^3 混成軌道により，結合性軌道と反結合性軌道のエネルギーバンドが形成される（図7.5(b)）．

半導体の結合性軌道と反結合性軌道の間は**禁制帯**と呼ばれ，電子は存在できない．禁制帯のエネルギー幅を**バンドギャップ**と呼ぶ．半導体のバンドギャッ

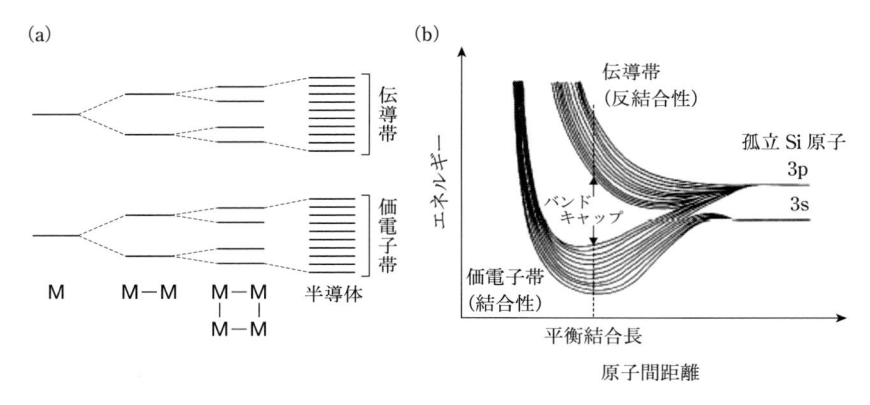

図7.5 (a) 半導体におけるバンドの形成の概念図および (b) Si半導体のエネルギーバンド

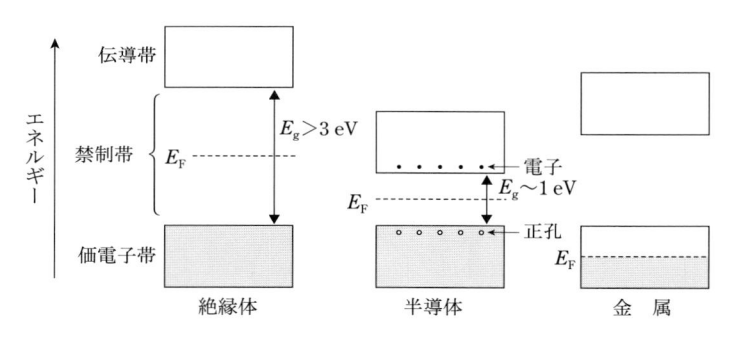

図7.6 絶縁体，半導体，金属のエネルギー構造
E_FはFermi準位，E_gはバンドギャップを表す．

プに相当する光を照射すると，電子が入っている下のバンドから上のバンドへ電子遷移が起こる．LUMOに相当するバンドに電子が入ると，その電子はバンド中を伝搬することができるため，このバンドを**伝導帯**（conduction band）と呼ぶ．一方，電子が存在するHOMOに相当する軌道では，光励起によって電子の空孔が生じ，その空孔は正孔（ホール）としてバンド中を動くことができる．このバンドを**価電子帯**（valence band）と呼ぶ．**図7.6**に，絶縁体，半導体，および金属のバンド構造の違いを示した．

電子の存在する確率が50％になるエネルギーを**Fermi準位**といい，半導体では禁制帯の中に位置する．n型半導体（電子（negative charge）が流れやすい半導体）ではこのFermi準位が伝導帯に近く，p型半導体（正電荷（positive charge）が流れやすい半導体）では価電子帯に近い．

　色素増感太陽電池では，ルテニウム錯体の励起状態のエネルギー準位と半導体である酸化チタンの伝導帯との間で電子の移動が起こる．つまり，酸化チタンの伝導帯に電子を送るルテニウム錯体の励起状態のエネルギー準位が重要となる．

　この励起状態のエネルギー準位はルテニウム錯体の配位子構造によって変化させることができるため（図7.3参照），現在，さまざまな配位子を用いたルテニウム錯体が合成されている．また，電解質溶液を含む太陽電池は素子の寿命や安全性の面で問題があるため，電解質の固体化についても検討されている．色素増感太陽電池は金属錯体の光化学的性質と電気化学的性質を有効利用した素子といえる．

7.3.2　有機EL素子

　ELとは電界発光（electroluminescence）の略であり，有機EL素子は電気により発光する「電界発光素子」である．有機EL素子の発光物質として，**図7.7**に示すようなさまざまな構造の金属錯体が検討されている．

　有機EL素子ではこれらの金属錯体を効率よく発光させるため，電子を輸送

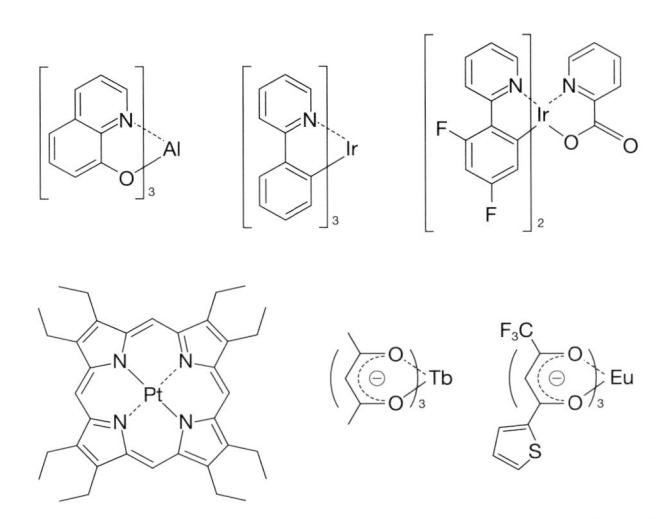

図7.7　有機EL素子の発光物質として用いられる金属錯体，希土類錯体

第7章　錯体の電気化学

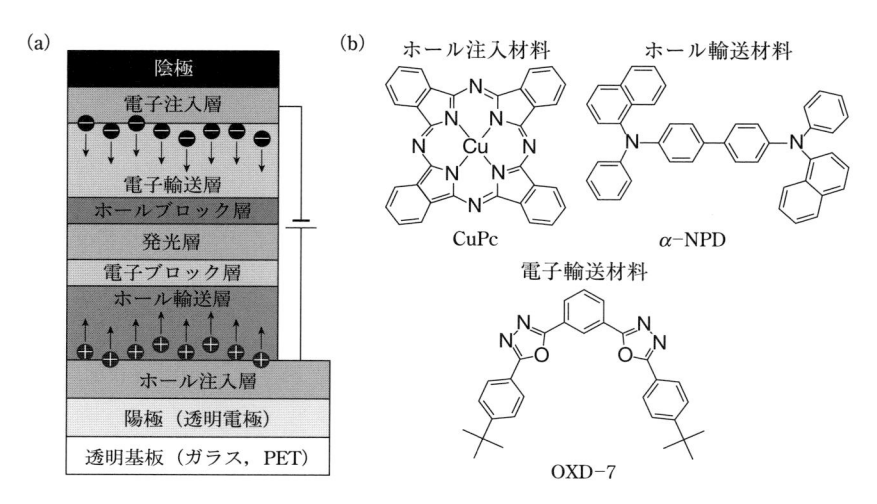

図7.8　有機EL素子の構成と材料

する「電子輸送層」と正電荷を輸送する「ホール輸送層」が使用される．1987年に初めて報告された有機EL素子は，電子輸送層と発光層を兼ねたアルミニウム錯体Alq$_3$と，ホール輸送層として働くトリフェニルアミンの2層を積層した構造であった．この2つの層の界面までホールと電子が移動し，アルミニウム錯体Alq$_3$上でホールと電子の再結合が起こる．

現在の最先端の有機EL素子は，ホール注入層，ホール輸送層，電子ブロック層，発光層，ホールブロック層，電子輸送層，電子注入層というそれぞれの機能を分離して積み重ねた多層構造をとっている（**図7.8**）．こうした有機化合物や金属錯体の積層構造により電子やホール（正電荷）が発光層へと効果的に輸送されるだけでなく，電子やホールを発光層に貯めこむことができる．つまり，電気化学的な考え方（電子およびホールの移動）をうまく応用することで，有機EL素子は動作している．

7.4　電子移動反応の反応機構

ここまで金属錯体の酸化反応（電子を放出）と還元反応（電子を注入）について説明してきた．金属錯体におけるこうした電子移動反応の反応機構は，反応に関与する電子の違いによりおもに以下の2つに大別される．

内圏機構
錯イオンの内部配位圏の配位子の置換をともない，錯イオンと配位子の間で電子移動が起こる．

外圏機構
内部配位圏には変化がなく，一方の錯イオンから他方の錯イオンへと電子移動が起こる．

内圏機構は錯体の分解反応や触媒反応などによって説明される．一方，外圏機構は反応速度と自由エネルギー変化に基づく遷移状態理論で説明される．Marcus（マーカス）は溶液中における金属イオン間の電子移動に関する理論を考案し，1992年にノーベル賞を受賞した．このため，遷移状態理論は**Marcus理論**とも呼ばれる．彼の理論は1986年にJohn Millerらの研究グループによって実験的にも確認されている．

ここでこのMarcus理論について説明する．Marcus理論では錯イオンを取り囲む溶媒（溶媒和）の配向に注目する．2つの錯イオンAとBの間で電子移動が起こる前には溶媒の再配向（並び直し）が必要であり，再配向に必要なエネルギーは錯イオンや溶媒の種類によって決まる．この反応は以下のように表すことができる．この式では，逆反応も示している．

$$A + B \underset{k_{-1}}{\overset{k_1}{\rightleftarrows}} [A|B]^* \underset{k_{-2}}{\overset{k_2}{\rightleftarrows}} [A^{+\Delta z}|B^{-\Delta z}]^* \underset{k_{-3}}{\overset{k_3}{\rightleftarrows}} A^{+\Delta z} + B^{-\Delta z}$$

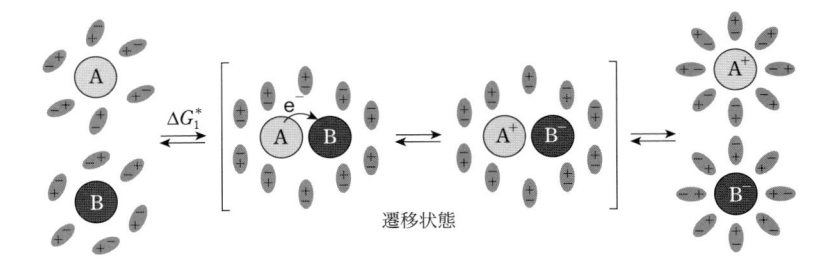

ここで，$[A|B]^*$は分子AとBが拡散により接近し，さらに電子移動が起こるために必要な溶媒の再配向と分子内の核の位置の変化が起こった状態である．$[A^{+\Delta z}|B^{-\Delta z}]^*$は，$[A|B]^*$を経てAからBに$\Delta z$の電荷が移動した状態を表す．

ここで，$[A|B]^*$と$[A^{+\Delta z}|B^{-\Delta z}]^*$が時間に対して一定であるという定常状態を

第7章 錯体の電気化学

仮定すると,

$$\frac{d[A|B]^*}{dt} = k_1[A][B] - k_{-1}[A|B]^* - k_2[A|B]^* + k_{-2}[A^{+\Delta z}|B^{-\Delta z}]^* = 0 \quad (7.1)$$

$$\frac{d[A^{+\Delta z}|B^{-\Delta z}]^*}{dt} = k_2[A|B]^* - k_{-2}[A^{+\Delta z}|B^{-\Delta z}]^* \\ - k_3[A^{+\Delta z}|B^{-\Delta z}]^* + k_{-3}[A^{+\Delta z}][B^{-\Delta z}] = 0 \quad (7.2)$$

となる.上の反応式を単純に

$$A + B \xrightleftharpoons[k_{-obs}]{k_{obs}} A^{+\Delta z} + B^{-\Delta z}$$

と表すと,電子移動反応の速度は

$$\begin{aligned} v &= \frac{d[A^{+\Delta z}]}{dt} = \frac{d[B^{-\Delta z}]}{dt} \\ &= k_3[A^{+\Delta z}|B^{-\Delta z}]^* - k_{-3}[A^{+\Delta z}][B^{-\Delta z}] \\ &= k_{obs}[A][B] - k_{-obs}[A^{+\Delta z}][B^{-\Delta z}] \end{aligned} \quad (7.3)$$

と表される.(7.1)～(7.3)式を用いると,k_{obs}は

$$k_{obs} = k_1 \left\{ \frac{1}{1 + \frac{k_{-1}}{k_2}\left(1 + \frac{k_{-2}}{k_3}\right)} \right\} \quad (7.4)$$

と求められる.いま,$k_2 \gg k_{-1}$とすると,

$$k_{obs} \cong k_1 \quad (7.5)$$

となる.ここで,最初のステップ(溶媒の再配向)の自由エネルギー変化をΔG_1^*,電子移動反応の活性化エネルギーを$\Delta G_{for}^\ddagger$とする.$\Delta G_{for}^\ddagger$は誘電率D_sの溶媒中でAとBをr_{AB}の距離に近づけるために要する仕事W_{for}とΔG_1^*の和

$$\Delta G_{for}^\ddagger = W_{for} + \Delta G_1^* \quad (7.6)$$

となる.ただし,

$$W_{for} = \frac{z_A z_B}{D_s r_{AB}} \quad (7.7)$$

である.いま,AからBへ部分的に電荷$m\Delta ze$だけ移動した遷移状態を考える.ここで,mは係数であり,実際には$1/2$に近い数値として考えられている.

AとBはそれぞれ半径r_A, r_Bの導体球とみなす．電子移動反応はきわめて速く，電子移動反応直後は溶媒の再配向が追随できないので，イオンの強い電場により溶媒の誘電率が低下する（誘電飽和）．このときの誘電率をD_0と表す．よって，ΔG_1^*は電荷の変化分$\pm m\Delta ze$のみによって決まり，2つの自由エネルギーの差として以下のように表される．

$$\Delta G_1^* = G_0 - G_s \tag{7.8}$$

G_0：D_0の誘電率の媒体中で半径r_A, r_Bの導体球が，それぞれ$m\Delta ze$と$-m\Delta ze$の電荷を生じさせるときの自由エネルギー

G_s：D_sの誘電率の媒体中で同様に電荷を生じさせるときの自由エネルギー

G_0とG_sはそれぞれ以下の式で表される．

$$G_0 = \frac{(m\Delta ze)^2}{2r_A}\left(\frac{1}{D_0}-1\right) + \frac{(-m\Delta ze)^2}{2r_B}\left(\frac{1}{D_0}-1\right) + \frac{(m\Delta ze)(-m\Delta ze)}{2r_{AB}D_0} \tag{7.9}$$

$$G_s = \underbrace{\frac{(m\Delta ze)^2}{2r_A}\left(\frac{1}{D_s}-1\right) + \frac{(-m\Delta ze)^2}{2r_B}\left(\frac{1}{D_s}-1\right)}_{\text{電荷を帯電させるのに要する仕事}} + \underbrace{\frac{(m\Delta ze)(-m\Delta ze)}{2r_{AB}D_s}}_{\substack{\text{AとBを近づける}\\\text{のに必要な仕事}}} \tag{7.10}$$

ここで，(7.9)式と(7.10)式にはm^2の項が共通しているので，(7.8)式を

$$\Delta G_1^* = m^2 \lambda_0 \tag{7.11}$$

と変形する．ただし，

$$\lambda_0 = \Delta ze^2 \left(\frac{1}{D_0}-\frac{1}{D_s}\right)\left(\frac{1}{2r_A}+\frac{1}{2r_B}-\frac{1}{r_{AB}}\right) \tag{7.12}$$

である．このようにすると，(7.6)式は

$$\Delta G_{\text{for}}^\ddagger = W_{\text{for}} + m^2 \lambda_0 \tag{7.13}$$

となる．

一方，電子移動反応では逆反応も起こる．以下では，逆反応（逆電子移動反応）に対する自由エネルギーを求める．逆反応に対する活性化自由エネルギー

を $\Delta G_{\mathrm{rev}}^{\ddagger}$ とすると，反応の自由エネルギー $\Delta G°$ と $\Delta G_{\mathrm{for}}^{\ddagger}$，$\Delta G_{\mathrm{rev}}^{\ddagger}$ の関係は

$$\Delta G° = \Delta G_{\mathrm{for}}^{\ddagger} - \Delta G_{\mathrm{rev}}^{\ddagger} \tag{7.14}$$

となる．逆反応でも同じくAからBへ部分的に電荷 $m\Delta ze$ が移動した遷移状態を考えると，遷移状態における電荷は

$$-\Delta ze + m\Delta ze = -(1-m)\Delta ze \tag{7.15}$$

となるので，順反応と同様に，逆反応も(7.13)式のように書くと（m が $m-1$ になり），

$$\Delta G_{\mathrm{rev}}^{\ddagger} = W_{\mathrm{rev}} + (1-m)^2 \lambda_0 \tag{7.16}$$

となる．ここで，W_{rev} は順反応での生成物 $A^{\Delta z}$ と $B^{-\Delta z}$ を距離 r_{AB} に近づけるのに要する仕事である．(7.13)式と(7.16)式を(7.14)式へ代入して m を求め，この m を(7.13)式に代入すると，

$$\Delta G_{\mathrm{for}}^{\ddagger} = W_{\mathrm{for}} + \left(\frac{\Delta G° + W_{\mathrm{rev}} - W_{\mathrm{for}}}{2\lambda_0} + \frac{1}{2} \right)^2 \lambda_0 = W_{\mathrm{for}} + \frac{\lambda_0}{4}\left(1 + \frac{\Delta G°'}{\lambda_0}\right)^2 \tag{7.17}$$

となる．ただし，

$$\Delta G°' = \Delta G° + W_{\mathrm{for}} - W_{\mathrm{rev}} \tag{7.18}$$

である．ここで，$\Delta G_{\mathrm{for}}^{\ddagger}$ を $\Delta G^{\ddagger}$，λ_0 を λ とし，$\Delta G°'$ を改めて $\Delta G°$ とすると，

$$\Delta G^{\ddagger} = W_{\mathrm{for}} + \frac{\lambda}{4}\left(1 + \frac{\Delta G°}{\lambda}\right)^2 \tag{7.19}$$

となる．

ここで得られた式について説明する．電子移動反応前後の系のエネルギー変化は

始状態：反応前の錯イオンと溶媒の座標（R：reactant）
終状態：電子移動反応後の錯イオンと溶媒の座標（P：product）

のエネルギー変化として表される．そのエネルギー変化をそれぞれのポテン

7.4 電子移動反応の反応機構

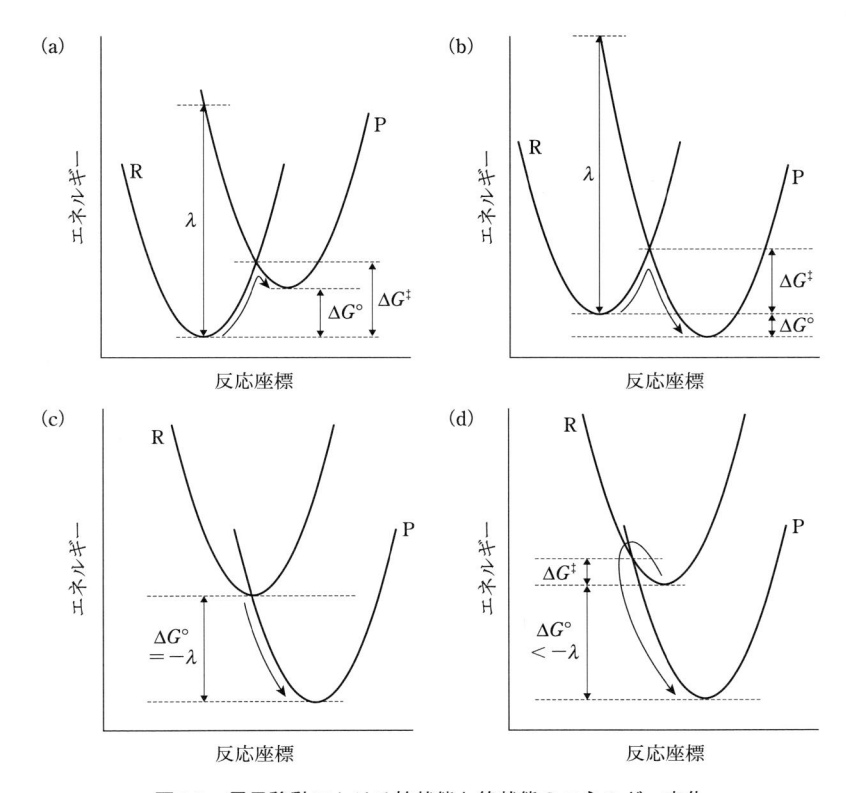

図7.9 電子移動における始状態と終状態のエネルギー変化

シャル曲線で表すと**図7.9**のようになる．

ここで，始状態から終状態へと変化するためには，$\Delta G^\ddagger$を越えなければならない．先ほど示した$\Delta G^\ddagger$の式から，図7.9に示すエネルギー関係においては反応の推移が以下のように予想できる．

図7.9 (a)
　始状態よりも終状態の自由エネルギーの方が高いため，反応は起こりにくい．
図7.9 (b)
　始状態よりも終状態の自由エネルギーの方が低いため，反応は起こりやすくなるが，反応が起こるためには$\Delta G^\ddagger$を越える必要がある．

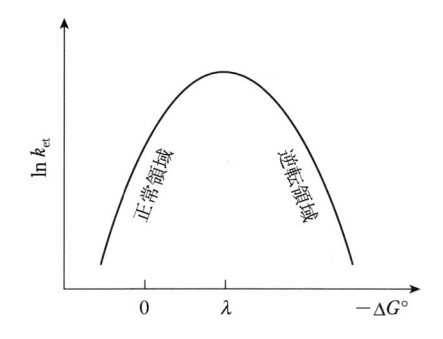

図7.10 電子移動速度定数k_{et}と始状態と終状態の自由エネルギー差$-\Delta G°$の差

図7.9（c）
　始状態よりも終状態の自由エネルギーの方が低いうえ，$\Delta G^{\ddagger}$がゼロであるため，反応がきわめて起こりやすい．

図7.9（d）
　始状態よりも終状態の自由エネルギーの方がかなり低いが，逆に越えなくてはいけない$\Delta G^{\ddagger}$が発生するため，反応は（c）より起こりにくくなる．

図7.9（d）の領域のことを逆転領域という．逆転領域についてはMarcus理論の発表後にさまざまな研究者により実験的な研究が行われ，実際に存在することが証明された．

図7.10に，電子移動速度定数k_{et}と$-\Delta G°$の関係を示す．Marcus理論は電子移動反応に関する基本理論となっている．Marcus理論では，(7.19)式がすべてである．逆転領域を考えなければ，直感的にも受け入れやすい理論ではあるが，逆転領域があるために長い間受け入れられなかった．この逆転領域が実験的に証明されたことにより，Marcusはノーベル賞受賞に至ったのである．

京都大学の今堀らは，**図7.11**に示すようなドナー部位（ZnP）とアクセプター部位（C_{60}）を連結した分子において，Marcusの逆転領域が得られることを実験的に証明している．この分子を光励起することにより生じる電荷分離状態（$ZnP^{·+}-C_{60}^{·-}$）のエネルギーはポルフィリンの三重項状態のエネルギーよりも低く，この電荷再結合過程がMaucusの逆転領域に入っているため，逆電子移動では三重項状態ではなく基底状態へ戻り，比較的長寿命の電荷分離状態が得

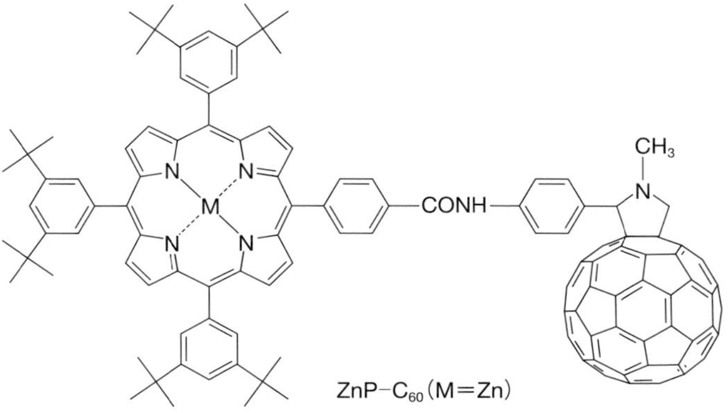

図7.11 Marcusの逆転領域を生じる分子

られる.なお,Marcus理論の導出過程からわかるように,溶媒の再配向のためのエネルギーが小さいほど逆転領域を生じやすい.球対称であるフラーレンは,溶媒の再配向エネルギーが小さいため,逆転領域を生じる分子に用いられている.理にかなった分子設計である.

● コラム　　結晶を叩くと光る「トリボルミネッセンス」

　本章で述べたように，錯体は電気的に光らせることができるが，機械的刺激でも光らせることができる．機械的な刺激による発光は一般にトリボルミネッセンスと呼ばれ，暗闇で砂糖などの結晶を粉砕すると幻想的に青白く光る現象が古くから知られている．これまでトリボルミネッセンスを示すさまざまな分子結晶が報告されている．

　最近，ユーロピウム(III)イオンを含むポリマー型錯体から構成されている分子結晶が，強いトリボルミネッセンスを示すことが報告された．

　この結晶は一次元的なポリマー型錯体が束になった構造をしており，結晶を粉砕すると，ポリマー鎖間に大きなピエゾ電流が発生して，トリボルミネッセンスを示すと考えられている．このピエゾ電流は結晶空間群が非対称のときに発生しやすい．この錯体ポリマーは反転中心iをもたない非対称な空間群を有していることが特徴である．室温かつ明るい場所でも容易にトリボルミネッセンスを目で見ることができる．

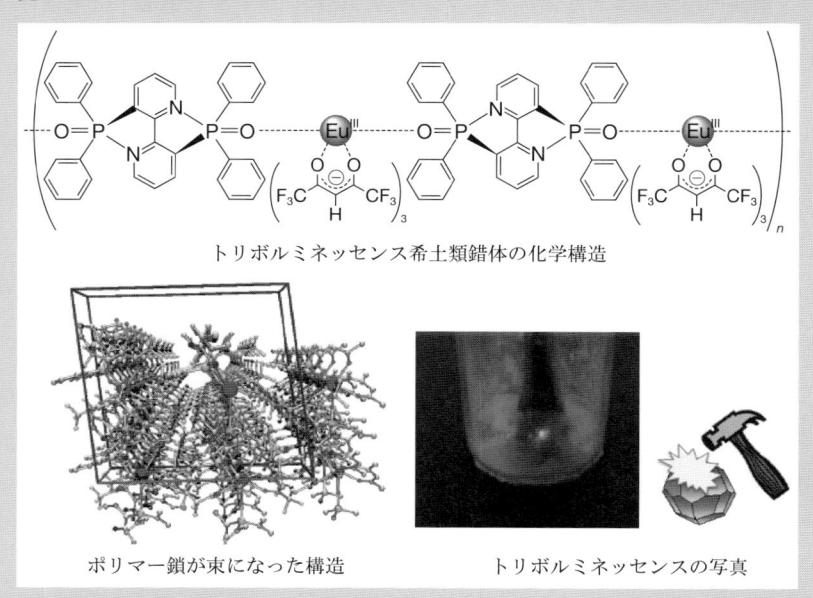

トリボルミネッセンス希土類錯体の化学構造

ポリマー鎖が束になった構造　　　トリボルミネッセンスの写真

参考文献
Y. Hasegawa *et al.*, *Eur. J. Inorg. Chem.*, **17**, 521-528 (2011)

　　　　　　　　　　（執筆：北海道大学大学院工学研究院　長谷川靖哉）

第8章　錯体の磁性化学

8章で学ぶこと
- 錯体において磁性が生じるメカニズム
- 磁気特性の評価方法である電子スピン共鳴法の原理および測定例

8.1　錯体の磁性

　錯体の金属イオンには不対電子があるため，分子でありながらさまざまな磁性挙動を示す．これに対し，配位子である有機分子は一般に室温・大気圧において反磁性，つまり磁場をかけたときに磁場と反対の方向にわずかに磁化される性質を示す（ラジカル分子は除く）．このことから，金属錯体の磁性は錯体固有の特徴的な物性といえる．

　磁性を有する分子がランダムに配向している場合，磁場をかけることで分子は磁場に沿って配向し，より磁石としての性質が強まる．これを**常磁性**（paramagnetism）という（**図8.1**(a)）．一方，磁場がない状態においても分子が平行に配列し，強い磁性を示すものを**強磁性**（ferromagnetism）という（図8.1(b)）．また，磁気モーメントが互いに反平行に配列しているために磁性を示さないものを**反強磁性**（antiferromagnetism）という（図8.1(c)）．強磁性，反強磁性を示す分子でも，相転移温度以下まで温度を下げていくと常磁性を示す．

　また，逆方向のスピンをもつ2種類の磁性イオンが存在するが，互いの磁性の大きさが異なるために全体として磁性を示すことを**フェリ磁性**（ferrimagne-

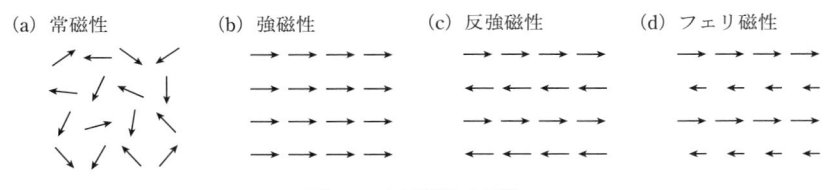

図8.1　金属錯体の磁性

tism）という（図8.1(d)）．

錯体が示す磁性は以下のように大別される．
（1）常磁性：不対電子をもつ金属錯体にみられる．
（2）反磁性：有機金属化合物によくみられる．
（3）強磁性，反強磁性，フェリ磁性：複数の金属イオンを有する金属クラスターにおいてみられることがある．近年では，金属イオンを1つだけ含む単分子磁石なども報告されている．

8.1.1 反磁性と常磁性

常磁性とは，外部磁場がないときには磁化をもたず，磁場を印加するとその方向に弱く磁化する磁性のことである．常磁性ではスピンの熱ゆらぎが大きく，自発的な配向がない状態となっている．

まず，金属錯体の常磁性について説明する．磁気的挙動は，金属錯体中の不対電子の数や配置などの影響を受ける．金属錯体の磁気的因子である磁気モーメント μ_{eff} は，理論的には不対電子の数 n を用いて以下の式で表される．

$$\mu_{\text{eff}} = \sqrt{n(n+2)} \tag{8.1}$$

磁気モーメントは磁化率測定によって実験的に求めることもできる（μ_{cal} とする）．金属錯体に磁場 H を印加すると，金属錯体の磁気モーメントはある程度磁場方向にそろい，その結果，錯体の集合体は全体として1つの磁石となる．この磁石のような状態の全体の磁気モーメント M は以下の式から算出できる．

$$M = \chi \times H \tag{8.2}$$

$$\chi = \frac{N_A \mu_{\text{cal}}^2}{3kT} \tag{8.3}$$

ここで，N_A は Avogadro 数（$6.022 \times 10^{23}\,\text{mol}^{-1}$），$k$ は Boltzmann 定数（$1.381 \times 10^{-23}\,\text{J K}^{-1}$），$T$ は温度であり，χ は磁化率と呼ばれる．具体的には，磁化率 χ を縦軸に，温度の逆数 $1/T$ を横軸にとってプロットすると，その傾きから磁気モーメント μ_{cal} が計算できる．

Pauli の排他原理に従う Fe(III) 錯体と Co(III) 錯体の電子配置および磁気モーメントの理論値 μ_{eff} および計算値 μ_{cal} を**表8.1**に示す．

表8.1 Fe^{3+}錯体とCo^{3+}錯体の電子配置および磁気モーメントの理論値μ_{eff}および計算値μ_{cal}
磁気モーメントの値は,次節で述べるBohr磁子μ_Bで規格化してある.

	3d	4s	4p	μ_{eff}/μ_B	μ_{cal}/μ_B
$[FeF_6]^{3-}$のFe^{3+}	↑ ↑ ↑ ↑ ↑	○	○○○	5.9	5.92
$[CoF_6]^{3-}$のCo^{3+}	↑↓ ↑ ↑ ↑ ↑	○	○○○	5.3	4.90
$[Fe(CN)_6]^{3-}$のFe^{3+}	↑↓ ↑↓ ↑	○	○○○	2.33	1.73
$[Co(CN)_6]^{3-}$のCo^{3+}	↑↓ ↑↓ ↑↓	○	○○○	0.00	0.00

この表からわかるように,$[FeF_6]^{3-}$錯体と$[CoF_6]^{3-}$錯体は磁気モーメントが大きく(高スピン),$[Fe(CN)_6]^{3-}$錯体と$[Co(CN)_6]^{3-}$錯体は磁気モーメントが小さい(低スピン).高スピンの$[FeF_6]^{3-}$錯体の磁化率測定から求められる磁気モーメントμ_{cal}は理論値μ_{eff}とよく一致しているが,低スピンの$[Fe(CN)_6]^{3-}$錯体の磁気モーメントは理論値との一致がみられない.これは,$[Fe(CN)_6]^{3-}$錯体では電子-スピン間の相互作用などが働くためである.

一方,$[Co(CN)_6]^{3-}$錯体は不対電子をもたないので,磁気モーメントはゼロとなることが予想され,磁化率測定の結果とよく一致している.つまり,不対電子をもたない錯体は反磁性となる.

8.1.2 強磁性と反強磁性

物質の磁気特性を区別するためには,磁気モーメントMから算出される磁化率χと温度Tのプロットを行う.得られる曲線をM-T曲線という.具体的なM-T曲線を**図8.2**に示す.M-T曲線の形から,物質の磁気特性に関して以下のような情報が得られる.

・温度変化に対して,磁化率が指数関数的に上昇する場合は,$\mu_{eff}=\mu_{cal}$が成立し,常磁性となる.
・ある温度T_Cより低い温度領域で磁化率が飛躍的に上昇する場合は,強磁性となる.磁気挙動が転移する温度を**Curie点**(キュリー)と呼ぶ.
・ある温度T_Nから急激に磁化率が低下する場合は,反強磁性となる.この場合の磁気挙動が転移する温度を**Néel点**(ネール)と呼ぶ.

図8.2 M–T曲線

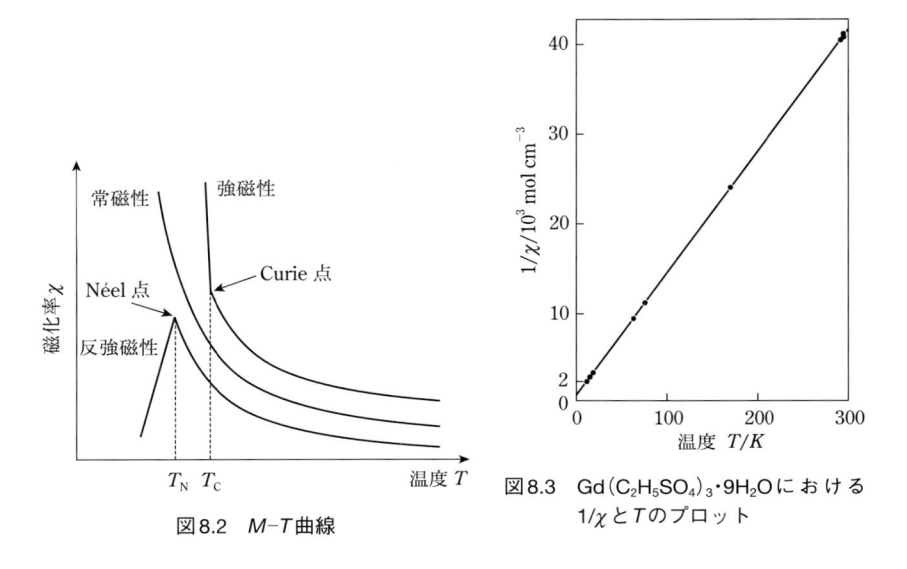

図8.3 Gd(C$_2$H$_5$SO$_4$)$_3$·9H$_2$Oにおける$1/\chi$とTのプロット

ここで，Curie点をもたない一般の常磁性錯体には

$$\chi = \frac{C}{T} \tag{8.4}$$

の関係が成り立ち，このCをCurie定数と呼ぶ．Tがゼロのとき，磁化率はゼロとなる．これに対して，Curie点をもつ錯体では

$$\chi = \frac{C}{T - T_C} \tag{8.5}$$

の関係が成り立つ．つまり，横軸に$1/\chi$，縦軸にTをプロットすると，直線の傾きからCurie定数の逆数$1/C$が算出できる．この関係をCurie–Weiss(ワイス)の法則という．Néel点をもつ錯体についても同様な計算ができる．

図8.3に，Gd(C$_2$H$_5$SO$_4$)$_3$·9H$_2$Oにおける$1/\chi$とTのプロットを示す．この直線の傾きがCurie定数となる．

ここで示した強磁性あるいは反強磁性的なふるまいは，金属イオンを集積した金属クラスターなどで観察される．つまり，金属イオンの不対電子のスピンが近傍の元素の不対電子のスピンなどの影響を受ける場合，強磁性あるいは反強磁性的な挙動を示す．例えば，不対電子を7つもつGd(III)錯体は**図8.4**のような複核錯体を形成することで強磁性的なふるまいを示す．

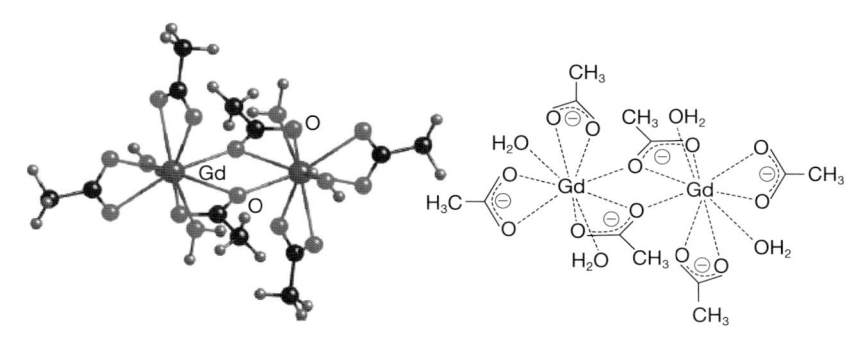

図8.4 Gd(III)錯体が形成する複核錯体 [Gd(OAc)$_2$(H$_2$O)$_2$]$_2$

8.1.3 有効Bohr磁子数

電子スピンの配置は金属元素の全角運動量と密接な関係がある．先ほどの磁化率の式を以下のように変形する．

$$\chi = \frac{N_A \mu_{cal}}{3kT} = \frac{N_A p^2 \mu_B^2}{3kT} \tag{8.6}$$

この式のμ_BはBohr磁子，pは有効Bohr磁子数と呼ばれる．Bohr磁子をSI単位で表すと以下のようになる．

$$\mu_B = \frac{e\hbar}{2c} \tag{8.7}$$

ここで，cは光速度（2.998×10^8 m s^{-1}），eは電気素量（1.602×10^{-19} C），$\hbar(=h/2\pi)$はPlanck定数（1.055×10^{-34} J s）である．また，有効Bohr磁子数pと金属イオンの全角運動量J（4.3節参照）の間には以下の関係がある．

$$p = g_J\sqrt{J(J+1)} \tag{8.8}$$

g_JはLandéのg因子と呼ばれる値で，以下の式で表される．

$$g_J \approx \frac{3}{2} + \frac{S(S+1) - L(L+1)}{2J(J+1)} \tag{8.9}$$

全角運動量Jから算出される有効Bohr磁子数と，磁化率測定から求められる有効Bohr磁子数が一致する場合，その物質の電子スピン状態は金属イオンの電子状態を保持していることになる．一般に希土類イオンの基底状態（10章参照）の電子状態は全角運動量に対してよく保存されていることが知られている．

第8章 錯体の磁性化学

3価の希土類イオンの全角運動量Jから算出される有効Bohr磁子数と，磁化率測定から求められる有効Bohr磁子数の比較を**表8.2**に示す．算出された有効Bohr磁子数と測定した有効Bohr磁子にはよい一致がみられることがわかる．

一方，鉄族遷移元素の錯体（塩）における有効Bohr磁子数と全角運動量Jから計算される有効Bohr磁子数にはよい一致がみられない（**表8.3**）．しかし，全スピン角運動量Sを用いた以下の計算式では，実測値とよい一致がみられる．

$$p = g\sqrt{S(S+1)} \tag{8.10}$$

このgはg因子と呼ばれる定数で，$g=2.0023$である．よって，鉄族遷移元素の錯体は軌道角運動量がゼロであるかのようにふるまう．この状態は軌道角運動量が凍結されている（quenched）と表現される．

希土類イオンの磁性は4f軌道内の電子配置に起因する．希土類イオンの4f軌道は外側の5s軌道と5p軌道に覆われており，イオンの内部に深く埋もれている（10章で詳細に説明）．これに対して，鉄族遷移元素イオンでは常磁性的なふるまいを示す電子スピンは3d軌道内にあり，この3d軌道は一番外側にある．よって，3d軌道はまわり（配位子場）の影響を受けやすく，全軌道角運動量Lと全スピン角運動量のベクトルの結合（4.3節参照）が大部分破れてしまい，その状態はもはやそれらの全角運動量Jの値では指定できなくなってし

表8.2　3価の希土類イオンの有効Bohr磁子数に関する計算値と測定値の比較

イオン	電子配置	基準状態 (項記号)	有効Bohr磁子数 計算値 ($=g_J\sqrt{J(J+1)}$)	実験値
Ce^{3+}	$4f^1 5s^2 p^6$	$^2F_{5/2}$	2.54	2.4
Pr^{3+}	$4f^2 5s^2 p^6$	$^3H_4$	3.58	3.5
Nd^{3+}	$4f^3 5s^2 p^6$	$^4I_{9/2}$	3.62	3.5
Pm^{3+}	$4f^4 5s^2 p^6$	$^5I_4$	2.68	―
Sm^{3+}	$4f^5 5s^2 p^6$	$^6H_{5/2}$	0.84	1.5
Eu^{3+}	$4f^6 5s^2 p^6$	$^7F_0$	0	3.4
Gd^{3+}	$4f^7 5s^2 p^6$	$^8S_{7/2}$	7.94	8.0
Tb^{3+}	$4f^8 5s^2 p^6$	$^7F_6$	9.72	9.5
Dy^{3+}	$4f^9 5s^2 p^6$	$^6H_{15/2}$	10.63	10.6
Ho^{3+}	$4f^{10} 5s^2 p^6$	$^5I_8$	10.60	10.4
Er^{3+}	$4f^{11} 5s^2 p^6$	$^4I_{15/2}$	9.59	9.5
Tm^{3+}	$4f^{12} 5s^2 p^6$	$^3H_6$	7.57	7.3
Yb^{3+}	$4f^{13} 5s^2 p^6$	$^2F_{7/2}$	4.54	4.5

8.2 磁性の評価――電子スピン共鳴法

表8.3 鉄族イオン錯体の有効Bohr磁子数に関する計算値と測定値の比較

イオン	電子配置	基準状態 (項記号)	有効Bohr磁子数		
			計算値 ($=g_J\sqrt{J(J+1)}$)	計算値 ($=2\sqrt{S(S+1)}$)	実験値
Ti^{3+}, V^{4+}	$3d^1$	$^2D_{3/2}$	1.55	1.73	1.8
V^{3+}	$3d^2$	$^3F_2$	1.63	2.83	2.8
Cr^{3+}, V^{2+}	$3d^3$	$^4F_{3/2}$	0.77	3.87	3.8
Mn^{3+}, Cr^{2+}	$3d^4$	$^5D_0$	0	4.90	4.9
Fe^{3+}, Mn^{2+}	$3d^5$	$^6S_{5/2}$	5.92	5.92	5.9
Fe^{2+}	$3d^6$	$^5D_4$	6.70	4.90	5.4
Co^{2+}	$3d^7$	$^4F_{9/2}$	6.63	3.87	4.8
Ni^{2+}	$3d^8$	$^3F_4$	5.59	2.83	3.2
Cu^{2+}	$3d^9$	$^2D_{5/2}$	3.55	1.73	1.9

まう．これが，鉄族遷移元素の錯体において軌道角運動量が凍結される原因である．さらに，全軌道角運動量Lに属する$2L+1$個の副準位（分裂する準位のこと）は配位子場中では縮退が解けて分裂する．この分裂が軌道運動の寄与を減少させている．

8.2 磁性の評価――電子スピン共鳴法

8.2.1 電子スピン共鳴法の原理

磁性をもつ金属錯体には，磁場中においてZeeman（ゼーマン）相互作用エネルギーE_Zが生じ，Zeeman相互作用エネルギーE_Zは以下の式で表される．

$$E_Z = m_s g \mu_B H \tag{8.11}$$

ここで，m_sはスピン量子数を表す．スピン量子数は$\pm 1/2$の値をとるため，上式は磁場により2つのエネルギー準位ができることを示す．2つのエネルギー準位の差をΔE_Zとすると，

$$\Delta E_Z = g \mu_B H \tag{8.12}$$

となる．g値とμ_Bは定数なので，エネルギー差ΔE_Zは磁場Hに比例することがわかる．このΔE_Zと磁場の関係を**図8.5**に示す．

このエネルギー差に相当する電磁波を照射すると，電子遷移に対応した吸収

第8章　錯体の磁性化学

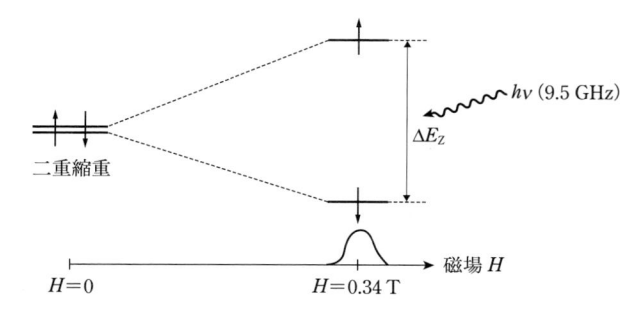

図8.5　縮退している２つのエネルギー準位のZeeman相互作用エネルギーの差 ΔE_Z と磁場の関係

スペクトルが観測される．この場合のエネルギー差に相当する電磁波は8〜12 GHzのマイクロ波領域となる．図8.5の例では，0.34 Tの磁場中において，9.5 GHzの電磁波を照射したときに電子遷移が起こる例を示している．同じ磁場中でも物質により ΔE は異なるため，電子遷移に基づく吸収スペクトルを測定することで物質の同定あるいは物質の性質の評価をすることができる．この吸収スペクトルを**電子スピン共鳴**（electron spin resonance, ESRまたはelectron paramagnetic resonance, EPR）スペクトルと呼ぶ．

8.2.2　電子スピン共鳴スペクトルにおける超微細構造

ESR測定では磁気モーメントをもった原子核と電子スピンとの磁気的相互作用を反映した複雑な分裂シグナルが得られる．この分裂したシグナルをESRの超微細構造という．また，核スピンが I のとき，シグナルは $2I+1$ 個に分裂する．この超微細構造について，常磁性の $[IrCl_6]^{2-}$ 錯体を例に用いて説明する．

正八面体構造をとる $[IrCl_6]^{2-}$ 錯体のイリジウムの価数は＋4であり，その電子構造は $5d^5$ となる（最外殻の電子配置 $4f^{14}5d^76s^2$ の6s軌道から２つ，5d軌道から２つの電子がなくなった構造）．なお，Irの核スピンは3/2であり，Clの核スピンは3/2である．$[IrCl_6]^{2-}$ 錯体ではIrのまわりにCl配位子が６つあるが，磁気的相互作用を強く示すためには軌道の重なりが必要である．そのため，通常Cl①-Ir-Cl②の角度は，直線的（結合角が180°）か直角（90°）である必要がある．$[IrCl_6]^{2-}$ 錯体は正八面体構造であるので，このような構造がいくつか存在する．

8.2 磁性の評価──電子スピン共鳴法

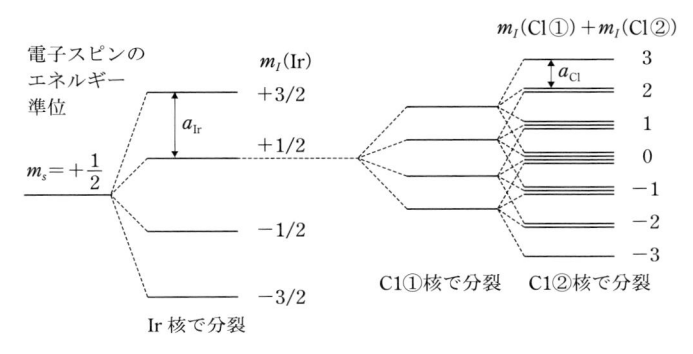

図8.6 [IrCl$_6$]$^{2-}$錯体の電子構造

電子スピンと磁気モーメントをもった原子核および周辺原子の核との磁気的相互作用は超微細相互作用と呼ばれる．ESRスペクトル上には超微細相互作用により分裂したスペクトル線，つまり超微細構造が観測される．超微細構造の分裂幅をaとすると，超微細相互作用エネルギーE^aは，以下の式で表される．となる．

$$E^a = a_{Ir} m_s m_I(Ir) + a_{Cl} m_s m_I(Cl①) + a_{Cl} m_s m_I(Cl②) \tag{8.13}$$

ここで，m_Iは核スピン磁気量子数である．上で述べたように，IrおよびClの核スピンはともに3/2であるので，m_Iは以下のような値をとる．

$$m_I(Ir) = \pm 3/2, \pm 1/2$$
$$m_I(Cl①) + m_I(Cl②) = \pm 3, \pm 2, \pm 1, 0$$

そのため，エネルギー準位は図8.6のように分裂し，7本に分裂した4つのシグナルが重なった図8.7に示すようなESRスペクトルを与える．図8.7に計算上のESRスペクトルも示した．このように，ESRスペクトルの形状は，錯体の構造から理論的に計算することができる．

また，このスペクトルからイリジウムの不対電子がCl①に移っていることがわかる．この測定を行ったOwenは，IrのT$_{2g}$とClのp$_\pi$の間には図8.8のようなd$_\pi$-p$_\pi$型のπ結合があると提案している．

常磁性の[IrCl$_6$]$^{2-}$錯体では，電子の磁気モーメントの間に強い異方性磁気相互作用が働く．異方性磁気相互作用が強いとESRスペクトルの幅が広くなってしまい，超微細構造が観測されにくくなる．このため，上図のようなESR

~75 ガウス

実測の ESR スペクトル

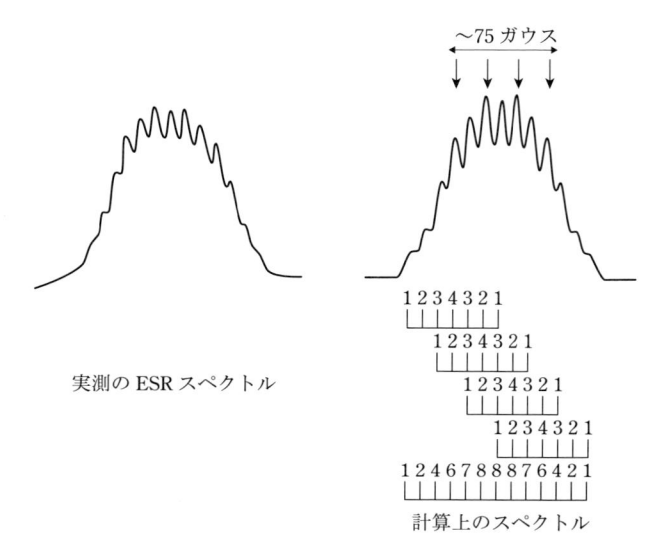

1 2 3 4 3 2 1
1 2 3 4 3 2 1
1 2 3 4 3 2 1
1 2 3 4 3 2 1
1 2 4 6 7 8 8 8 7 6 4 2 1

計算上のスペクトル

図8.7　[IrCl$_6$]$^{2-}$錯体の実測および計算上のESRスペクトル

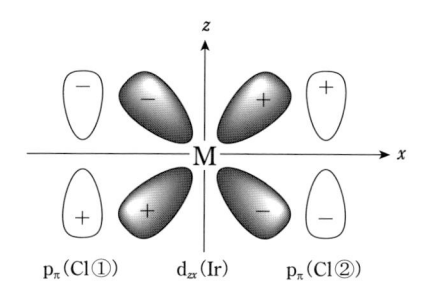

p$_\pi$(Cl①)　　d$_{zx}$(Ir)　　p$_\pi$(Cl②)

図8.8　ESRスペクトルから提案された[IrCl$_6$]$^{2-}$錯体におけるπ結合

シグナルを得るためには，反磁性錯体で常磁性の [IrCl$_6$]$^{2-}$錯体を希釈する必要がある．上の実験では，常磁性のNa$_2$[IrCl$_6$]・6H$_2$Oと反磁性のNa$_2$[PtCl$_6$]・6H$_2$Oを1：200の混合比とした結晶（混晶）を作製して，ESR測定を行っている．

● コラム　　ナノサイズの磁石

　コンピュータの記憶媒体であるハードディスクには非常に小さな磁石が使われている．日常で使われている磁石は合金や金属酸化物などの無機固体を基盤としているが，より小さな磁石を目指すのであれば小さな分子性の化合物を利用した方が有利である．1個1個が磁石となる小分子のことを単分子磁石と呼ぶ．

　最初に発見された単分子磁石は3価のマンガンイオンと4価のマンガンイオンからなる12核錯体である．その後，3価のテルビウムイオンと有機配位子フタロシアニンによる錯体なども単分子磁石となることが見出された．これらの錯体は非常に大きなスピン角運動量（あるいは全角運動量，図中に示した矢印）をもつことから，個々の分子が磁石としてふるまうことが明らかとなった．印加する磁場の向きに応じてS極とN極が入れ替わるので，スピンの向きを分子レベルで制御できるようになれば，ナノレベルで0/1の情報を書き込むことが可能となるため，超高密度の記憶媒体への応用も期待されている．

　スピンの反転を妨げる反転障壁が低く室温での熱エネルギーにより反転してしまうため，極低温でしか磁石にならないが，実用的な温度で磁石としての特性を示すような化合物の開発を目指し活発な研究が展開されている．

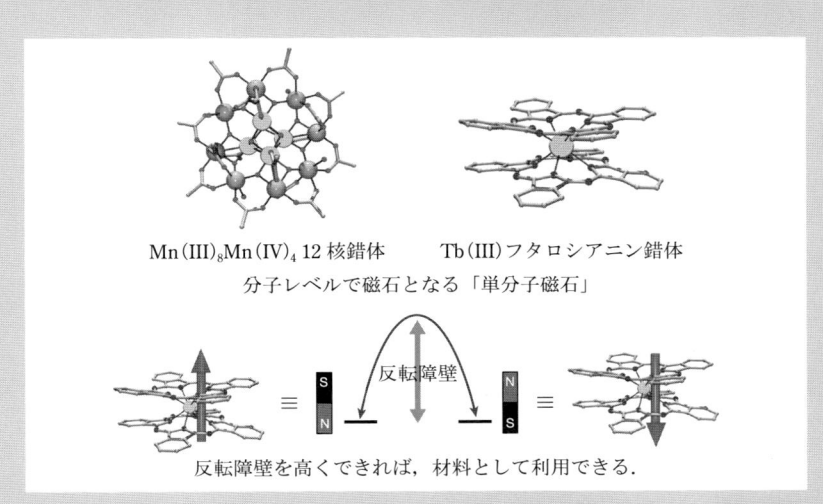

Mn(III)$_8$Mn(IV)$_4$ 12核錯体　　Tb(III)フタロシアニン錯体
分子レベルで磁石となる「単分子磁石」

反転障壁を高くできれば，材料として利用できる．

参考文献

N. Ishikawa *et al.*, *J. Am. Chem. Soc.*, **125**, 8694–8695 (2003)

（執筆：奈良女子大学理学部　梶原孝志）

第9章　有機金属化合物による触媒反応

9章で学ぶこと
- 有機金属化合物による触媒反応の内容および反応機構
  具体的には，Grignard反応，クロスカップリング反応，オレフィンの重合反応，Wacker反応，オレフィンメタセシス反応，Lewis酸触媒による触媒反応，不斉合成，C–H活性化反応などについて学ぶ．

9.1　有機金属化合物による触媒反応の概要

　錯体の重要な性質の1つに触媒活性がある．錯体を用いた触媒反応については，これまでの章で述べてきた内容と背景が大きく異なるため，その概要から説明する．

　これまでにも述べたとおり，金属－炭素結合をもつ錯体は有機金属化合物や有機金属錯体と呼ばれる．有機金属化合物を利用した触媒反応では金属－炭素結合の形成が鍵となる．金属と結合した有機基や配位子は，その金属の影響で金属と結合していない場合とは異なる独特の反応性を示す．さらに，金属上には複数の配位子が結合可能であるため，金属は有機基や配位子同士が反応する反応場を提供することもできる．金属に配位した「反応しない」配位子も，「反応する」有機基や配位子の反応性に大きく影響を与える．金属上で配位子の反応が起こった後，有機金属化合物を反応前の状態に再生できれば，有機金属化合物は同じ反応を複数回繰り返すことができる，つまり触媒となる．このような要素を巧妙に組み合わせることにより，触媒の高度なデザインが可能である．

　錯体による触媒反応や有機金属化学に関連する研究でノーベル賞を受賞した研究者は多い．こうした受賞者の1人目はフランスのV. Grignardであり，Grignard試薬の発見によって1912年にノーベル賞を受賞した．1963年にはZieglerとNattaが，金属触媒を使ったオレフィン（アルケン）の新しい重合法の発見によってノーベル賞を受賞した．彼らが発見したZiegler–Natta触媒は，

オレフィンの高活性，高選択的な重合触媒として，現在でも工業的にきわめて重要である．1973年にはE. O. FischerとG. Wilkinsonがフェロセンの研究によってノーベル賞を受賞している．Wilkinsonはオレフィンを穏やかな条件かつ高い選択性で水素化するWilkinson触媒の発明者としても有名である．Wilkinson触媒も，工業的に広く利用されている．さらに1979年にはH. C. Brownが有機ホウ素化合物の研究によって，2000年にはZiegler–Natta触媒を利用して合成される導電性高分子の研究によって日本の白川英樹らがノーベル賞を受賞している．

F. A. Victor Grignard
（1871〜1935）

　2001年には光学活性な有機金属錯体を用いた不斉合成の研究によって，野依良治がW. S. KnowlesやK. B. Sharplessとともにノーベル賞を受賞した．また2005年にはオレフィンメタセシスの開発によって，R. H. Grubbs, R. R. Schrock, Y. Chauvinがノーベル賞を受賞している．2010年には根岸英一，鈴木章，R. F. Heckがパラジウム触媒を用いたクロスカップリング反応の研究によってノーベル賞を受賞している．クロスカップリング反応は，医薬品の合成などに絶大な威力を発揮し，人類に大きく貢献している．このように有機金属化合物の化学およびそれをベースとする触媒反応に関する研究は，20世紀初頭から現在に至るまで，化学における非常に活発な学問領域であり続けている．

9.2　有機金属化合物の基本反応

　有機金属化合物の金属上では，有機配位子がさまざまな反応性を示す．おもなものは酸化的付加，還元的脱離，配位および配位子交換，転移挿入，β-水素脱離，トランスメタル化である．このような反応が金属上で連続的に起こることで，金属上の有機基や配位子の構造変化が起こり，化学量論的な反応あるいは触媒反応が進行する（図9.1）．

第9章　有機金属化合物による触媒反応

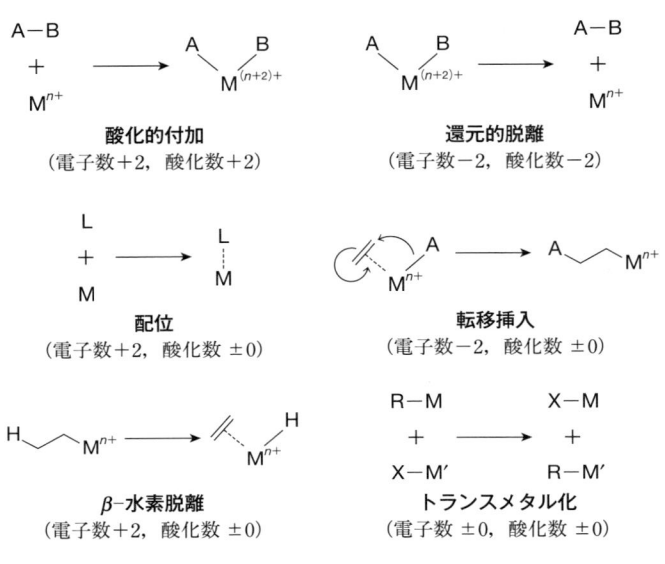

$$A-B + M^{n+} \longrightarrow \underset{M^{(n+2)+}}{A \diagup B}$$
酸化的付加
（電子数＋2, 酸化数＋2）

$$\underset{M^{(n+2)+}}{A \diagup B} \longrightarrow A-B + M^{n+}$$
還元的脱離
（電子数－2, 酸化数－2）

$$L + M \longrightarrow \underset{M}{L}$$
配位
（電子数＋2, 酸化数 ±0）

$$\underset{M^{n+}}{\overset{A}{\diagup}} \longrightarrow A\diagdown M^{n+}$$
転移挿入
（電子数－2, 酸化数 ±0）

$$\underset{M^{n+}}{\overset{H}{\diagup}} \longrightarrow \underset{M^{n+}}{\overset{H}{\diagdown}}$$
β-水素脱離
（電子数＋2, 酸化数 ±0）

$$\begin{array}{c} R-M \\ + \\ X-M' \end{array} \longrightarrow \begin{array}{c} X-M \\ + \\ R-M' \end{array}$$
トランスメタル化
（電子数 ±0, 酸化数 ±0）

図9.1　有機金属化合物の基本反応

9.3　炭素－炭素結合形成反応

　1900年フランスのV. Grignardはアルキルハライドや芳香族ハライドに対して，エーテルなどの溶媒中で，金属マグネシウムを作用させると炭素－マグネシウム結合を有する化合物が生成することを発見した．この化合物はGrignard試薬と呼ばれ，カルボニル化合物などに対して良好な求核性を示す．比較的小さな分子から複雑な分子を合成するもっとも基本的な手法となるため，Grignard試薬を利用した有機合成化学が大いに発展した．

　Grignard試薬を発生させる反応のメカニズムを**図9.2**に示す．

$$\begin{aligned} R-X + Mg &\longrightarrow R-X^{·-} + Mg^{·+} \\ R-X^{·-} &\longrightarrow R^{·} + X^{-} \\ X^{-} + Mg^{·+} &\longrightarrow XMg^{·} \\ R^{·} + XMg^{·} &\longrightarrow RMgX \end{aligned}$$

図9.2　Grignard試薬の発生メカニズム

　まず，金属マグネシウムからアルキルハライドへ一電子移動が起こり，アル

キルハライドラジカルアニオンと1価のマグネシウムが生じる．次にアルキルハライドラジカルアニオンからアルキルラジカルとハライドアニオンが生成する．ハライドアニオンは1価のマグネシウムと結合した後に，アルキルラジカルと反応してGrignard試薬を生じる．Grignard試薬は水や酸素によって容易に分解するため，その合成や取り扱いは，水と酸素を遮断した状態で行う必要がある．通常反応試薬や器具は事前に乾燥させておき，反応は窒素ガス下で行う．

この反応で生成したGrignard試薬は，溶液中で単一の化学種として存在しているのではなく，**図9.3**に示すSchlenk平衡と呼ばれる平衡反応により多量体の平衡混合物として存在している．

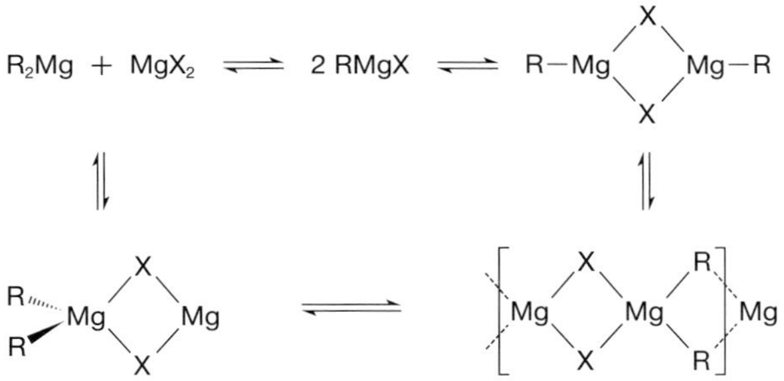

図9.3 Schlenk平衡

Grignard試薬がカルボニル化合物と反応するメカニズムを**図9.4**に示す．Grignard試薬はSchlenk平衡によって多量体の混合物として存在しているが，その多量体のマグネシウム上にカルボニル基が配位することで，カルボニル基のLUMOのエネルギー準位が低下し求核剤に対する反応性が向上する．このカルボニル炭素に対して，多量体中の別のマグネシウム上のアルキル基が求核攻撃をする．反応後，加水分解することでアルコールが得られる．これとは別にラジカルを経由する機構も提唱されている．

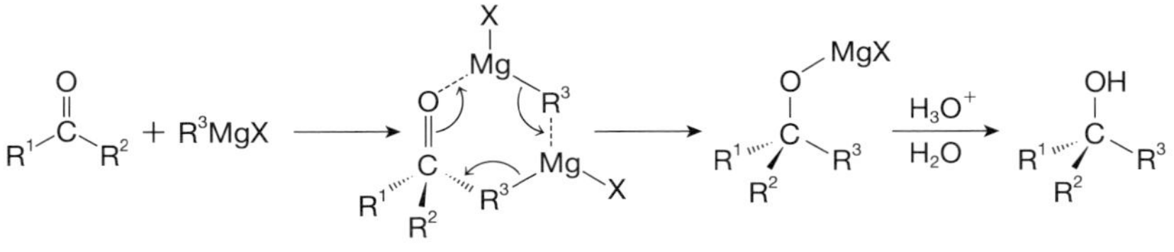

図9.4 Grignard試薬とカルボニル化合物の反応メカニズム

9.4 クロスカップリング反応

　芳香族ハロゲン化物の中でハロゲン原子が結合したsp^2炭素に対して求核置換反応を進行させることは，一般的に難しい．1972年に玉尾皓平および熊田誠らは，ニッケル触媒の存在下，芳香族ハロゲン化物にGrignard試薬を作用させるとクロスカップリング反応が進行することを報告した（**図9.5**）．

$$R^1MgX + R^2X' \xrightarrow{Ni 触媒} R^1-R^2 + MgXX'$$

R^1＝アリール，アルケニル，アルキル
R^2＝アリール，アルケニル

図9.5　熊田－玉尾クロスカップリング反応

　この反応は従来困難であった，芳香族ハロゲン化物のハロゲン原子が結合したsp^2炭素と求核剤との間での炭素－炭素結合形成反応を容易に行うことのできる非常に有用な反応であったため，その後多くの研究者によって継続的に改良が続けられた．Grignard試薬の代わりに，より調製が容易な有機亜鉛試薬や有機ジルコニウム試薬を用い，触媒としてパラジウム錯体を用いた反応が根岸カップリングである．

　1979年北海道大学の鈴木章と宮浦憲夫らは有機ホウ素試薬と有機ハロゲン化物のパラジウム触媒によるクロスカップリング反応を開発した（**図9.6**）．有機ホウ素試薬はアルキンやオレフィンに対するヒドロホウ素化などによって比較的容易に合成でき，化学的に安定なため保管も容易である．また，有機ホウ素化合物を用いたクロスカップリング反応はしばしば，他のクロスカップリング反応に比べて反応性が高い点も大きな利点である．

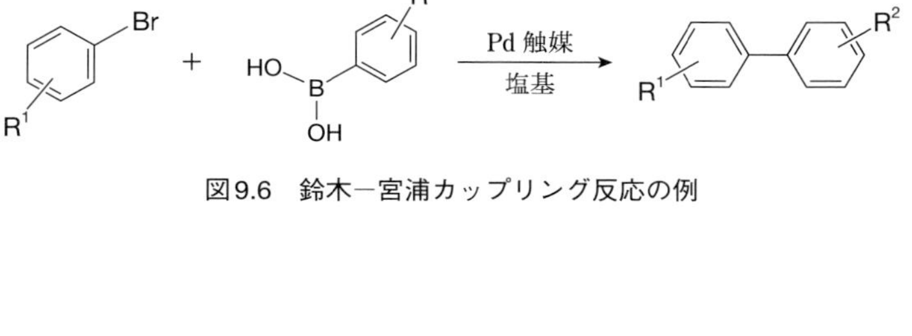

図9.6　鈴木－宮浦カップリング反応の例

9.4 クロスカップリング反応

図9.7にパラジウム触媒によるクロスカップリング反応の一般的な反応機構を示す．まず，触媒前駆体である2価のパラジウム錯体が系中で還元され，0価のパラジウム錯体が生成する．この0価のパラジウム錯体に対して，芳香族ハロゲン化物が酸化的付加して中間体**A**が生じ，次にこの**A**に別の有機金属化合物がトランスメタル化により反応して中間体**B**が生じる．この中間体**B**は不安定で，還元的脱離によって生成物が生じ，0価のパラジウム錯体が再生する．

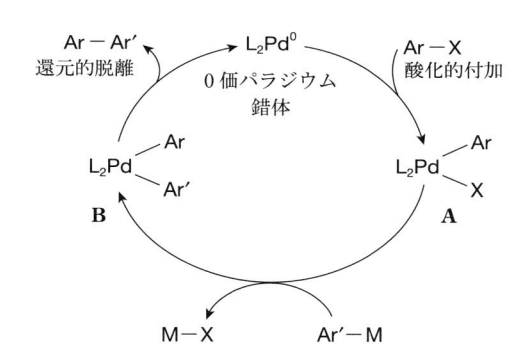

図9.7　クロスカップリング反応の一般的な反応機構

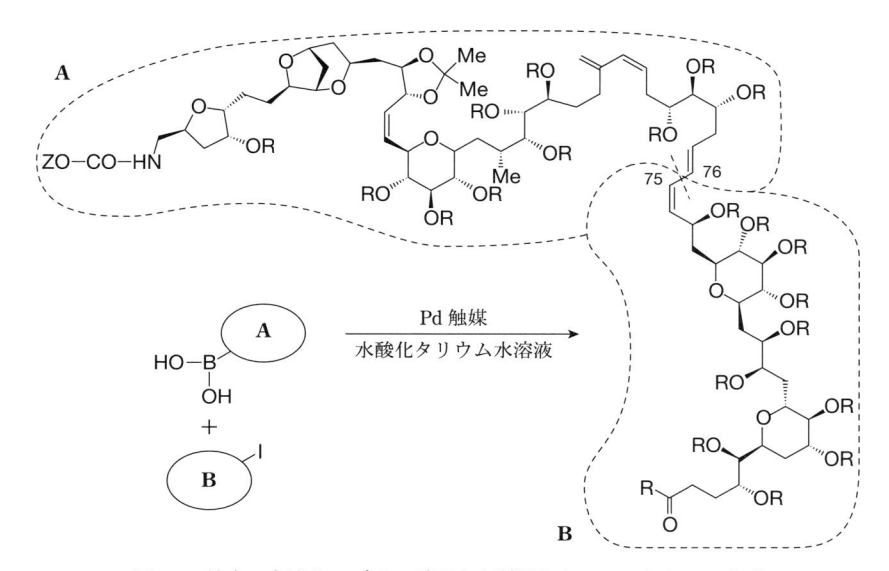

図9.8　鈴木−宮浦カップリング反応を利用したパリトキシンの合成

155

鈴木-宮浦カップリングは，医薬品や液晶などの有機材料，天然有機化合物の合成などに多用されている．鈴木-宮浦カップリングを利用した代表的な有機合成の実施例，天然有機化合物パリトキシンの全合成を**図9.8**に示す．

9.5 オレフィンの重合反応

ポリエチレンなどのプラスチックは我々の生活になくてはならない重要な素材の1つである．低分子不飽和有機化合物（オレフィン）であるエチレンなどを金属触媒によって重合させると，ポリエチレンなどの重合体（高分子）が得られる．この重合反応の効率向上や反応性の制御は，高い性能をもった高分子を得るための重要な要素である．

Ziegler-Natta触媒は，金属を含むもっとも代表的な重合触媒である．Ziegler触媒は，$AlEt_3$と$TiCl_4$を混合することで調製する．かつてオレフィンの重合は困難とされていたが，Zieglerが1953年にこの触媒を発見して以降，このタイプの高分子の合成が盛んに研究されるようになった．Ziegler触媒発見の数年後，Nattaが$AlEt_2Cl$と$TiCl_3$を用いた触媒によるプロピレンの立体選択的な重合を報告した．エチレン重合用の触媒をZiegler触媒，プロピレン重合用の触媒をNatta触媒と呼んだ時期もあったようだが，現在では塩化チタンと有機アルミニウムからなる触媒をまとめてZiegler-Natta触媒と呼んでいる（広義には2つの成分からなる遷移金属触媒をZiegler-Natta触媒と呼んでいる）．こうした新しい触媒の登場が高分子科学の大きな発展をもたらすことになった．

Ziegler-Natta触媒によるオレフィン重合の反応機構を**図9.9**に示す．まず，塩化チタンと有機アルミニウムの間でトランスメタル化が起こる．生じた有機チタン上にオレフィンが配位したのち，オレフィンがTi-炭素結合に対して転移挿入し高分子鎖が伸びる．このオレフィンの配位と転移挿入反応は連続的に繰り返され，高分子が成長する．この一連の反応は，1秒間に数千回以上繰り返される．

Ziegler-Natta触媒は塩化チタンと有機アルミニウムの混合により調製されるが，実際に触媒活性を示す活性種には複数の構造があるといわれている．このため，得られる高分子の構造は比較的均一ではあるものの，詳細に分析する

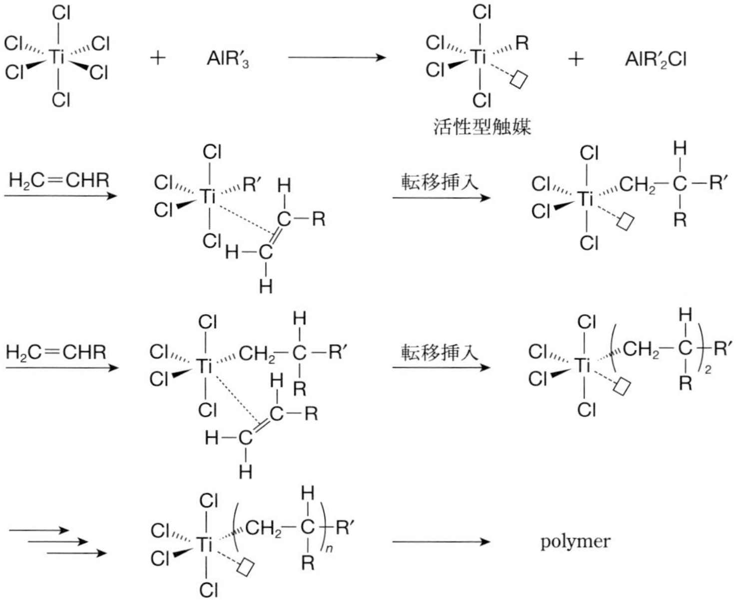

図9.9 Ziegler–Natta触媒によるオレフィン重合の反応機構

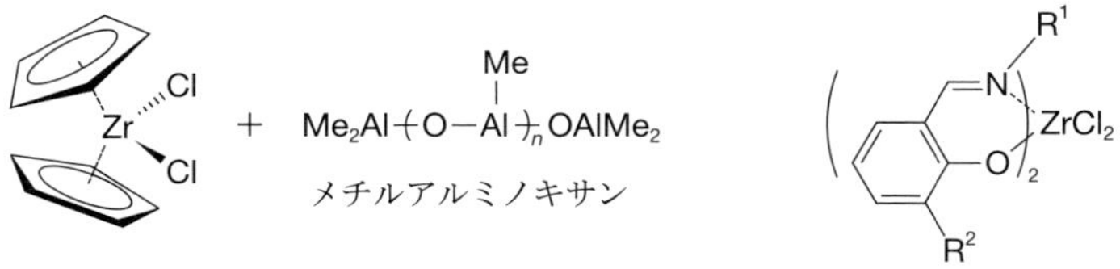

図9.10 Kaminsky触媒（左）とポストメタロセン触媒（右）

と分岐をもつものなどさまざまな構造が含まれており，高分子の性能を向上させるうえでの障害となった．また，触媒活性種の詳細な構造が不明なため，反応機構の解析やそれをベースにしたさらなる触媒効率の向上は困難であった．そのような中，1980年にW. Kaminskyはジルコノセン（$ZrCp_2Cl_2$；ジルコニウムとシクロペンタジエニルアニオンCpの錯体）とメチルアルミノキサン（水と$AlMe_3$の縮合反応により生成する化合物）から調製されるKaminsky触媒を開発した（図9.10）．この触媒の活性種はジルコノセンからCl^-イオンが抜けた配位不飽和なカチオン性錯体である．活性種は触媒の前駆体であるジルコノ

センの基本骨格を保持しているため，活性種は単一で，高活性かつ均一な高分子が得られるという特徴をもっている．Kaminsky触媒などの，遷移金属とシクロペンタジエニルアニオン配位子からなる触媒はメタロセン触媒と呼ばれる．最近ではより高活性なポストメタロセン触媒と呼ばれる重合触媒も開発されている．

9.6　オレフィンからカルボニル化合物を合成する反応──Wacker反応

　カルボニル化合物は化学製品の製造において非常に重要であるため，石油から得られる安価なオレフィンを用いてこれを合成する反応は有用である．その代表例がWacker反応である．Wacker反応では，末端オレフィンが水と反応し，アルデヒドを生成する．触媒反応のサイクルを図9.11に示す．まず2価の塩化パラジウムにオレフィンが配位し，次に水のオレフィンへの求核攻撃により炭素－酸素結合が形成されると同時にパラジウム－炭素間のσ結合が形成される．続いてβ-水素脱離によるエノールの生成にともなって2価のヒドリドパラジウム種が脱離する．生成したエノールは互変異性により目的物のアルデヒドを生じる．2価のヒドリドパラジウムから塩化水素が還元的脱離して0価のパラジウム種を生じるが，これが2価の塩化銅によって酸化され，2価の塩化パラジウムが再生される．またこれによって生じた1価の塩化銅は酸素によって再酸化される．Wacker反応はこのような巧妙な二重触媒サイクルとなっている．

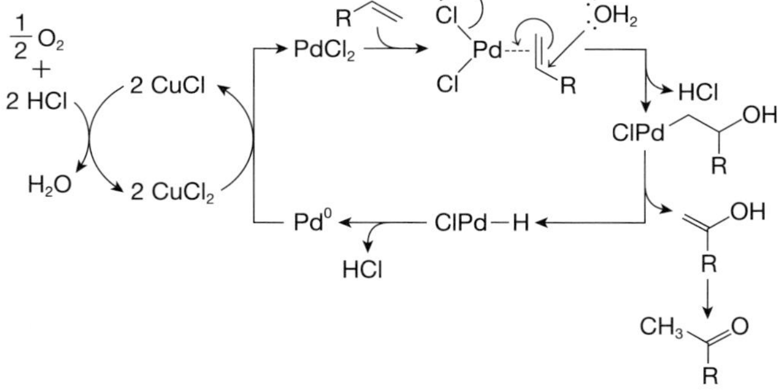

図9.11　Wacker反応の反応機構

9.7　オレフィンメタセシス反応

オレフィンメタセシス反応は，**図9.12**に示すように2種類のオレフィンの間で結合の組換えが起こる反応である．オレフィンメタセシス反応は，金属触媒を用いたオレフィンの重合反応の反応機構に関する研究に関連して発見された反応であるが，現在では有機合成における非常に重要なツールとして多用されている．

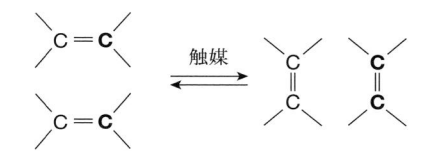

図9.12　オレフィンメタセシス反応

マサチューセッツ工科大学のR. R. Schrock(シュロック)は，オレフィンメタセシス反応に対する高活性な触媒としてモリブデンのカルベン錯体を1990年に報告した．この錯体は水などに対しても反応性が高く不安定なため，一般の有機合成の現場において使いやすい触媒とはいえなかった．カリフォルニア工科大学のR. H. Grubbs(グラブス)は，1995年にカルベン配位子と2つのホスフィン配位子をもつルテニウム触媒を発表した．この触媒はSchrockの触媒に比べて安定で取り扱いが格段に容易である．この触媒は第一世代Grubbs触媒と呼ばれる(**図9.13**)．また，2つのカルベン配位子のうちの一方をN-ヘテロ環状カルベン配位子に置き換えたものは，安定性，活性の面でさらに優れ，第二世代Grubbs触媒と呼ばれる．Grubbs触媒は，反応基質に反応性の高い別の官能基が含まれていても，多くの場合オレフィン部分のみに作用する(官能基許容性が高いという)．このため，天然有機化合物など多くの官能基をもつ化合物の合成に多用されるようになった．オレフィンメタセシス反応のための触媒は数多く知られており，市販もされているが，それぞれの反応性は若干異なるため，触媒反応を検討する際には最適な触媒を選択することが重要である．

Grubbs触媒によるオレフィンメタセシス反応の反応機構は**図9.14**のように説明される．まず，ルテニウム錯体上のアキシャル位にある2つの配位子のうちの片方が外れて配位不飽和な錯体が生成する．この空いた配位サイトにオレ

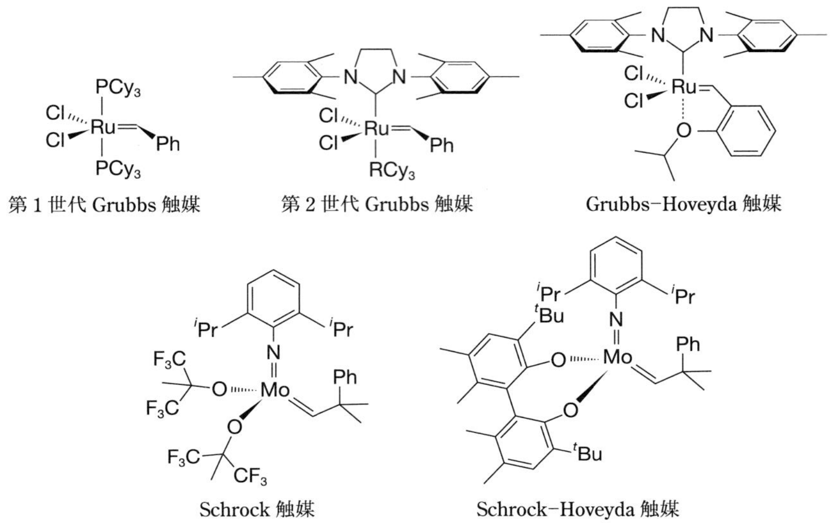

図9.13 オレフィンメタセシス反応のための触媒の例

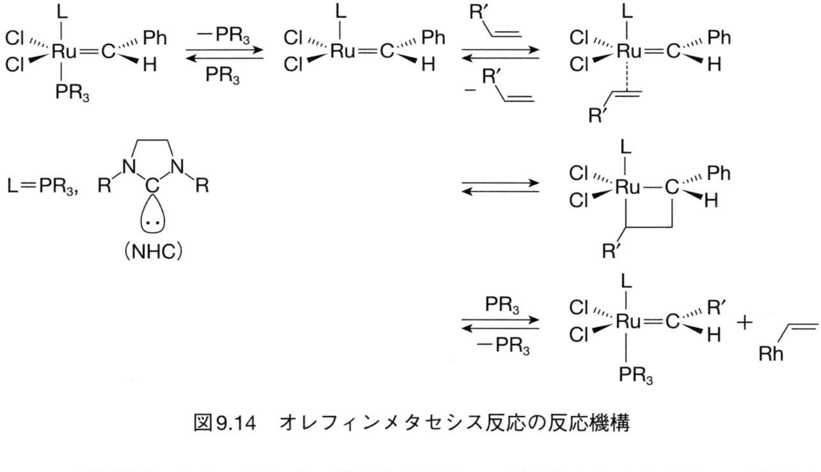

図9.14 オレフィンメタセシス反応の反応機構

フィンが配位してアルキリデン部位と反応し，4員環メタラサイクル（金属を環内に含む環状有機化合物）の形成を経ながらメタセシス反応が進行する．

オレフィンメタセシスとしては**図9.15**のように閉環メタセシス，クロスメタセシス，開環メタセシス，エンインメタセシスなどが知られているほか，反応系を工夫することによって重合反応（開環メタセシス重合，非環状ジエンメ

9.7 オレフィンメタセシス反応

閉環メタセシス

クロスメタセシス

開環メタセシス

エンインメタセシス

開環メタセシス重合

非環状ジエンメタセシス重合

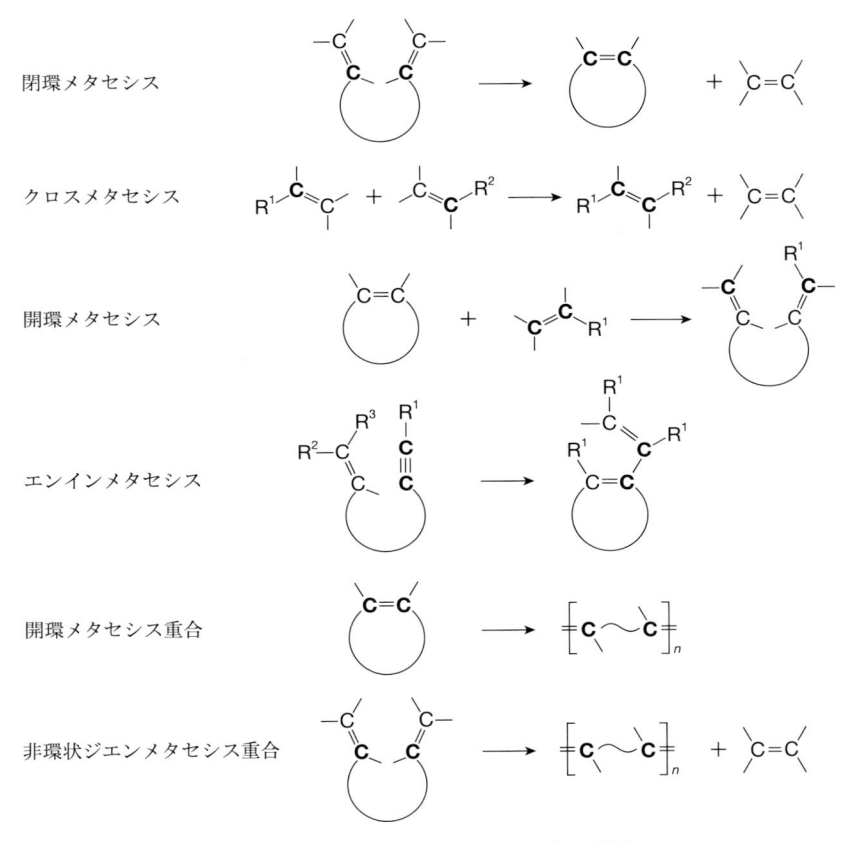

図9.15　オレフィンメタセシス反応の種類

タセシス重合）も実施可能である．

　一般的に，有機反応は反応性の高い「官能基」を起点にして反応が進行する．複雑な化合物には複数の官能基が存在するが，その場合はもっとも反応性の高い官能基から反応が優先することが多い．アルケニル基は官能基として比較的不活性であるが，オレフィンメタセシス反応の場合，これが選択的に反応し，しかも合成反応として比較的難易度の高い炭素－炭素結合の形成に利用できるという点が，他の反応にはない特長である．Grubbs触媒を用いたオレフィンメタセシス反応は，特に官能基許容性が高いため，天然有機化合物合成の重要なステップに活用される例が数多く報告されている（**図9.16**）．

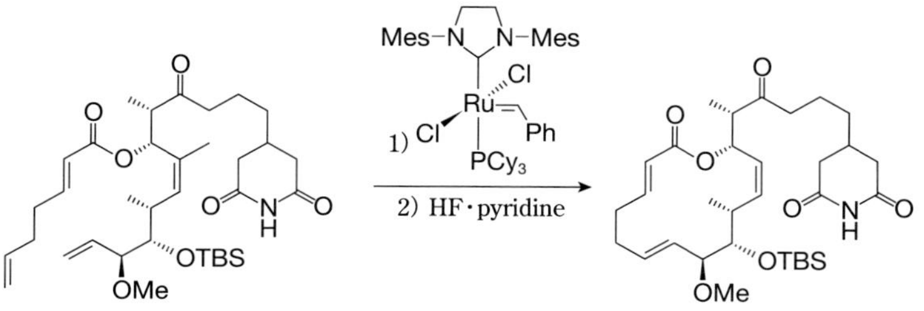

図9.16 オレフィンメタセシス反応を用いた天然物合成の例
TBSは*tert*-ブチルジメチルシリル基，Mesは2,4,6-トリメチルフェニル基（メシチル基）の略．

9.8 金属Lewis酸触媒

　ある種の金属錯体は，有機化合物に対してLewis酸として働くことが知られている．Lewis酸に配位した有機化合物は活性化され，反応性が上昇するとともに，Lewis酸にコントロールされた各種の反応選択性が現れる．Lewis酸触媒には炭素－金属結合がなく，有機金属化合物に含まれないものもあるが，それらも一括してこの章に含めた．5章でも述べたように，Brønsted–Lowryの定義では，Brønsted酸は反応の相手にプロトンを与える物質であり，Lewisの定義では，Lewis酸は反応の相手から電子対を受け取る物質とされている．プロトンは点電荷に近く，酸性度の高低のほかに反応をコントロールできる要素がないのに対して，Lewis酸であれば中心金属や配位子，対アニオンによって触媒反応の高度なデザインが可能である．

　5章でも述べたように，Lewis酸は中心金属の性質によって，硬い酸（hard acid）と柔らかい酸（soft acid）およびその中間の3種類に分類される．硬いLewis酸の代表は$TiCl_4$，BF_3，$Sc(OTf)_3$（OTfはトリフルオロメタンスルホン酸）などであり，柔らかいLewis酸は$PtCl_2$，AuOTfなどである．硬いLewis酸には硬いLewis塩基，例えばカルボニル基の酸素原子などが安定に配位する．一方で，柔らかいLewis酸には柔らかいLewis塩基，例えばオレフィンやアルキンが配位すると考えてよい（HSAB則）．Lewis酸に配位したカルボニル基をもつ化合物は，カルボニル基のLUMOのエネルギー準位が低下するため，求電子性が向上する．例えば，$TiCl_4$などのLewis酸はシリルエノールエーテルとアル

図9.17 Lewis酸による向山アルドール反応

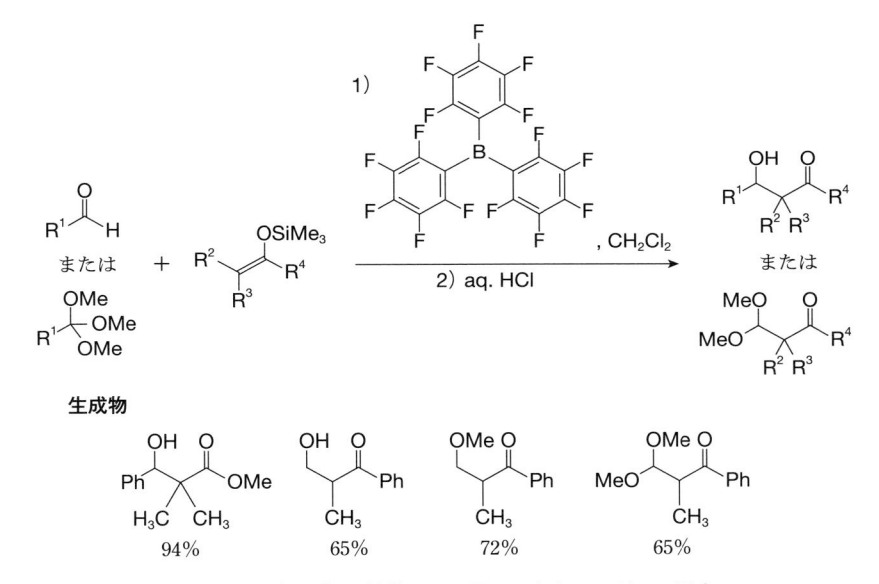

図9.18 B(C_6F_5)$_3$を触媒として用いた向山アルドール反応

デヒドの交差アルドール反応（向山アルドール反応）を進行させる（**図9.17**）．

　触媒反応では，反応終了後の基質は触媒から外れ，次に未反応の基質が結合して連続的に反応が進まなければならない．$TiCl_4$はLewis酸性が非常に強く，反応によって生じた生成物と強く結合して安定化するために，次に反応基質と相互作用することができない．このため触媒反応がうまく進行しない場合がある．そのうえ，$TiCl_4$は水と反応するため取り扱いが簡便でない．最近では，こうした欠点が改良されたLewis酸が数多く開発されている．B(C_6F_5)$_3$は安定な白色結晶で，水や酸素との反応性は低いが電子求引的なC_6F_5基があるため，Lewis酸性は強い．このLewis酸は数％の触媒量で向山アルドール反応を進行させる（**図9.18**）．またSc(OTf)$_3$は水に安定な金属塩であるが，水中でカルボニル化合物などを活性化するLewis酸として働く．

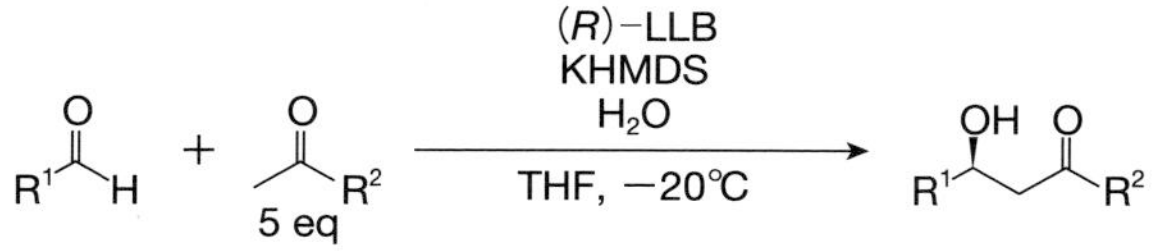

第9章 有機金属化合物による触媒反応

$$R^1-CHO + CH_3-CO-R^2 \xrightarrow[\text{THF, }-20℃]{\substack{(R)\text{-LLB} \\ \text{KHMDS} \\ H_2O}} R^1-CH(OH)-CH_2-CO-R^2$$

5 eq

$R^1={}^tBu$　　　　　　$R^2=Ph$ (75%, 88%ee)
$R^1=BnOCH_2C(CH_3)_2$　$R^2=Ph$ (91%, 90%ee)

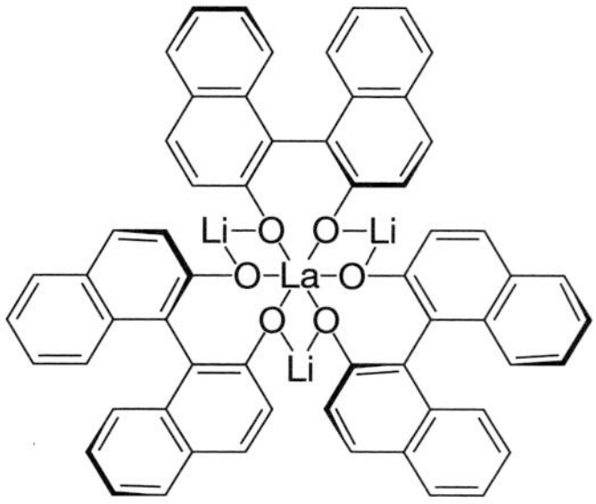

(R)-LLB

図9.19 LLB触媒による直接交差不斉アルドール反応
KHMDSはカリウムヘキサメチルジシラジドの略.

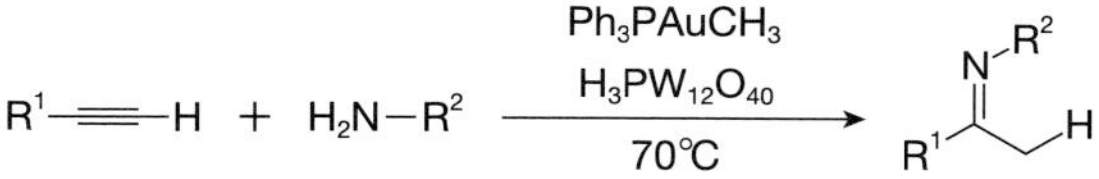

$$R^1-\!\!\equiv\!\!-H + H_2N-R^2 \xrightarrow[70℃]{\substack{Ph_3PAuCH_3 \\ H_3PW_{12}O_{40}}} R^1-C(=N-R^2)-CH_3$$

生成物

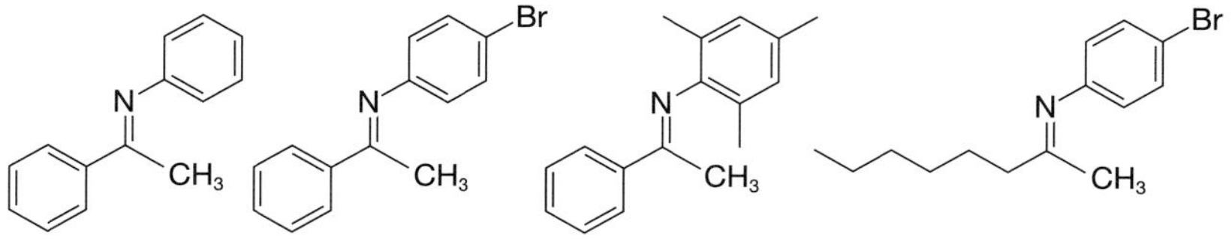

| 98% | 94% | 93% | 96% |

図9.20 金触媒によるアルキンのヒドロアミノ化反応

ビナフトールとLa^{3+}，Li^+から構成されるLLB触媒は，塩基（KOH）との組み合わせで，直接交差不斉アルドール反応を達成している（**図9.19**）．光学活性ビナフトール（BINOL）骨格からなる不斉反応場と，La^{3+}のLewis酸サイト，LLB触媒と強く結合している塩基が協奏的に作用していると考えられている．

典型金属や希土類を中心金属とするLewis酸触媒は硬いLewis酸である．一方，遷移金属の1つである金は柔らかいLewis酸であり，柔らかいLewis塩基

であるオレフィンやアルキンは金に配位して活性化される．この性質を利用して多くの新しい合成反応が開発されている．例えば**図9.20**のヒドロアミノ化反応では，金錯体を触媒として用いることによって，温和な条件でアルキンとアミンからケトアミドを合成することに成功している．以前は同様の反応には水銀触媒が必要であったが，毒性や処理の際の環境負荷の面でこの金触媒は優れている．

9.9 触媒的不斉合成反応

近年の有機金属化合物を触媒として用いた合成反応の発展の中で，もっとも大きな成果が得られたのが不斉合成である．キラル化合物におけるエナンチオマー間の生成エネルギーは熱力学的に等しいため（**図9.21**(a)，**II**と**II′**），片方のエナンチオマーを選択的に合成することは困難である．しかしプロキラルな（キラリティー発生前の状態にある）出発物質**I**から片方のエナンチオマー

(a) キラル触媒非存在下

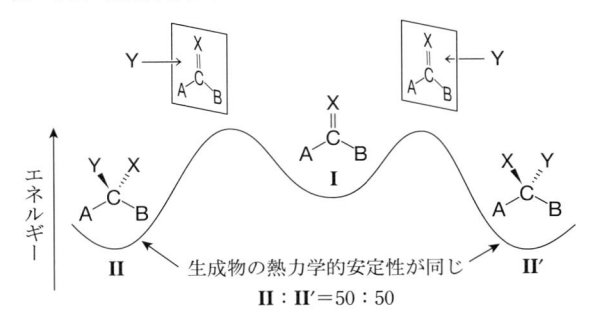

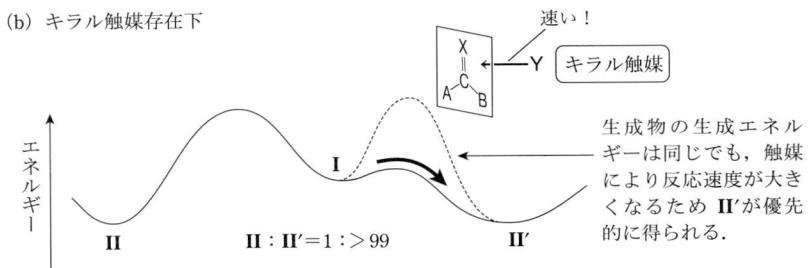

生成物の熱力学的安定性が同じ
II : II′ = 50 : 50

(b) キラル触媒存在下

速い！
キラル触媒

II : II′ = 1 : > 99

生成物の生成エネルギーは同じでも，触媒により反応速度が大きくなるため**II′**が優先的に得られる．

図9.21　エネルギーからみた不斉反応のしくみ

第9章 有機金属化合物による触媒反応

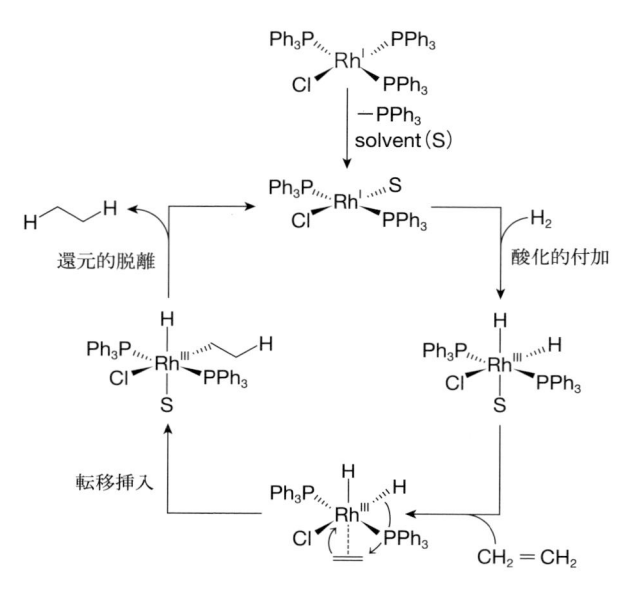

図9.22 Wilkinson触媒によるアルケンの水素化反応

を優先的に（速い速度で）生成する触媒があれば，キラル化合物のエナンチオ選択的合成が可能になる（図9.21(b)）．

G. Wilkinsonはクロロトリス(トリフェニルホスフィン)ロジウム(I)がオレフィン類の穏やかな水素化触媒となることを発見した．この錯体を用いた水素化反応では，オレフィンまわりの立体的な環境や電子構造の違いによって反応性が変化するため，選択的な還元が可能である．この錯体は特にWilkinson触媒と呼ばれる．反応機構を図9.22に示す．まず，クロロトリス(トリフェニルホスフィン)ロジウム(I)の3つのトリフェニルホスフィン配位子のうちの1つが解離し，水素分子が錯体に酸化的付加する．オレフィンが配位した後，水素-ロジウム結合へのオレフィンの転位挿入によってアルキル錯体が形成され，さらに還元的脱離によって還元体であるアルカンが生じると同時に錯体が再生される．

Wilkinson触媒の配位子であるトリフェニルホスフィンの代わりに，キラルな構造をもつ配位子を用いることで，オレフィンの不斉水素化が可能となる．Monsanto社の研究員であった米国のW. S. Knowlesは，パーキンソン病の治療薬であるL-DOPAを効率的に合成することを目的として，光学活性をもつリ

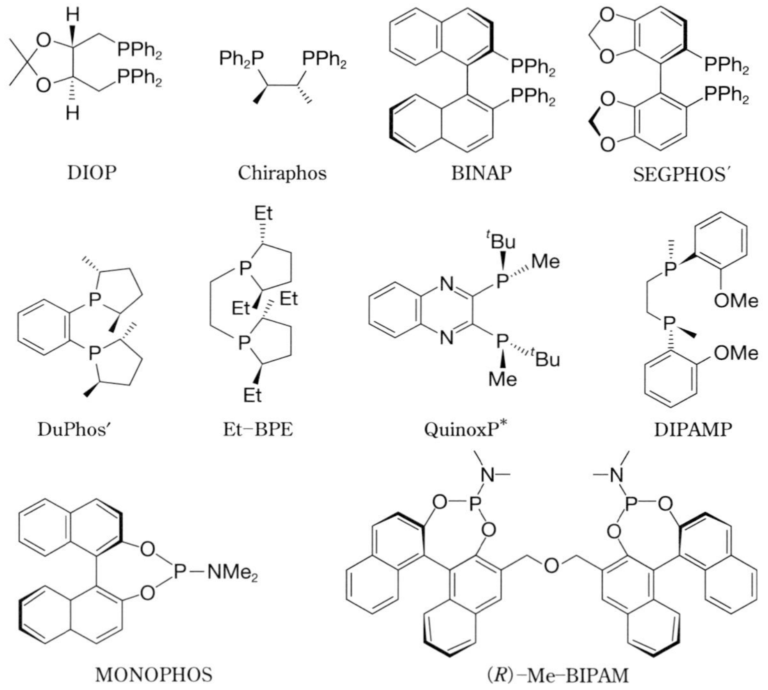

9.9 触媒的不斉合成反応

図9.23 不斉配位子の例

ン配位子を合成し，そのロジウム錯体による不斉水素化を研究した．こうした黎明期の不斉合成触媒は，生成物の光学純度（エナンチオ選択性）の低さや，他の基質や反応に応用できないなどの汎用性の低さが問題であった．その後，フランスのH. B. Kaganや野依良治らは，高いエナンチオ選択性や汎用性を目指してDIOP, BINAPと呼ばれる配位子を合成した．これらリン不斉配位子は現在でも改良が続けられ，さまざまな触媒的不斉合成反応に用いられている（図9.23）．

K. B. Sharplessは1973年に，遷移金属触媒の存在下でtert-ブチルヒドロペルオキシドなどがアリルアルコール誘導体の二重結合をエポキシ化することを報告した．1980年，さらに香月勗と共同でチタンテトラアルコキシドと酒石酸エステルから調製した錯体が，エナンチオ選択的なエポキシ化を進行させることを発見した（図9.24）．この方法は，プロキラルな原料から光学活性な多官能性化合物を合成できる点できわめて有用な反応である．

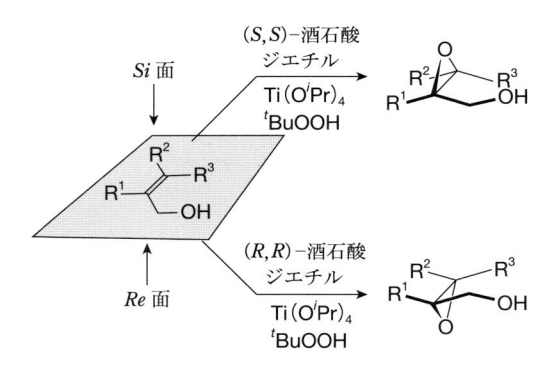

図9.24　Sharpless酸化反応

9.10　C–H結合活性化反応

　有機金属化合物を用いた触媒反応では，反応基質に対して遷移金属が相対的に少ない量（触媒量）で良いため，廃棄物が少なく，コストも軽減できる．しかし反応の多くは，触媒の配位子であるハロゲン基などの官能基との変換反応を経て生じるため，反応基質に対するそうした官能基の導入が準備として必要である．その結果コストや環境負荷が増大し，特に大スケールの合成では問題が生じる．一方で，もし炭素－水素結合を直接反応に用いることができれば，非常に有用である．炭素－水素結合を直接用いた反応として，遷移金属錯体を化学量論的に用いた反応が以前より知られていたが，有機合成反応としては実用的ではない．1993年大阪大学の村井真二らは，ルテニウム触媒によって芳香族ケトンのオルト位のC–H結合が切断され，オレフィンが挿入されるという反応を報告し，C–H結合の活性化による実用的な合成反応が可能であることを初めて明らかにした（**図9.25**）．この研究が契機となり，不活性であると信じられてきたC–H結合やC–C結合の活性化を含む遷移金属触媒反応の開発が進められた．

図9.25　ルテニウム触媒によるC–H結合の活性化反応

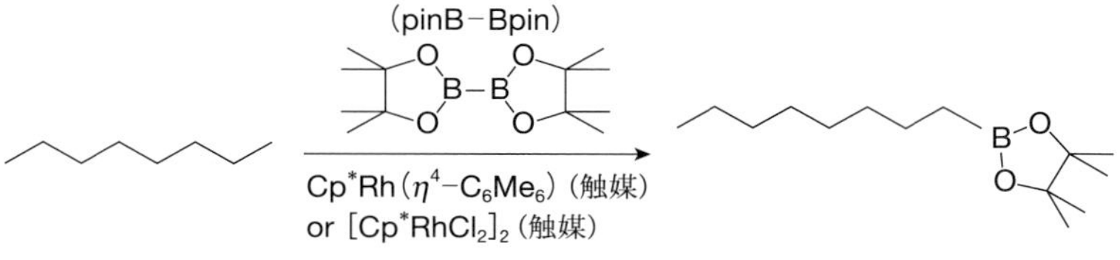

図9.26 ロジウム触媒によるC–H結合の活性化を経るホウ素化反応

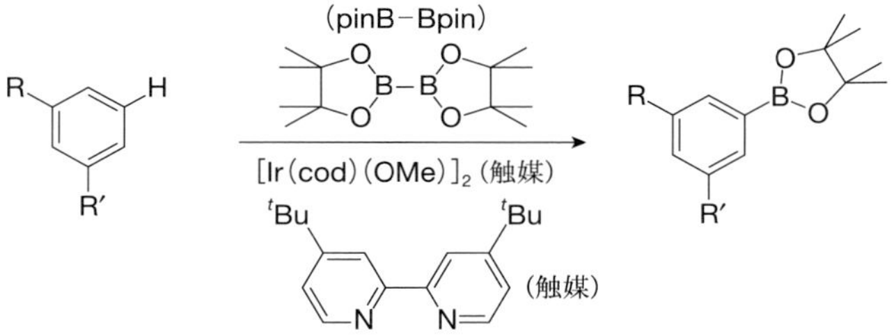

図9.27 イリジウム触媒によるC–H結合の活性化を経る芳香族化合物のホウ素化反応
codは1,5-シクロオクタジエンの略.

　イリノイ大学のJ. F. Hartwig(ハートウィグ)は，ロジウム触媒共存下でアルカンをジボロン試薬と反応させると，アルカンの末端C–Hが選択的に活性化されてホウ素化反応が進行することを報告した（図9.26）．一般にC–H結合は不活性であるうえ，分子内にはほぼ同じ反応性をもったC–H結合が多数存在する．したがって，望みのC–H結合を選択的に活性化する必要もある．Hartwigらの触媒系では，末端のC–H結合のみが反応している点が特徴である．

　さらに北海道大学の石山竜生，宮浦憲夫およびHartwigらは，芳香族化合物のC–H結合がイリジウム触媒によって選択的にホウ素化される反応を報告した（図9.27）．この反応では，立体障害が小さいC–H結合が優先して活性化される．また，この反応で合成される芳香族ホウ素化合物は，鈴木–宮浦カップリング反応に用いることができるため，この反応は実用的価値が高い．

　反応機構を図9.28に示す．[Ir(cod)(OMe)]$_2$錯体に対し，ジボロンとビピリジン配位子が反応して触媒の前駆体が形成される．この前駆体からオレフィンが脱離し，16電子の配位不飽和錯体が生じ，これに対して芳香族のC–H結合が酸化的付加し，さらに芳香環とホウ素配位子が還元的脱離することで生成物

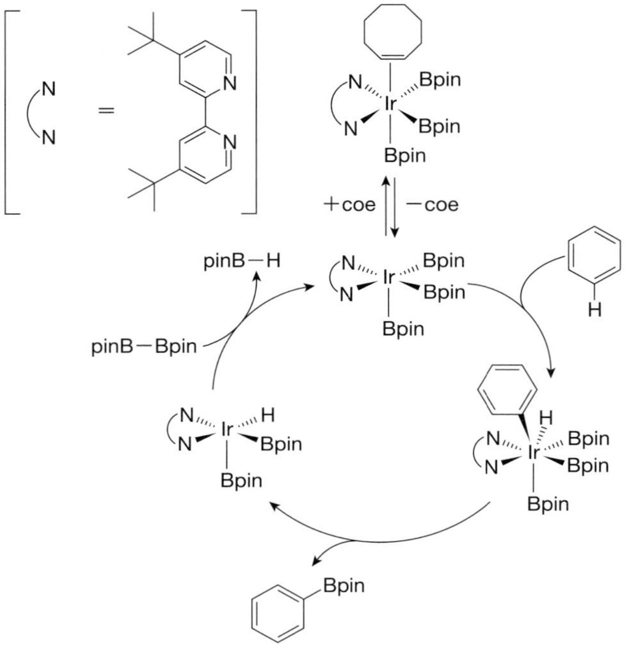

図9.28　図9.27の芳香族化合物のホウ素化反応の反応機構
coeはシクロオクテンの略.

を生じる．その際に生じたヒドリド錯体とジボロン試薬が反応することで，触媒前駆体が再生する．

　C–H結合の活性化のほか，同じく不活性とされてきたC–C結合の活性化を経由する反応も活発に研究されている．有機合成はこの数十年で大きく進歩したが，特に効率の面ではまだまだ未発達の部分が大きい．有用性がはっきりとわかっている化合物は多数知られているが，その多くは「合成はなんとか可能であるが実用スケールの供給は難しい」という段階にとどまっている．将来的には，こうした不活性結合の選択的活性化による触媒反応が，医薬品や機能材料などの有用物質を大量供給するための鍵となるに違いない．

○コラム　分子の左右を作り分ける「キラル金属錯体触媒」

　右手型と左手型の区別がある「キラル分子」は，アミノ酸や糖のような生体分子や医薬成分などとして数多く存在し，生命活動において重要な役割を担っている．一般に，キラルな分子の生体への作用は右手型と左手型で異なるため，分子の左右を作り分ける「不斉合成反応」の研究開発が盛んに行われている．

　効率的な不斉合成反応として注目されているものにキラルな金属錯体を触媒に用いる「不斉触媒反応」がある．右手型 (R) または左手型 (S) の金属錯体を少量用いるだけで多量の R または S の化合物を選択的に合成できる．例えば，下図に示したように，キラルな配位子をもつルテニウム錯体 (S)-**3** は，塩基の共存下，ケトン **1** の優れた不斉水素化触媒となる．平面的な分子 **1** の表裏を見分け，ほぼ完璧な選択性で R 体のアルコール (R)-**2** を与える．このとき，(R)-**3** を用いれば (S)-**2** が得られる．この触媒は活性も非常に高く，10万倍量の (R)-**2** を6分間で合成できる．反応の初期速度から求めた触媒1分子が1分間に働く回数（触媒回転効率：TOF）は 35,000 回であり，F1マシンのエンジンの回転速度（毎分約 18,000 回）を凌駕する．つまり，世界最高水準の精密さと速度で分子の左右を作り分けることができる触媒といえる．まさに「分子サイズのロボット」である．

金属錯体触媒によるケトンの不斉水素化反応

参考文献
T. Ohkuma *et al.*, *J. Am. Chem. Soc.*, **133**, 10696-10699 (2011)

（執筆：北海道大学大学院工学研究院　大熊　毅）

第10章　希土類錯体

10章で学ぶこと
- 希土類錯体の電子構造
- 希土類錯体の光化学
- 希土類錯体における電子遷移

10.1　希土類元素の電子構造

原子番号が58番から71番の元素（Ce, Pr, Nd, Pm, Sm, Eu, Gd, Tb, Dy, Ho, Er, Tm, Yb, Lu）はランタニド元素（lanthanide）と呼ばれ，ランタニド元素にランタン（La）を加えたものは一般にランタノイド元素（lanthanoid）と呼ばれる．希土類元素とは，スカンジウム（Sc；電子配置は$3d^14s^2$），イットリウム（Y；電子配置は$4d^15s^2$），ランタノイド元素を総称した言葉である．希土類元素の電子配置を**表10.1**に示す．

表10.1　希土類元素（ランタノイド元素）の原子配置

元素記号	和名	4f	5s	5p	5d	6s
La	ランタン	0	2	6	1	2
Ce	セリウム	1	2	6	1	2
Pr	プラセオジウム	3	2	6		2
Nd	ネオジウム	4	2	6		2
Pm	プロメチウム	5	2	6		2
Sm	サマリウム	6	2	6		2
Eu	ユーロピウム	7	2	6		2
Gd	ガドリニウム	7	2	6	1	2
Tb	テルビウム	9	2	6		2
Dy	ジスプロシウム	10	2	6		2
Ho	ホルミウム	11	2	6		2
Er	エルビウム	12	2	6		2
Tm	ツリウム	13	2	6		2
Yb	イッテルビウム	14	2	6		2
Lu	ルテチウム	14	2	6	1	2

通常，希土類イオンは6s軌道の2つの電子と4f軌道の1つの電子が抜けた＋3価が安定である．つまり，4f軌道の電子はNd^{3+}では3つ，Eu^{3+}では6つ，Tb^{3+}では8つとなる．ただし，Gd^{3+}の場合は，6s軌道の2つの電子と5d軌道の1つの電子が抜けた，4f軌道の電子が7つの状態が安定な構造となる．

10.2 希土類錯体の光化学

　希土類イオンには部分的に満たされた4f軌道が存在し，希土類錯体において光吸収および発光に関与する電子遷移のほとんどは遮蔽された4f軌道間の遷移である（Ce^{3+}とEu^{2+}は例外的にf–d遷移を示す）．また，希土類錯体の4f軌道間での電子遷移過程により生じる電子構造の変化が立体構造に及ぼす影響は，有機化合物や遷移金属錯体に比べると少ない．さらに，配位構造の違いが4f軌道に及ぼす影響も小さいため，イオン固有の吸収位置もあまり変化せず，発光スペクトルのストークスシフト（吸収波長と発光波長のずれ）もほとんど起こらない（**図10.1**）．したがって，発光スペクトルの半値幅は狭く色純度の高い発光を示す．この状態を **small offset** と呼ぶ．なお，希土類錯体では4f軌道と配位子の軌道との間のエネルギー差は非常に大きく，吸収帯は200 nm付近に現れる．したがって，一般的な溶媒中ではこの電子遷移を観測することは困難である．

　このように希土類錯体のf–f遷移の特徴は，この遷移が外殻の電子の詰まった5s軌道と5p軌道の内側に存在する4f軌道の間で起こることである．各軌道

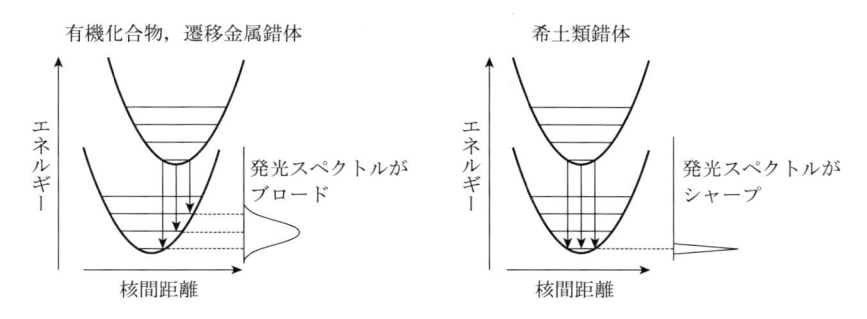

図10.1　有機化合物，遷移金属錯体と希土類錯体における発光過程および発光スペクトルの比較

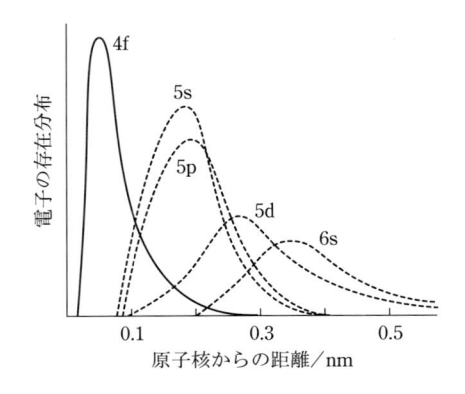

図10.2　希土類錯体に関連する軌道の動径分布関数

の空間的なイメージを知っていただくため，各軌道の動径分布関数を**図10.2**に示す．動径分布関数とは，各軌道を球対称ととらえたときに，軌道間における空間的な電子の存在分布を原子核からの距離に対して表したものである．

希土類錯体の4f軌道にとって5s軌道と5p軌道は電子の詰まった一種の壁であり，4f軌道のエネルギー準位は外場の影響を受けずに保持される．このことをf軌道の**遮蔽効果**と呼ぶ．

一方，配位子は5d軌道を介して金属イオンに結合するが，配位子と金属イオンとの基準振動（6.3節参照）は，この遮蔽効果のためにf–f遷移への関与が抑制される．このため，遷移金属錯体にみられるような振電遷移は起こらない．

以上のことからわかるように，希土類錯体はきわめて電子遷移が起こりにくい化合物である．にもかかわらず，一般に希土類錯体は強発光体として知られており，さまざまな配位子構造をもつ発光性希土類錯体が報告されている．

1つの希土類イオンの電子遷移の中には複数の発光過程が存在している．Eu^{3+}とSm^{3+}は赤色発光，Tb^{3+}は緑色発光を示し，Yb^{3+}，Nd^{3+}，Er^{3+}などは近赤外発光を示す興味深いイオンである．電子遷移は，それぞれのエネルギー準位の全角運動量などの影響を受ける．

希土類錯体のf–f遷移を説明するためには，まず，その構造に注目する必要がある．希土類錯体は一般に8配位のスクウェアアンチプリズム構造が安定である．この特異な構造は反転中心iをもたない．反転対称性をもたない場合，つまり配位子場が非対称である場合には，電気双極子遷移は許容となる．これ

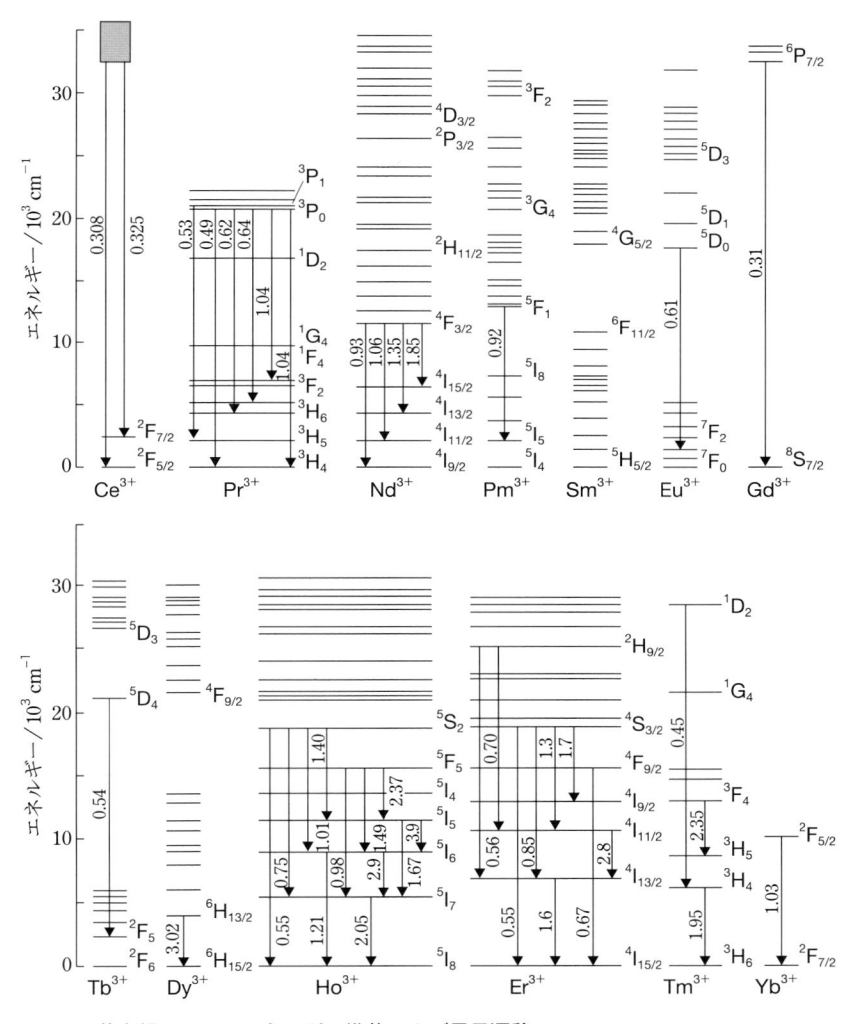

図10.3 希土類イオンのエネルギー準位および電子遷移
遷移に関与する軌道を項記号で表している．それぞれの矢印の左側は発光波長である（単位は μm）．

はJudd–Ofelt理論により説明される．Judd–Ofelt理論については次節で述べる．

希土類錯体のsmall offsetの系は，以下のような希土類錯体特有の現象を誘起する．

（1） 振動失活による無放射失活過程
（2） 発光スペクトルのStark分裂
（3） 希土類イオン間でのエネルギー移動

また，希土類錯体の吸収・発光スペクトルにおけるピーク波長やスペクトル形状は，配位子の種類や錯体の立体構造によらず個々の希土類イオンに固有である．**図10.3**に希土類イオンのエネルギー準位図を示す．以下では，これら3つの光化学過程について説明を行う．

なお，図10.3にはMulliken記号ではなく，項記号が用いられている．例えば，遷移金属錯体であるRu錯体の場合，16個の軌道がある．本来は項記号で表すほうが正確であり，望ましいのであるが，この16個の軌道は配位子場によって互いに縮退などをしてしまう．そのため，項記号では正しく表すことが難しい．しかし，Mulliken記号としてはE_gとT_{2g}の2つで表すことができる．このようにMulliken記号は，遷移金属錯体など，軌道が縮退している場合にはたいへん有用である．

しかし，希土類錯体の4f軌道の外側には，電子が詰まった5s軌道と5p軌道があり，壁のように外場からシールドされているため，4f軌道は縮退せず，全角運動量がよく保存される．よって，希土類錯体は軌道が複雑に分裂したままの状態を維持することができ，本来の項記号で表すことができる．

A. 振動失活による無放射失活過程

無放射失活過程は発光強度を小さくする主要な要因である．大きなストークスシフトを有する有機化合物・遷移金属錯体では，一般に励起一重項状態（S_1）から項間交差（ISC）を経由して励起三重項状態T_1に至り，そこからの熱失活によって基底状態S_0に緩和する．これに対し，希土類錯体はsmall offsetの系であるため，基底状態（i）と励起状態（f）とのエネルギー的な交差が起こらない（**図10.4**）．したがって，希土類錯体の無放射失活はこのような機構では起こらない．

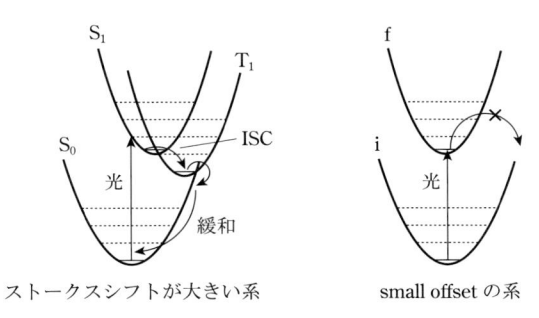

図10.4　ストークスシフトが大きい系とsmall offsetの系における無放射失活過程の比較

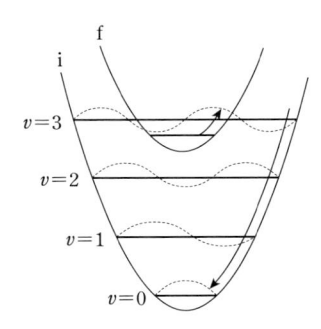

図10.5　希土類錯体における無放射失活過程（振動失活）

図10.5に示すように，希土類錯体では励起状態fと基底状態iの振動準位（図では振動量子数$v=3$）との波動関数の重なり（以下，マッチングと表現する）により電子が励起状態fの軌道から基底状態iの軌道へと遷移する．振動準位には，希土類錯体の配位子を構成する原子の間の結合が関係する．そしてこの振動準位から緩和が起こり，基底状態の最低振動準位（$v=0$）に達する．この無放射失活過程を**振動失活**もしくは**振動励起失活**と呼ぶ．もちろんこのような振動失活は希土類イオン特有ではなく有機化合物や遷移金属イオンでも起こる．一般に，振動失活は励起状態と基底状態のエネルギーの差（エネルギーギャップ）が小さいものほど起こりやすい．希土類イオンの軌道は複雑に分裂しており，エネルギーギャップが小さいものもあるため，振動失活が起こりやすいのである．

ここで，振動失活の理論的な解釈について説明する．振動失活過程の反応速度Wは

第10章　希土類錯体

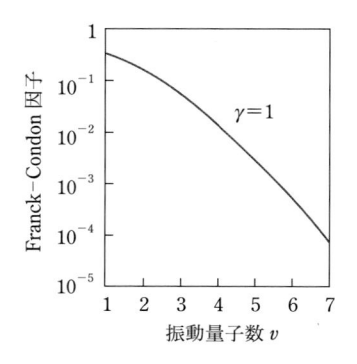

図10.6　Frank–Condon因子と振動量子数の関係

$$W = \left(\frac{2\pi\rho}{\hbar}\right) J^2 F \tag{10.1}$$

と表される．ここで，ρは状態密度，$J(=\int \phi_i Q \phi_j d\tau)$は原子核の運動による波動関数の重なりに関する定数，FはFranck–Condon因子である．つまり，振動失活を抑制するためにはWを小さくすることが必要であり，このためにはFを小さくする必要がある．

振動失活過程におけるFranck–Condon因子FはManneback により次式のように展開されている．

$$F(E) = \frac{\exp(-\gamma)\gamma^v}{v!} \tag{10.2}$$

$$\gamma = \frac{\frac{1}{2}k(\bar{q}-\bar{q}^0)^2}{\hbar\omega} \tag{10.3}$$

γは状態が変化する前($\bar{q}^0$)と変化した後($\bar{q}$)の位置エネルギーの差を表す変数である．

ここで変数であるγを1とした場合の式(10.2)の関係を**図10.6**に示す．Fは振動量子数vの関数となり，このグラフから振動量子数vが大きくなればFの値が小さくなることがわかる．この関係はγを大きくした場合でも成り立つ．失活過程の速度はFranck–Condon因子Fに比例するので，Fを小さくすれば強く発光することがわかる．Fは振動量子数vの関数であるから，<u>振動量子数vを大きくすれば強く発光する</u>という結論が得られる．

振動量子数 v は配位子の振動の倍音を表している．この振動倍音のエネルギーは赤外領域に相当し，希土類イオンのエネルギーギャップとマッチングする．例えば，Nd^{3+} の発光過程は複数存在するが，発光波長が一番長波長の遷移は $^4F_{3/2} \to {}^4I_{15/2}$ であり，この遷移のエネルギーギャップは $5400\ cm^{-1}$（波長は $1850\ nm$）である．

実際はこのエネルギーギャップよりもやや大きい振動量子数の振動倍音とマッチングする．水などの振動に起因する O–H 伸縮（$3410\ cm^{-1}$）やほとんどの有機化合物にみられる C–H 結合（$2950\ cm^{-1}$）では $v = 2$ の 2 倍音が相当する．γ が 1 のとき，F は

$$F = \frac{\exp(-1)(1)^2}{2!} = 0.18 \tag{10.4}$$

となる．一方，C–D 結合（$2100\ cm^{-1}$）では $v = 3$，つまり 3 倍音が相当し，F は

$$F = \frac{\exp(-1)(1)^2}{3!} = 0.061 \tag{10.5}$$

となり，2 倍音のときに比べて小さい．つまり，C–H 結合で囲まれた環境よりも C–D 結合で囲まれた環境の方が振動失活過程が抑制されるため，よく光ることになる．C–F 結合では 5 倍音とマッチングする．F は

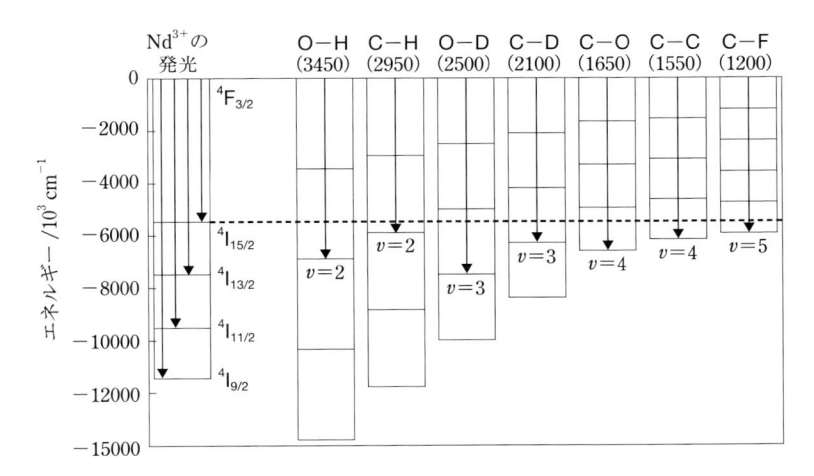

図10.7　Nd^{3+} イオンのエネルギーギャップと共鳴する各結合の振動の振動量子数 v
　　　　カッコ内は各振動のエネルギー（単位は cm^{-1}）．

$$F = \frac{\exp(-1)(1)^2}{5!} = 0.0031 \qquad (10.6)$$

となるため，さらによく光る．この様子を**図10.7**に示した．このように振動失活過程は希土類イオンのまわりを低振動の配位子にすることで抑えられ，強い発光を引き出せることがわかる．

この振動失活過程を評価するためには，近赤外領域（800〜2000 nm，すなわち12500〜5000 cm^{-1}）の吸収スペクトル測定が行われる．この領域には赤外振動の2倍音や3倍音などの吸収が複数現れる．したがって，例えば1800 nm（5600 cm^{-1}）の発光はこれらの吸収によって消光（クエンチ）される，つまり光で励起したエネルギーが振動エネルギーに変わる．振動エネルギーに変化したエネルギーは，結合の熱振動となり，失活してしまう．ただし，ここで述べたようにこれらの倍音吸収は単一ではなく，複雑に影響を及ぼしあっているので，吸収スペクトルのピークを具体的にどの結合によるものかを帰属することは難しい．

振動励起はエネルギーギャップが小さいものほど効果を受けやすく，その影響の大きさは

$$\mathrm{Nd^{3+}, Er^{3+}, Ho^{3+}\ etc.} > \mathrm{Yb^{3+}\ etc.}$$
$$> \mathrm{Eu^{3+}, Sm^{3+}\ etc.} > \mathrm{Tb^{3+}}$$

の順となる．今までの議論からわかるように，希土類錯体のまわりの環境を低振動にすればよく光るようになる．例えば，錯体のまわりを低振動型のフッ素ポリマーで取り囲むのも効果的である．透過性の高いポリマーであるアクリル樹脂（ポリメチルメタクリレート；PMMA, **図10.8**(a)）のH原子含有率は8.0%

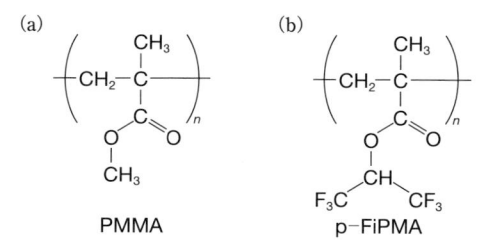

図10.8 (a) ポリメチルメタクリレート（PMMA）と (b) フッ素含有アクリル樹脂p-FiPMAの分子構造

である．一方，フッ素含有アクリル樹脂（p-FiPMA，図10.8(b)）のH原子含有率は2.5%であり，C-H結合に由来する赤外領域の伸縮が減少する．実際，希土類錯体はフッ素含有アクリル樹脂中のほうがよく光る．

Eu(III)錯体とTb(III)錯体の水中および重水中における発光寿命を解析することにより，錯体の配位数を見積もることができることが知られている．具体的にはHorrocksらによって提案された以下のような経験式が用いられる．

$$\text{Eu(III)錯体の配位数} = 1.2 \times [(\tau_{H_2O} - \tau_{D_2O}) - (0.25 + 0.07 \times a)] \quad (10.7)$$

ここで，τ_{H_2O} は水中の発光寿命（単位はms），τ_{D_2O} は重水中の発光寿命（ms），a はN-H基をもつ化合物が配位子のときのN-H基の Eu^{3+} イオンへの配位数である．Tb(III)錯体の場合は上式と係数が異なる式が用いられる．実験から求められた経験式であるが，定性的な見積もりを行うときにはきわめて便利な関係式である．

B. 発光スペクトルのStark分裂

次に希土類錯体の発光ピークの半値幅について説明する．希土類錯体のf軌道は本来縮退しているが，外場（電場や配位子場（結晶場））が分子にかかるとこの縮退が解け，軌道は分裂する．一般に，電場により起こる軌道の分裂を**Stark分裂**（シュタルク），磁場により起こる軌道の分裂を**Zeeman分裂**と呼び，その分裂の仕方は全角運動量 J に依存する．配位子場による軌道の分裂は電場と同じような効果と考えられるので，一般にStark分裂に含まれる．$J=2$ の場合は，配位子場の影響により，f軌道は最大で5つに分裂する（$m_l = -2, -1, 0, 1, 2$）．もちろん，配位子場が異なれば軌道の分裂の仕方も変わる．つまり，発光スペクトルの形状を配位子場によってコントロールできることになる．こうした全角運動量に依存した分裂を**表10.2**にまとめた．J が整数の場合（電子が偶数の場合），分裂の数は最大で $2J+1$ となる．また，J が整数でない場合（電子が奇数の場合）は，分裂の数は最大で $J+1/2$ となる．この場合は分裂しない軌道の縮重である**Kramers縮退**（クラマース）が残る．

この分裂の様子は希土類錯体の配位幾何学構造によって変化する．例えば，Eu(III)錯体の赤色発光（615 nm付近の発光）は $^5D_0 \rightarrow {^7F_2}$ に由来するものであり，この表から発光バンドは最大で5本に分裂することがわかる．

表10.2　f軌道の分裂の数と全角運動量Jの関係

J	0	1	2	3	4	5	6	7	8
立方対称の配位子場	1	1	2	3	4	4	6	6	7
六方対称の配位子場	1	2	4	5	7	8	9	10	11
正方対称の配位子場	1	3	5	7	9	11	13	15	17
低対称の配位子場	1	3	5	7	9	11	13	15	17
J	1/2	3/2	5/2	7/2	9/2	11/2	13/2	15/2	17/2
立方対称の配位子場	1	1	2	4	3	4	5	5	6
それ以外の配位子場	1	2	3	4	5	6	7	8	9

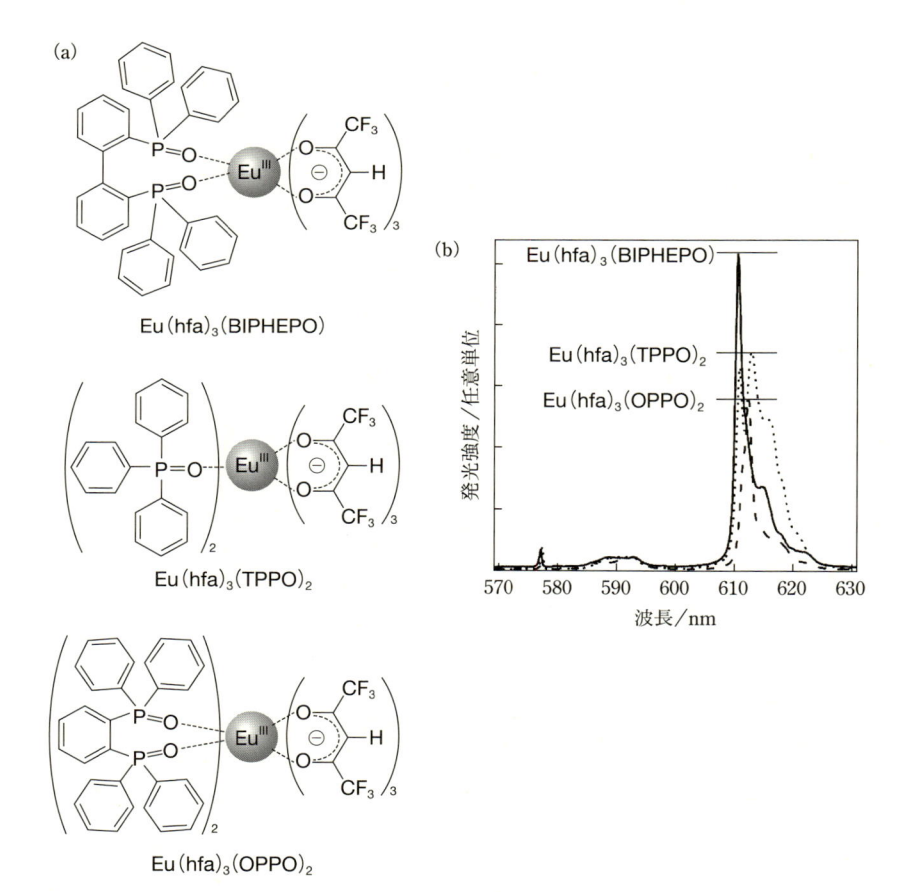

(a) Eu(hfa)$_3$(BIPHEPO)

Eu(hfa)$_3$(TPPO)$_2$

Eu(hfa)$_3$(OPPO)$_2$

(b)

図10.9　配位構造の違いによる Eu(III) 錯体の発光スペクトルの分裂の様子
［K. Nakamura and Y. Hasegawa, *J. Phys. Chem. A*, **111**, 3029 (2007)］

図10.9(a)に示したEu(III)錯体はすべて同じ配位幾何学構造（8配位スクウェアアンチプリズム型）であるが，配位子であるホスフィンオキシドの構造の違いによって発光スペクトルの分裂の様子が図10.9(b)のように変化する．これは，遷移強度が幾何学構造に依存している例である．

C. 希土類イオン間のエネルギー移動

一般に「よく光る希土類錯体」には，与えられる光エネルギーや電気エネルギーを効率よく分子が吸収して，多くの発光性励起状態を形成することが必要となる．希土類錯体を効果的に光らせるためには，配位子からのエネルギー移動が利用される．発光性希土類錯体は有機配位子をもつものが一般的である．有機配位子がπ軌道をもつ場合，このユニットが光増感部分，つまり光捕集アンテナとして働く．π軌道をもつ有機配位子は電子遷移許容の吸収帯をもち，その吸光係数は10000 L mol^{-1} cm^{-1}以上である．これは，希土類イオンの吸光係数（約10 L mol^{-1} cm^{-1}）の1000倍に相当する．いま仮に，希土類イオンの発光量子収率を10％，配位子から希土類イオンへのエネルギー移動効率を10％とすると，

$$\frac{\text{有機配位子を励起した場合の発光強度}}{\text{希土類イオンを励起した場合の発光強度}} \tag{10.8}$$

$$= \frac{10000 \text{ L mol}^{-1} \text{ cm}^{-1} \times 0.1 \times 0.1}{10 \text{ L mol}^{-1} \text{ cm}^{-1} \times 0.1} = 100$$

となり，有機配位子の関与により希土類イオンのみのときと比べ，100倍の発光強度が得られることになる（**図10.10**）．

有機分子および遷移金属錯体間でのエネルギー移動については，これまで多くの研究が報告されている．一方，希土類イオン間のエネルギー移動に関しては，これまでFörster機構で論じられることが多かったが，最近ではDexter機構で議論している研究もみられるようになった．一例をあげれば，青山学院大学の長谷川らはPr(III)錯体を用いて希土類錯体間のエネルギー移動に関する研究を報告している．この希土類錯体の配位子からのエネルギー移動機構はまだ不明な部分が多く残されているものの，たいへん興味深く，今後ますます解明が進むことが期待される．

一方，希土類錯体がお互い接近した位置に存在する場合，励起エネルギーが

第10章 希土類錯体

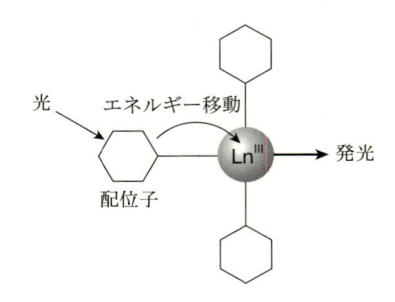

図10.10 希土類錯体において有機配位子が関与することにより発光強度が増大する機構

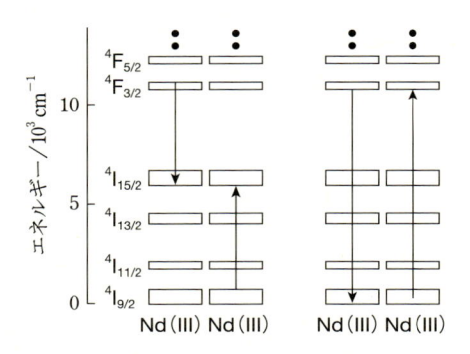

図10.11 Nd(III)錯体における濃度消光過程

移動することで無放射失活が起こることがある．これもエネルギー移動の一種であり，この失活過程を**交差失活**もしくは**濃度消光**と呼ぶ．これは，励起状態にあるイオンから基底状態にあるイオンへエネルギーが移動することによって生じる失活過程である．この濃度消光には，**交差緩和**（cross relaxation）と**励起エネルギー移動**（excitation energy migration）がある（**図10.11**）．具体的な例をあげると，それぞれの希土類イオンの濃度が高いとき，次のような交差緩和が起こる．

Nd^{3+}
$^4F_{3/2} \to {}^4I_{15/2}$ —交差緩和→ $^4I_{9/2} \to {}^4I_{15/2}$

Eu^{3+}
$^5D_1 \to {}^5D_0$ ——→ $^7F_0 \to {}^7F_3$

Tb^{3+}
$^5D_3 \to {}^5D_4$ ——→ $^7F_6 \to {}^7F_0$

では，濃度消光が起こらないようにするためには，どのくらいの距離が必要であろうか．希土類イオンの濃度消光の限界距離R_0に関しては，Cairdらが1991年に報告した次の式を用いて計算することができる．

$$R_0 = \frac{3c}{8\pi^4 n^2 A_r} \int \sigma_D^{em}(\lambda) \sigma_A^{abs}(\lambda) d\lambda \tag{10.9}$$

ここで，cは光の速度（=2.998×10^8 ms^{-1}），nはイオン密度，A_rは発光強度，$\int \sigma_D^{em}(\lambda) \sigma_A^{abs}(\lambda) d\lambda$は吸収スペクトルと発光スペクトルが重なっている部分の面積（重なり積分）である．この式からCairdらはガラス中に分散させたNd(III)錯体の励起エネルギー移動の臨界距離を11.14 Å，交差緩和の臨界距離を4.07 Åと算出している．これをNd(III)錯体Nd(hfa)$_3$(H$_2$O)$_2$(d$_6$-DMSO 0.1 mol L^{-1}溶液中）に適応してみる．まず，この錯体の発光量子収率は1.1%，発光寿命は6.3 μsであるから，A_r=1763 s^{-1}となる．重なり積分は文献とほぼ同じと仮定（Nd(III)錯体の吸光係数εを0.4 L mol^{-1}cm^{-1}，ガラス中に分散させたNd(III)錯体の吸光係数εを0.5 L mol^{-1}cm^{-1}）すると，励起エネルギー移動の臨界距離は11.7 Åとなる．すなわち，11.7 Å以上の大きさのNd(III)錯体を設計できれば，効果的に濃度消光を抑制できることになる．

ここでNd(III)錯体同士の拡散衝突による濃度消光を効果的に抑制した例を1つあげる．**図10.12**に示すNd(III)錯体にはフッ素化したアルキル基（フッ化アルキル基）が導入されている．配位子に導入されたフッ化アルキル基は通常のアルキル基の水素よりも大きなフッ素原子が結合しているため，炭素と炭素の結合の回転が容易には起こらず，剛直な炭素鎖になる．このため溶液中でNd(III)錯体が拡散衝突しても，Nd^{3+}イオン間の距離を一定に保つことができる．図10.12より，長いアルキル鎖をもたないNd(hfa-d)$_3$では，濃度が高くなると発光量子収率の低下が起こることがわかる．これは励起エネルギー移動が

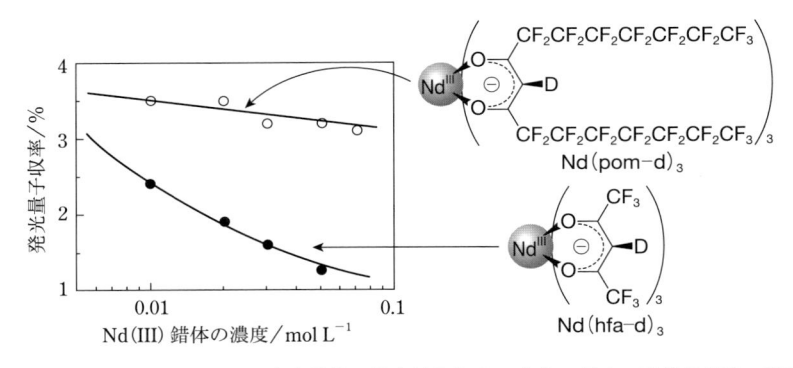

図10.12 濃度変化によるNd(III)錯体の発光量子収率の変化に対する配位子構造の影響

起こったためである．一方，長鎖フッ化アルキル基をもつNd(pom-d)$_3$では，高濃度領域においても発光量子収率の低下がほとんど起こらない．このような配位子の分子構造設計により濃度消光を抑制することができる．この例ではNd(III)錯体の発光量子収率が数倍に向上している．

このように，強発光性を維持するためには濃度消光過程の抑制が重要である．したがって，合成した錯体の粉末について測定した発光スペクトルや発光量子収率，発光寿命は，濃度消光を考慮する必要がある．プラスチック中，ガラス中，無機結晶中などの固体媒体へ希土類イオンをドープした系においては，希土類イオン同士の拡散衝突は起こらないが，励起エネルギー移動は生じる可能性がある．発光効率はドープ濃度に依存するので，濃度消光が起こる濃度を把握しておくことが重要となる．

10.3 希土類錯体における電子遷移

前節の冒頭で述べたように，希土類錯体の電子遷移は遮蔽された4f軌道間で起こるので，この過程により生じる電子構造の変化が立体構造に及ぼす影響は，有機化合物や遷移金属イオンに比べると少なく，ストークスシフトなどもほとんど起こらない．そのため，希土類錯体の電子遷移確率においては，分光測定により得られるスペクトルのピーク波長，強度を理論計算と比較することができ，実験的にも証明されている理論がある．吸収・発光スペクトルがブロードでストークスシフトも大きい金属錯体では，実験と理論の比較はできない．

10.3 希土類錯体における電子遷移

希土類錯体のf–f遷移を説明するためには，まず，その構造に注目する必要がある．希土類錯体は一般に8配位のスクウェアアンチプリズム構造が安定である．この特異な構造は反転中心iをもたない．反転対称性をもたない場合，つまり配位子場が非対称である場合には，電気双極子遷移は許容となる．これはJudd–Ofelt（ジュッド オフェルト）理論により説明される．

ここでJudd–Ofelt理論について簡単に説明する．この理論は，本来は禁制遷移に相当するf–f遷移が配位子場によってどのくらい許容化されるかを見積もる方法を示しており，式としては

$$f(LSJM_L \to L'S'J'M_L') \propto |\langle LSJM_L|-eD_q|L'S'J'M_L'\rangle| \quad (10.10)$$

と表される．fは希土類錯体の電子遷移確率（振動子強度），L, S, Jは4章4.3.1項で述べた項記号，eD_qは遷移多極子モーメントである．M_Lは，一電子系の方位量子数lに対して多電子系の量子数としてLを設定したのと同様に，一電子系の磁気量子数m_lに対して，多電子系の磁気量子数として設定されるものである（4章参照）．つまり，$f(LSJM_L \to L'S'J'M_L')$は，ある電子状態$LSJM_L$から別の電子状態$L'S'J'M_L'$への振動子強度である．一方，$|\langle LSJM_L|-eD_q|L'S'J'M_L'\rangle|$は状態$LSJM_L$から状態$L'S'J'M_L'$の間の遷移双極子モーメントである．(10.10)式は，この振動子強度が遷移双極子モーメント$-eD_q$に依存することを示している．なお，$LSJM_L$の記号は合わせてRussell–Saunders（ラッセル・サンダース）記号と呼ばれ，この記号で表される電子状態をRussell–Saunders状態と呼ぶ．

この式を展開することによって奇関数成分の許容の割合を見積もることができる．この理論によると，配位子場の非対称性が大きいほど，振動子強度が高くなる．

(10.10)式の右辺を全角運動量Jについて数学的に展開した式における電子遷移確率がゼロにならないための条件から，基底状態と励起状態の全角運動量の差$\Delta J (=J'-J)$について以下のような関係が得られる．

$\Delta J = 0$：絶対禁制遷移

　　（$\Delta J = 2$ からの摂動によって，わずかに遷移する）

$\Delta J = 1$：**磁気双極子遷移**

　　（配位子場の影響を受けない）

$\Delta J = 2, 4, 6$：**電気双極子遷移**

　　（配位子場の影響を受ける）

　ここで具体的な例をあげて希土類錯体の電子遷移について説明する．**図10.13**に示す2つの錯体はそれぞれ非対称な8配位スクウェアアンチプリズム構造（テトラフェニルホスフィンオキシドが2つ配位した錯体）および対称な12配位十二面体構造（d^6-DMSO分子が6つ配位した錯体）であり，幾何学的に異なった配位構造を形成している．これらの希土類錯体の発光は，磁気双極子遷移と電気双極子遷移により生じるが，先述のとおり，磁気双極子遷移の遷移強度は希土類錯体の配位子場の影響を受けないので，ここで示す発光スペクトルの強度は590 nmの磁気双極子遷移（$^5D_0 \to {}^7F_1 : \Delta J = 1$）に基づく発光を1として規格化してある．この図にみられるように615 nmの電気双極子遷移（$^5D_0 \to {}^7F_2 : \Delta J = 2$）に基づく発光強度は2つの錯体間で大きく異なっており，錯体の構造によって大きく変化することがわかる．

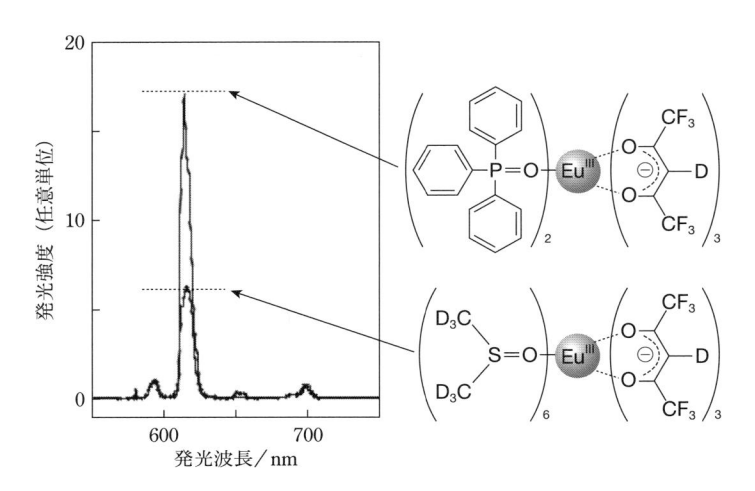

図10.13　配位構造の違いによるEu(III)錯体の発光特性の変化

10.3 希土類錯体における電子遷移

　この電気双極子遷移は非対称性が高い配位子場ほど起こりやすくなる．つまり，配位子場を非対称化することによりEu(III)錯体の615 nmの電気双極子遷移は大きく許容化されることがわかる．どのくらい電気双極子遷移が許容化されるのかは，先ほど説明したJudd–Ofelt理論から算出できる．ちなみに，$\Delta J = 0$ のときは絶対禁制なので電子遷移は起こらないはずであるが，実際には$\Delta J = 2$ の遷移の状態が混ざること（*J*混合）によって，わずかに電子遷移できる．

　Judd–Ofelt理論により電気双極子遷移の許容化の程度を算出する際には，まず希土類イオンの各吸収バンドにおける振動子強度S_Mの計算を行う．

$$S_\mathrm{M} = \left\{ \frac{3h(2J+1)}{8\pi^2 e^2 c(\lambda_\mathrm{max} \times 10^{-7} \times N)} \right\} \left\{ \frac{(n^2+2)^2}{9n} \right\} \int A d\lambda \quad (10.11)$$

ここで，e は電気素量（$= 1.6022 \times 10^{19}$ J），c は光の速度（$= 2.998 \times 10^8$ m s^{-1}），h はPlanck定数（$= 6.626 \times 10^{-34}$ J s），N は希土類イオンの個数（濃度）であり，J は希土類イオンの基底状態の全角運動量を表す（Eu^{3+}イオンの場合はゼロ）．n は媒体の屈折率であり，吸収面積 $\int A d\lambda$ と吸収バンドの最大吸収波長 λ_max は希土類錯体の吸収スペクトルから求める．

　一方，振動子強度はまわりの環境からまったく影響を受けていない状態（水中）の希土類イオンの遷移確率を表すマトリクス・エレメント U を用いて計算することもできる．その式は以下のようになる．

$$S_\mathrm{c}(i \to j) = \sum_{\lambda=2,4,6} \Omega_\lambda \left| \langle i \| U^{(\lambda)} \| j \rangle \right|^2 \quad (10.12)$$

Ω は希土類錯体のf–f遷移における電気双極子遷移の成分を数値化したものであり，この Ω が大きいものほど電子遷移の許容割合が大きいことを示す．λ は ΔJ と同じであり，とりうる値は2, 4, 6のみである．それ以外のときはゼロとなる（慣習的に λ と表すことが多い）．マトリクス・エレメント U の値は文献で与えられている．この式の S_c と先ほど求めた S_M は等しくなるので，上式の U に数値を代入することにより，Ω を算出できる．配位子場の影響による希土類錯体の電子遷移の許容化の度合いについては，この Ω の数値の大小から議論する．

　一方，この Ω はRussell–Saunders記号に基づいて次式のように表される．

$$\Omega_\lambda = (2\lambda + 1) \sum_{kq} \frac{[B_{\lambda kq}]^2}{2k+1} \quad (10.13)$$

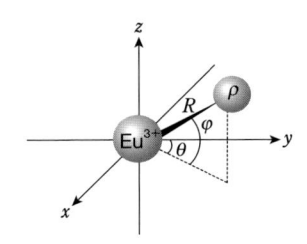

図10.14　希土類錯体における配位子場に関するパラメーター

ここで，式中にあらわれる$\bar{B}_{kq}$は電気双極子遷移が可能な配位子場を表す因子であり，

$$\bar{B}_{kq} = -e \int (-1)^q \frac{\rho(R)}{R^{k+1}} C_{k-q}(\theta, \varphi) \mathrm{d}\tau \tag{10.14}$$

となる．上式のρは希土類イオンのまわりに存在する原子（例えば酸素原子）の電荷密度，r, θ, ψはその原子の空間座標を表している（**図10.14**）．つまり，Judd–Ofelt理論により求めたΩは希土類イオンのまわりの環境を数値で示していることになる．先に述べたように，Ωにおけるλのとりうる値は2, 4, 6のみであり，それ以外はゼロとなる．このΩの中でも特に$\Omega_2 (\lambda = 2)$の数値は結晶中の希土類イオンのまわりの環境が非対称構造なものほど大きくなることが知られている．このΩ_2と対称構造の関係は結晶だけでなくガラス中や溶液中にも適応できることが知られているため，Ω_2は溶液中における希土類錯体の非対称性の度合いを見積もるための重要なパラメーターといえる．

以上，希土類錯体のf–f遷移は非対称な配位構造から電気双極子遷移が許容化されて起こるものであることを述べてきた．強発光錯体の設計指針としてこの原理は重要である．

10.4　希土類錯体の電気化学

　希土類イオンは3価の状態が安定であるが，この3価の状態は電気化学的に還元することができる．それぞれの標準電極電位 E°（25℃の水溶液中）を**表10.3**に示す．

　この表から，一般的な電気化学反応によって2価の状態を形成できるのはユーロピウム Eu とサマリウム Sm のみであることがわかる．電極上での Eu(II) 錯体の生成に関しては，**図10.15**に示す配位子を用いた例が足立らにより報告されている．この錯体では Eu(II) の4f–5d遷移に基づく発光が観測される．

　Eu(III)錯体は，光や熱によっても容易に還元されるが，還元によって生成した Eu^{2+} イオンは大気中で Eu^{3+} イオンへと酸化されてもとの状態に戻ってしまう．配位子の構造を工夫することにより，Eu^{2+} イオンで構成される EuX（X＝O, S, Se）を合成することができる．この光または熱還元反応によって合成される EuO, EuS, EuSe は，反応条件を精密に制御することで粒径が均一なナノ結晶とすることができる．この EuX ナノ結晶は，磁場中において偏光が回転する Faraday 効果を発現するなど興味深い性質を示す．

表10.3　希土類イオンの標準電極電位

	標準電極電位 E°/V
$La^{3+} \longrightarrow La^0$	-2.37
$Ce^{3+} \longrightarrow Ce^0$	-2.34
$Nd^{3+} \longrightarrow Nd^0$	-2.32
$Sm^{3+} \longrightarrow Sm^0$	-2.30
$Sm^{3+} \longrightarrow Sm^{2+}$	-1.55
$Eu^{3+} \longrightarrow Eu^0$	-1.99
$Eu^{3+} \longrightarrow Eu^{2+}$	-0.35
$Yb^{3+} \longrightarrow Yb^0$	-2.22

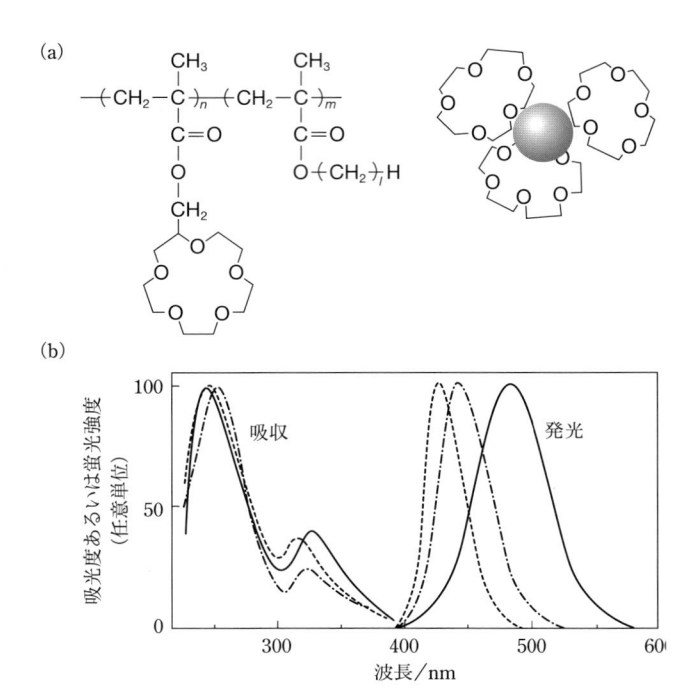

図10.15 電極上で生成可能なEu(II)錯体の(a)配位子および配位した構造と(b)その吸収・発光スペクトル
図中の破線は上の構造をもつEu(II)錯体，一点鎖線は上の構造の15-クラウン-5が18-クラウン-6となっているEu(II)錯体，実線はEuCl$_2$を表す．
[N. Higashiyama *et al.*, *Chem. Express*, **7**, 113 (1992)]

コラム　希土類錯体から構成されるカメレオン発光体

希土類イオンの一種であるテルビウムイオン（Tb^{3+}）とユーロピウムイオン（Eu^{3+}）に芳香族系の有機配位子を取りつけた錯体は，紫外光の照射により美しい緑色および赤色の発光を示す．この Tb(III) 錯体と Eu(III) 錯体を組み合わせてさまざまに発光色を変える発光体（カメレオン発光体と呼んでいる）が近年報告されている．

このカメレオン発光体は Tb(III) 錯体から Eu(III) 錯体へのエネルギー移動の効率が温度によって変化することを利用したものであり，低温（−100℃）では Tb(III) 錯体からの緑色発光，室温（20℃）では Tb(III) 錯体と Eu(III) 錯体の発光が混合した黄緑色の発光を示す．さらに，60℃ 付近では黄色の発光，高温（150℃）ではオレンジ色の発光，超高温領域（250℃）では Eu(III) 錯体からの赤色発光を観察できる．

カメレオン発光体の応用としては温度変化を 1℃ 単位で計測できる精密温度センサー塗料が考えられる．物理的に強い錯体であることから，航空機や高速鉄道の機体表面温度の計測や化学プラント工場の表面温度計測への応用展開が期待されている．

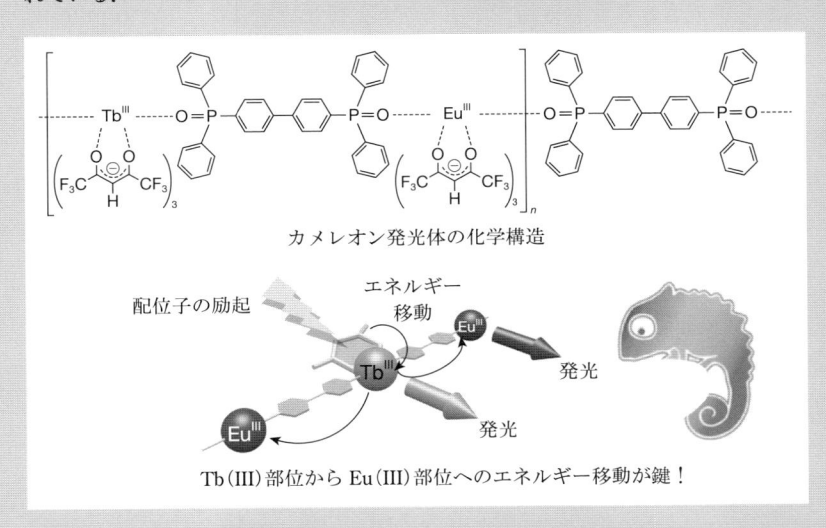

カメレオン発光体の化学構造

Tb(III) 部位から Eu(III) 部位へのエネルギー移動が鍵！

参考文献
Y. Hasegawa *et al.*, *Angew. Chem. Int. Ed.*, **52**, 6413–6416 (2013)

（執筆：北海道大学大学院工学研究院　長谷川靖哉）

第11章 生体と錯体

11章で学ぶこと
- ヘムタンパク質による酸素の運搬のメカニズム
- 金属酵素（金属錯体を含む酵素）
- 光合成のメカニズム
- 錯体の医薬品への応用

11.1 生体で働く錯体

　生体を構成する元素は25種類あるといわれている．表11.1に示すように生命を構成する物質のうち，重量にして85％以上は水素や炭素，窒素，酸素，硫黄から構成される「有機物」であるが，生体には重量比にして0.1％程度の金属元素が含まれている．これらは微量ではあるものの，生命活動を維持するには必須の元素であることがわかっている．生体内に微量に含まれる金属は，酸化還元反応や電子移動反応，酸素の運搬などに用いられ，エネルギー生産や物質変換など生命活動において重要な機能を担っている．こうした機能は「有機物」のみで達成することは難しく，有機物に金属が結合した錯体の存在が必須である．生命が誕生してから35億年の間に，生命は太古の環境に存在した

表11.1　生命を構成する主要元素
[R. M. Roat-Malone, *Bioinorganic Chemistry : A Short Course*, John Wiley & Sons（2003）より抜粋]

元素	重量%	元素	重量%
O	53.6	Si, Mg	0.04
C	16.0	Fe, F	0.005
H	13.4	Zn	0.003
N	2.4	Cu, Br	0.0002
Na, K, S	0.10	Se, Mn, Ni	0.00002
Cl	0.09	Pb, Co	0.000009

金属化合物を錯体として取り込み，有機物だけでは実現できない高度な機能を生命活動に利用できるように進化したものと考えられる．生命活動に必要な微量金属元素のうち，特に鉄，銅，亜鉛などの遷移金属の働きは重要である．

　生体内において金属錯体は，タンパク質との複合体という形で機能することが多い．タンパク質内での金属錯体の働きを明らかにすべく，さまざまな手法を用いた研究が行われてきた．巨大分子であるタンパク質に取り込まれた金属錯体は，観測手法が限られているために，その構造がはっきりしないことが多い．また，タンパク質から金属錯体を取り出すと，錯体の構造が変わってしまい，もとの機能を発揮しないこともしばしばある．そのため，金属含有タンパク質そのものを分光学的手法で詳しく調べる方法や，金属含有タンパク質に含まれる金属錯体と類似の構造・機能をもつモデル錯体を合成する方法でしばしば研究が行われる．金属錯体を含むタンパク質には，光合成などのエネルギー生産や窒素固定など，たいへん重要な機能を有するものが多いが，こうした機能のメカニズムはまだまだはっきりとわかっていない．これらは生物が35億年かけて獲得した生命存続の鍵ともいえるが，このメカニズムを明らかにすることは，人類にとってたいへん有益である．

　タンパク質内の金属錯体は，タンパク質に含まれる配位性のアミノ酸に遷移金属元素が配位することで錯体を形成する．**図11.1**に，遷移金属に配位できる側鎖をもつアミノ酸をまとめた．側鎖が結合する以外にも，アミノ酸のアミノ基とカルボキシル基が五員環のキレートを形成して金属に配位することもある．その他に，ポルフィリンなどに結合することで補欠分子族（タンパク質に含まれる非アミノ酸要素）としてタンパク質に取り込まれることもある．例として，**図11.2**に示すメチルコバラミン（ビタミンB_{12}）とモリブドプテリンがあげられる．

　本章では，金属錯体含有タンパク質のうち，重要でよく話題にのぼるものを取り上げて説明する．

第11章　生体と錯体

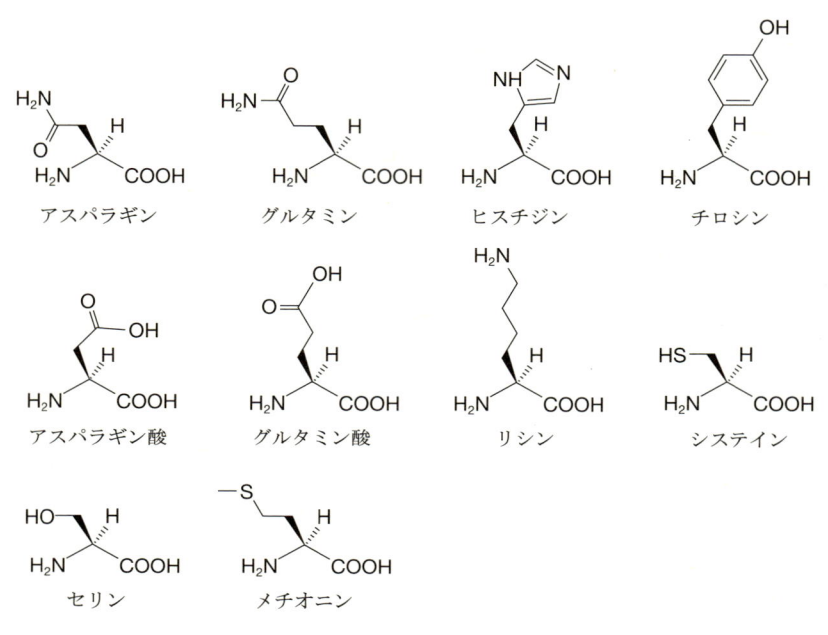

図11.1　金属と錯体を形成する配位性のアミノ酸

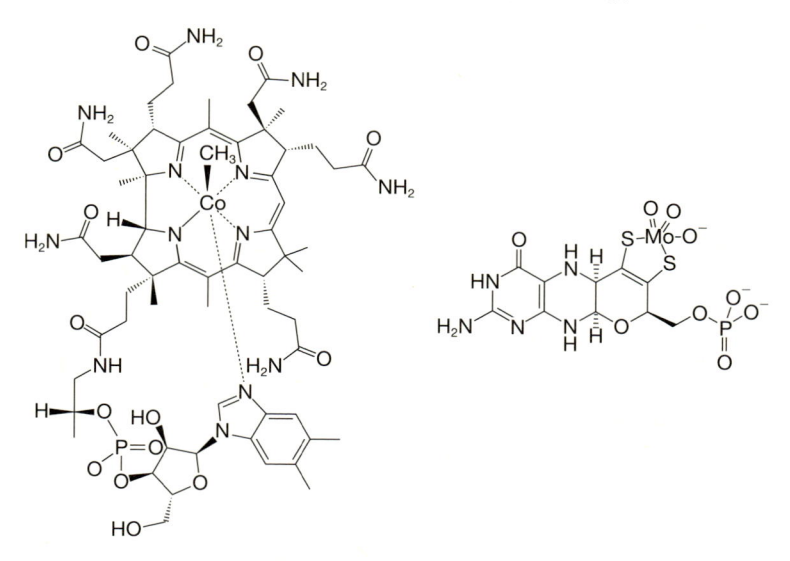

図11.2　金属を含む補欠分子族の例
左はメチルコバラミン（ビタミンB_{12}），右はモリブドプテリン．

11.2 ヘムとポルフィリン

　ポルフィリンは，ピロール4分子を含む大環状化合物で，中心に金属を取り込んで安定な錯体を形成する．一般に，2価の鉄原子とポルフィリン（プロトポルフィリンIX）からなる錯体はヘムと呼ばれる（**図11.3**）．ポルフィリンの構造によって多種多様なヘムが存在することが知られている．

　ヘモグロビンは，脊椎動物の赤血球に存在し，肺から全身への酸素の運搬を担う重要なタンパク質である（**図11.4**）．ヘモグロビンは，補欠分子族であるヘムとグロビンタンパク質から構成される．ヘモグロビンはαサブユニットと，βサブユニットと呼ばれる2種類のサブユニットを2つずつもち，それぞれのサブユニットがヘムと結合している．ヘモグロビン全体（$\alpha_2\beta_2$）の分子量は約64,500である．

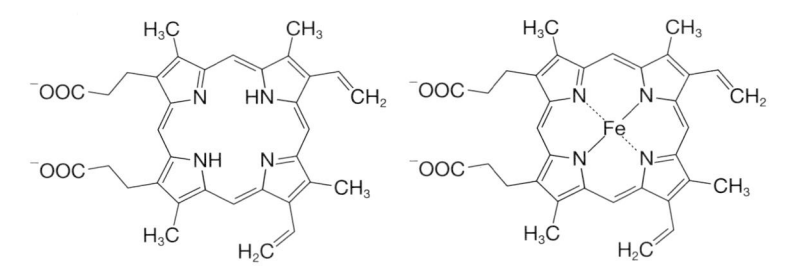

図11.3　プロトポルフィリンIX（左）とヘム（右）

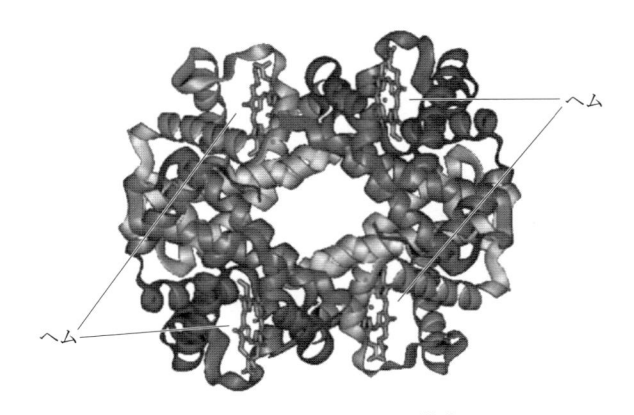

図11.4　ヘモグロビンの構造

第11章 生体と錯体

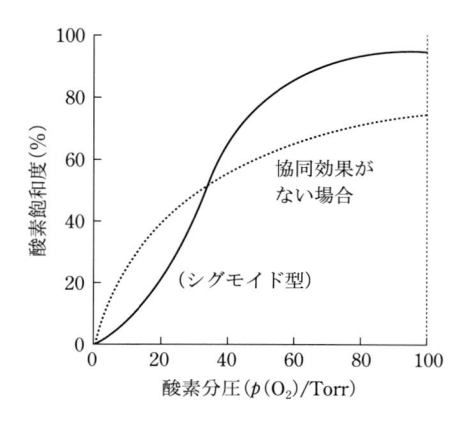

図11.5 酸素の分圧とヘモグロビンの酸素飽和度の関係

　酸素分子はヘモグロビン内のヘムに結合するが，酸素が結合していないヘモグロビンはデオキシ型，酸素が結合しているヘモグロビンはオキシ型と呼ばれる．**図11.5**に示すように，ヘモグロビンの周辺環境の酸素分圧に対して，酸素飽和度をプロットしたグラフは，シグモイド型(S字型)の曲線を示しており，環境中の酸素分圧が低いところでは酸素を捕まえる能力が低く（酸素を放出しやすく），酸素分圧が上がってくると急激に酸素を捕まえる能力が上がることがわかる．このようにヘモグロビンは効率のよい酸素運搬に適した性質をもっている．

　ヘモグロビンと酸素の結合のメカニズムは，分子レベルで解明されている．酸素が結合していないデオキシ型のヘムは，ポルフィリン環のFe^{2+}イオンにタンパク質中のヒスチジン残基の1つ（近位ヒスチジン）が配位した五配位構造となっている（**図11.6**）．この構造において中心のFe^{2+}イオンは，ヒスチジン配位子に引っぱられてポルフィリン環平面から0.5 Å飛び出しているため，ポルフィリン環は歪んでいる．酸素はヒスチジンの反対側，つまりくぼんでいる方に配位しなければならないため，酸素の結合能力は低い．しかしそれでも酸素濃度が上昇すると，酸素はヘム上にend-on型で結合し，鉄中心が六配位構造となる（**図11.7**）．

　それと同時に，Fe^{2+}イオンから酸素への一電子移動が起こり，酸素分子はスーパーオキシドアニオン（O_2^-）となる．この電子移動により，鉄原子はイ

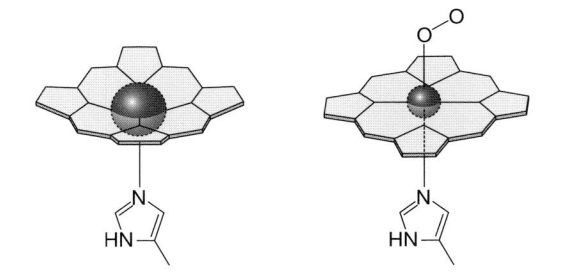

図11.6 ヘモグロビンにおけるヘムの構造
左はデオキシ型,右はオキシ型.
[S. J. Lippard, J. M. Berg 著,松本和子監訳,生物無機化学,東京化学同人 (1997) を参考に作図]

$$M\cdots B=A \qquad M\cdots \overset{A}{\underset{B}{\|}}$$

end-on 型配位　　　side-on 型配位

図11.7　end-on型配位とside-on型配位

オン半径の小さい3価となる.イオン半径の小さなFe^{3+}イオンはポルフィリン環に収まり歪みが解消される.ヘモグロビンの4つのサブユニットのうちの1つに酸素が結合すると,その酸素が結合したサブユニットのヘムの歪みが解消されると同時に,他のサブユニットでも歪みが解消されて酸素への結合能力が向上する.つまり,1つのサブユニットに酸素が結合すると,残りの3つのサブユニットへの酸素の結合はより容易になる.ヘモグロビンは,こうした分子レベルでの巧妙な協同効果により,酸素輸送の効率を上げている.

　冬に閉めきった部屋で暖房器具などが不完全燃焼になると,空気中の一酸化炭素が増加して,一酸化炭素中毒事故が起きる.鉄原子は酸素よりも一酸化炭素と強く結合する.これは遷移金属である鉄原子から一酸化炭素への電子の逆供与が大きいからである.一酸化炭素濃度が0.1％の部屋に数時間いると,血中のヘモグロビンの約半分が一酸化炭素錯体になってしまうといわれている.大気中の酸素濃度は約20％なので,一酸化炭素のヘモグロビンへの結合力がいかに高いかがわかる.一酸化炭素と結合したヘムは,酸素を運搬する能力を失う.このため,酸素呼吸をする生物が一酸化炭素を吸い込むと,酸素欠乏が起こり,場合によっては死にいたってしまう.

第11章　生体と錯体

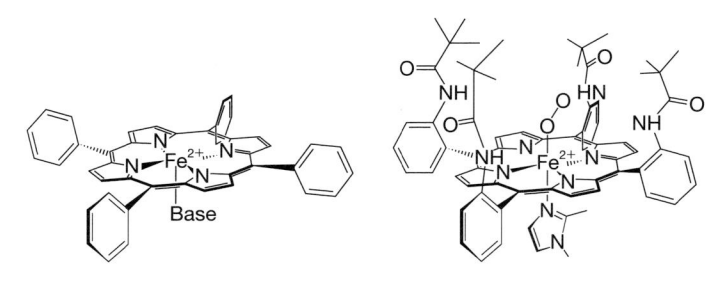

図11.8　テトラフェニルポルフィリン（左）とピケットフェンス鉄ポルフィリン錯体（右）

　ヘモグロビンが酸素と結合するメカニズムでは，鉄ポルフィリン錯体の性質が鍵となっている．しかし，ヘモグロビンそのものはタンパク質と金属錯体の複合体であるため，詳細な構造や性質を調べるには限界がある．ヘムに類似した挙動を示すような，シンプルな構造をもつモデル化合物が合成できれば，錯体に関連するメカニズムがより詳細に研究できる．このような目的で，ヘムタンパク質に対するさまざまなモデル化合物が合成されてきた．**図11.8**右側の錯体はピケットフェンス鉄ポルフィリン錯体と呼ばれるもので，酸素分子を可逆的に結合でき，ヘモグロビンの類縁化合物であるミオグロビンのモデル錯体としてよく知られている．一方，左側の錯体は「フェンス」がないために酸素が安定に結合できない．ピケットフェンス錯体は，巧妙な分子デザインによってヘモグロビンの機能の一部を再現している．将来的には，ミオグロビンやヘモグロビンとまったく同じ機能をもつ分子を人工的に創り出すことができるかもしれない．

　ヘモシアニンは銅イオンを含むタンパク質であり，エビやカニなどの節足動物，イカやタコなどの軟体動物において，酸素の運搬という役割をもつ．脊椎動物で酸素運搬を担うヘモグロビンが赤色を示すのに対して，ヘモシアニンは酸素と結びつくことで青色を示す（だからイカやタコの血は青い）．ヘモシアニンの酸素結合部位は，3つのヒスチジンが配位した2つのCu^{2+}イオンから形成され，酸素分子は2つのCu^{2+}イオン中心に対してside-on型で結合する（**図11.9**）．酸素が結合したCu^{2+}イオン中心は酸化されて3価となり，特徴的な青色を示すようになる．ヘモシアニンと同様にside-on型で酸素と結合するモデル錯体も合成されている．

図11.9 ヘモシアニン(酸化型)の酸素結合部位

11.3 金属酵素

酵素は生命活動に欠かすことのできない触媒であるが,金属原子がその触媒活性の鍵となっているものは多い.金属酵素では,金属原子のLewis酸性や酸化還元能が,酵素内での化学変換を進行させるために必要である.**図11.10**に示すシトクロムP450は,ヘモグロビンと同様に鉄ポルフィリンを含むタンパク質で,酸素を活性化して,さまざまな基質を酸化(水酸化)する.この酵素は,人体に蓄積されやすく毒性のある脂溶性化合物に作用して,極性の水酸基を付与することで水溶性の物質に変換し,体外に排出されやすくする.シトクロムP450はおもに肝臓に存在して解毒作用を担っている.この酵素はいわゆる毒物を分解するだけでなく,例えば風邪薬などの医薬品に対しても酸化作用

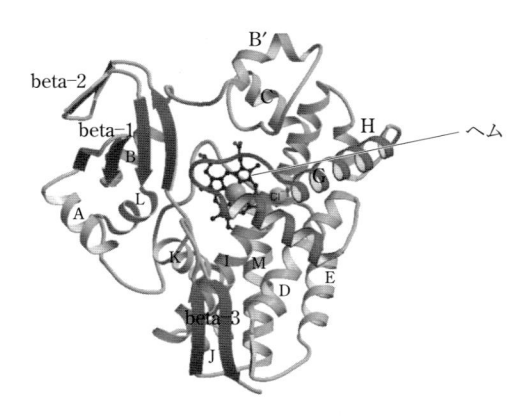

図11.10 シトクロムP450の構造

を示す．服用した医薬品が徐々に効果を失っていくのはこのためである．シトクロムP450は単一の酵素ではなく，多くの種類が知られており，それぞれ作用する基質が異なる．

　生物にとって窒素は，アミノ酸や核酸などを構成する重要な元素である．窒素は大気中に75％以上存在するが，化学的に安定なため，地球上の多くの生物はこれを直接取り込んで利用することはできない．しかしある種の微生物（窒素固定微生物）は，大気中の窒素を取り込んで還元し，アンモニアなどに変換できる能力をもつ．それ以外の生物は，おもに微生物由来の窒素化合物を利用するか，穀物などの植物を摂取することで生命を維持している．窒素固定微生物がこれらの植物に窒素化合物を供給している場合もあるが，穀物などの食料の大量生産には，植物の生育に必要な窒素化合物が肥料として土壌に与えられる必要がある．19世紀末，産業革命にともなって人口が急速に増大したが，肥料不足のために，増加した人口を養うのに十分な食料の生産ができないことが大きな問題であった．しかし，20世紀初めに開発されたHaber–Bosch法によって，大気中の窒素ガスからアンモニアを人工的に生産することが可能になった．この方法によって窒素肥料が大量に生産され，人口増大にともなう食料難が解消された．現在でもこの方法で，年間1億トンものアンモニアが生産され，肥料だけではなく，さまざまな化学製品に利用されている．しかし，Haber–Bosch法は高温高圧下で行われる反応であるため，多くのエネルギーを必要とする．一方で，微生物が窒素を還元してアンモニアを生成する反応（窒素固定）は常温常圧で進行するため，産業への応用の観点から興味がもたれている．

　窒素固定を行う酵素はニトロゲナーゼと呼ばれる．絶対好気性細菌である*Azotobacter vinelandii*から単離されたニトロゲナーゼの構造がX線結晶構造解析によって明らかになった．**図11.11**に示すようにニトロゲナーゼは本体であるニトロゲナーゼの二量体と，これに電子を供給するニトロゲナーゼ還元酵素の二量体からなる．

　ニトロゲナーゼにおける窒素固定は以下のような一般式で進むことがわかっている．

$$N_2 + 8H^+ + 8e^- + 16ATP \longrightarrow 2NH_3 + H_2 + 16\,ADP + 16Pi$$

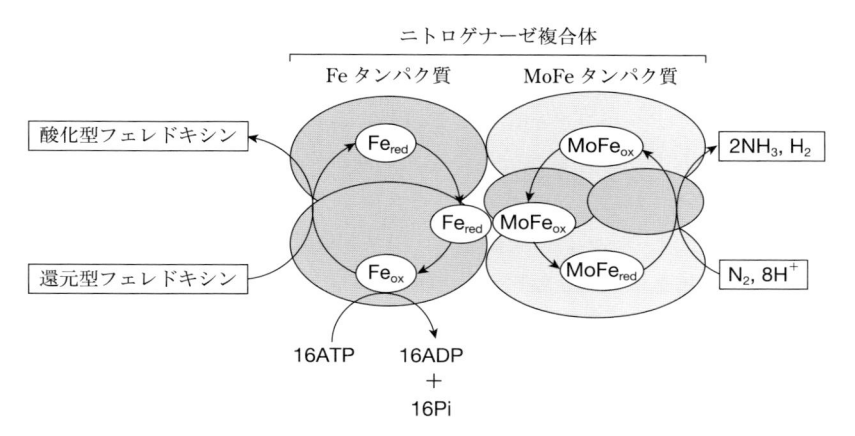

図11.11 ニトロゲナーゼの構造模式図

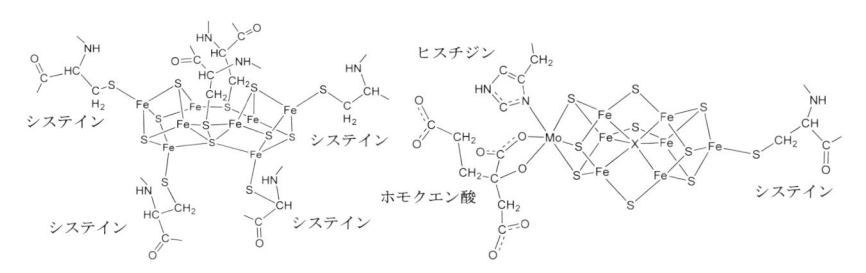

図11.12 ニトロゲナーゼに含まれる金属クラスター
左はPクラスター，右はMクラスター．

　ここでは1分子の窒素に対して8個のプロトンと8個の電子が反応して，生成物として2分子のアンモニアと1分子の水素が生じる．この反応のエネルギー源として16分子のATPが必要であり，ADPとリン酸に加水分解される．窒素は強固な三重結合をもち，その結合エネルギーは炭素－炭素結合のエネルギーの約3倍，225 kcal/molである．窒素をアンモニアに変換するためには，1分子の窒素に6個の電子を与えて，還元的に切断しつつ，プロトン化を行わなければならない．

　ニトロゲナーゼ二量体には鉄と硫黄からなるクラスター（Pクラスター）と，鉄と硫黄，モリブデンからなるクラスター（Mクラスター）が含まれる（**図11.12**）．窒素分子はおそらくMクラスターに取り込まれ，ここで電子を受

け取り，プロトン化されながらアンモニアに変換されると考えられる．ニトロゲナーゼ還元酵素は，ATPを加水分解する際に生じるエネルギーを利用してニトロゲナーゼのPクラスターに電子を渡し，このPクラスターからMクラスターに電子が供与されて窒素分子の還元が進行する．しかし，Mクラスター上で窒素が還元されてアンモニアになるメカニズムはあまりわかっていない．ニトロゲナーゼそのものの研究に加えて，ニトロゲナーゼのPクラスター，Mクラスターの構造に類似したモデル錯体をつくり，触媒メカニズムの解明を目指す研究が活発に行われている．

11.4　光合成

植物の光合成では，太陽光をエネルギー源にして，二酸化炭素と水から酸素とブドウ糖（高エネルギー物質）を合成している．我々人間は，植物や（それを食べた動物など）を食料として直接体内に取り込みエネルギー源としている．また石炭や石油などのエネルギー源も，太古の植物が光合成によって作り上げた産物である．こうしたことを考えると，我々が生きていくうえでのエネルギーの大部分は光合成から作り出されているといえる．最近，石油などのエネルギー源の枯渇や，これを燃焼させたときに生じる二酸化炭素の温室効果による地球温暖化が問題になっている．光合成のメカニズムに基づいて太陽光から直接，高エネルギー化合物を作り出すことができれば，こうした問題を解決できるかもしれない．このような考えから，光合成のメカニズムについては大きな興味がもたれている．光合成のメカニズムにおいても，金属錯体が非常に重要な役割を果たしている．

光合成のメカニズムについては，長年よくわかっていなかったが，最近，光合成に関わるタンパク質の構造解析が相次いで報告されたため，分子レベルでの理解が大きく進んでいる．**図11.13**には，葉緑体の構造，チラコイド膜の構造，光合成のメカニズムの概要を示す．葉緑体の断面図，光合成では，以下の式のように，水分子とNADP$^+$から，光エネルギーを用いて，酸素とNADPH，プロトンが生じる．

$$12H_2O + 12NADP^+ \longrightarrow 6O_2 + 12NADPH + 12H^+ \text{（膜の内側）}$$
$$72H^+ \text{（膜の内側）} + 24ADP + 24Pi \text{（リン酸）} \longrightarrow 72H^+ \text{（膜の外側）} + 24ATP$$

11.4 光合成

(a) 葉緑体の断面図

(b) チラコイド膜の積層部（グラナ）

(c) 光合成のメカニズムの概要

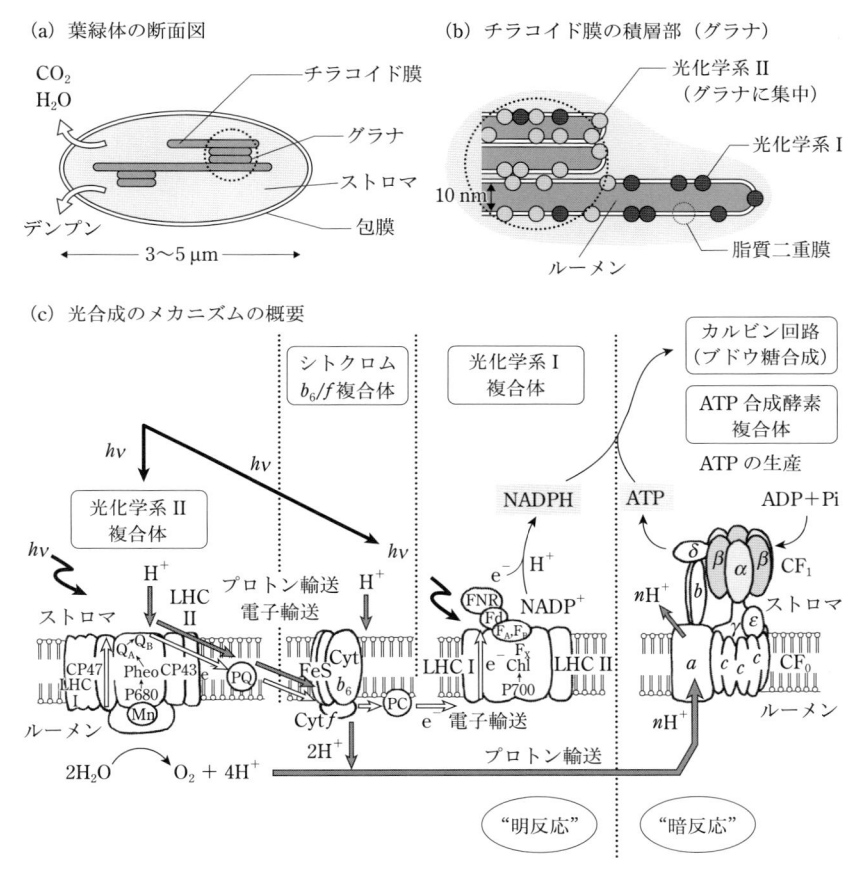

図11.13　葉緑体の構造と光合成のメカニズム
[山崎 厳，光合成の光化学，講談社（2011）]

光合成に関連するタンパク質は，葉緑体の中のチラコイド膜といわれる膜の中に埋め込まれている．上記の反応で生じたプロトンは膜の内側（ルーメン）に貯めこまれるが，これが膜を通過して外側に放出されたときに生じるエネルギーを利用してATPが生産される．

植物やラン藻類（シアノバクテリア）の光合成において太陽光を受け取る部分として，光化学系I（PSI）と光化学系II（PSII）と呼ばれる2つの構造がある．光化学系Iでは，光エネルギーを利用して$NADP^+$を還元し，高エネルギー状

第11章　生体と錯体

図11.14　バクテリオクロロフィルの構造

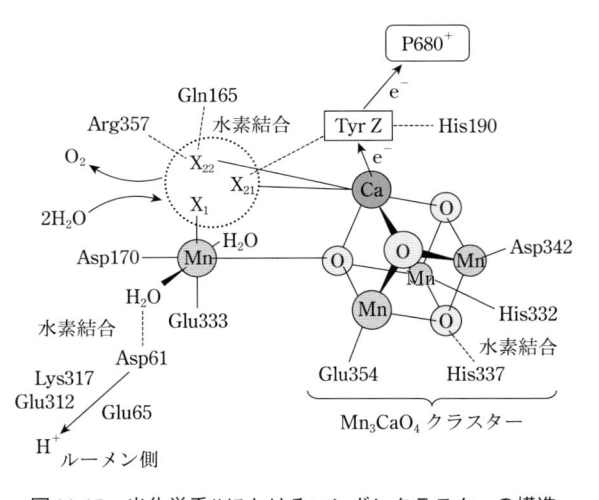

図11.15　光化学系Ⅱにおけるマンガンクラスターの構造

態の還元剤であるNADPHが生産される．一方，光化学系Ⅱでは，光エネルギーを利用して水が酸化される．光化学系ⅠおよびⅡの中で重要な役割をするのが**図11.14**に示すバクテリオクロロフィルである．バクテリオクロロフィルは，マグネシウムを中心金属とするポルフィリンである．これらは光化学系の反応中心で二量体を形成しており（スペシャルペアと呼ばれる），これが光を吸収して励起状態となり，そこから電荷分離が進行して電子とホールが生じる．反応中心のタンパク質内で電子とホールはそれぞれ別の反応，すなわち電子は還元的脱離反応に，ホールは酸化反応に使われる．1分子のバクテリオクロロフィ

ルのみでは電子とホールはすぐに再結合して，熱としてエネルギーを失うが，光化学系の反応中心では，うまく配置された他のクロロフィルやキノンなどへそれぞれ効率よく伝達されるため，再結合が起こる前に反応に使われる．

　また光合成では，水の酸化によって酸素が発生する．水の酸化は，光化学系IIに付随した，マンガンクラスターから構成される酸素発生中心で進行する（図11.15）．通常の水の電気分解反応による酸素の発生には，高い電圧が必要であるが，酸素発生中心での水の酸化は，その電圧に対応するエネルギーよりもずっと弱いエネルギーの光で進行する．マンガンクラスターにおける水の酸化がどのようなメカニズムで進行しているかについては，まだよくわかっていない．

11.5　医薬品としての金属錯体

　金属錯体はタンパク質や核酸と結合することで，生理活性を示す場合がある．以下では，医薬品として利用されている金属錯体について紹介する．

　シスプラチンは，図11.16のようなシンプルな構造をもつ白金錯体であるが，強い抗がん作用があり，さまざまながんの治療に幅広く用いられている．シスプラチンは2カ所のCl配位子がグアニンやアデニンの7位の窒素原子と置換して，これが強くキレート配位する．がん細胞では細胞増殖が盛んに起こっているが，細胞増殖時に重要なタンパク質の合成がこのDNAへのキレート結合によって阻害され，がん細胞の増殖が抑えられる．しかし，同時に正常細胞に対しては毒性があり，副作用として腎臓や神経を冒してしまうという問題がある．副作用を抑えた改良型のシスプラチンとして，カルボプラチンやオキサリプラチンが知られている．

　シスプラチンの合成ではトランス効果を利用する（図11.17）．テトラクロロ白金酸カリウムに対して，アンモニアを作用させて一置換体を合成する．ク

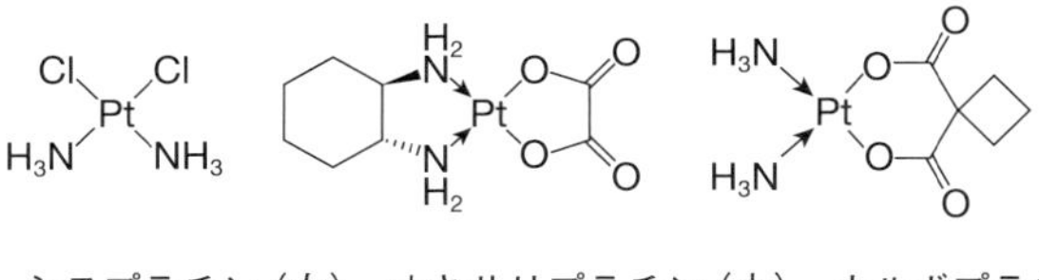

図11.16　シスプラチン（左），オキサリプラチン（中），カルボプラチン（右）

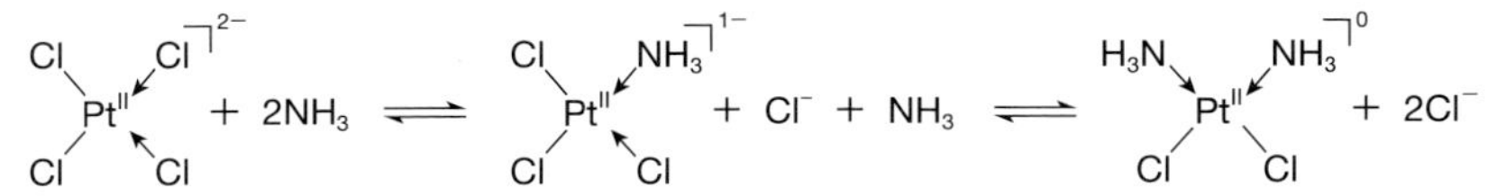

図11.17　シスプラチンの合成におけるトランス効果の利用

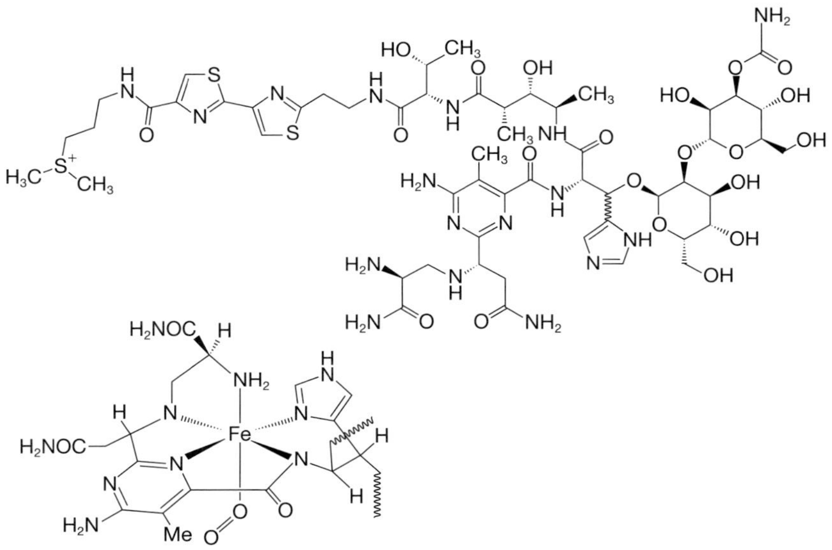

図11.18　ブレオマイシン（上）とブレオマイシン－鉄錯体（下）

ロロ基とアミノ基では，クロロ基の方がトランス効果が強いために，二段階目の置換ではアミノ基のシス位が選択的に置換されて，シス型の錯体が得られる．シスプラチンは有効な抗がん剤であるが，副作用が大きな問題である．より副作用のない新しい錯体の開発が望まれる．

　ブレオマイシンは，放線菌の一種である *Streptomyces verticillus* から単離された抗生物質であり，抗がん作用をもっている（**図11.18**）．ブレオマイシンは体内で鉄と結合して錯体を形成し，この錯体が酸素と結合して，5価の鉄オキソ種を生じると考えられている．この化合物に含まれるビチアゾール部位がDNAと相互作用し，鉄オキソ種による酸化作用によってDNAを損傷することでがん細胞の増殖を抑えている．ブレオマイシンには抗がん作用があるが，その一方で金属錯体の配位子でもあり，プレオマイシンが鉄に配位して生じた鉄

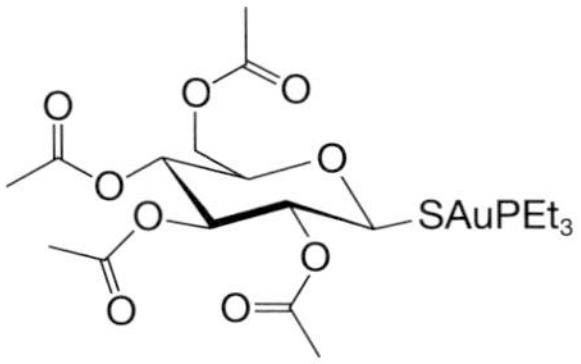

図11.19　オーラノフィン

錯体はある種の酸化触媒として作用する点が興味深い．また生物は進化の過程でどのようにしてこの錯体を手に入れたのかについても興味がもたれる．

　金属状態の金には，一般に生理活性や毒性がないといわれている．実際「金箔」は，食品添加物とみなされ，料理の飾りなどに使われている．しかし，金錯体は生理活性をもつ場合がある．例えば，金(I)チオラート錯体であるオーラノフィン（**図11.19**）は，抗リウマチ薬として使用されている．しかし，この化合物がどのように作用して薬効を示すのかについては，まだ明らかにされていない．

コラム　　人工光合成——太陽光エネルギーを分子に蓄える

　人類は，その存続を脅かす可能性のある3つの難問，すなわちエネルギーと炭素資源の枯渇，および大気中二酸化炭素濃度の上昇により引き起こされる地球環境に関する問題（地球温暖化および海水の酸性化）に直面している．これらの問題を一挙に解決する方法として人工光合成が注目を集めている．植物の光合成では，水と二酸化炭素を原料とし，太陽光をエネルギー源として用いることで，生物が必要とする炭水化物および酸素を合成してくれる．人工光合成とは，エネルギー源として同じ太陽光を用いて，高いエネルギーを分子内に蓄えた物質を合成する技術の総称である．人工光合成では，水から水素を作る，もしくは二酸化炭素を還元して，液体燃料や有用な有機物を作ることを目標としている．

　人工光合成においては，遷移金属錯体が重要な役割を果たす．Ru(II)錯体やRe(I)錯体は，光を吸収すると活性化され，他の分子に電子を渡したり（すなわち還元），受け取ったり（酸化）するようになる．この性質（レドックス光増感作用）を活用したさまざまな光触媒反応（水からの水素発生，二酸化炭素の還元資源化）が研究されている．

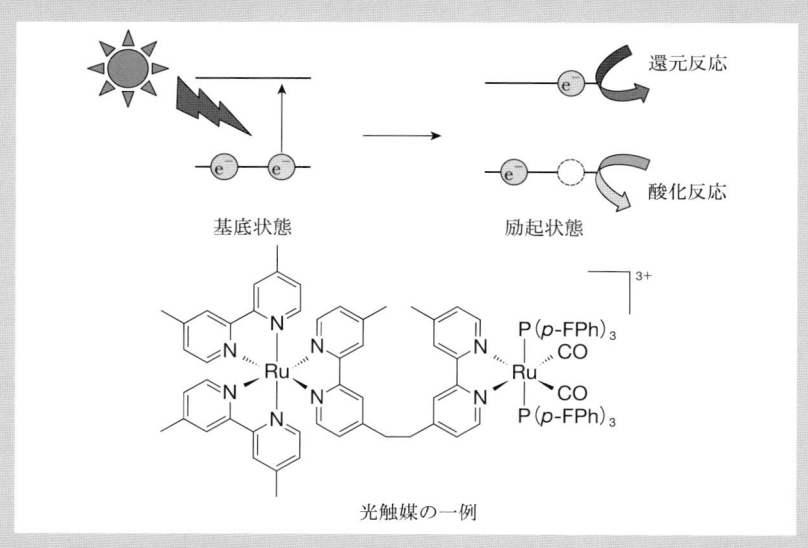

光触媒の一例

参考文献
玉置悠祐，石谷 治，"人工光合成研究の新展開——光エネルギーを用いた二酸化炭素の資源化"，化学，3月号，66–67，化学同人 (2012)

（執筆：東京工業大学大学院理工学研究科　石谷 治）

第12章 錯体のキャラクタリゼーション

12章で学ぶこと
- 錯体を同定する手法：NMR, IR, 元素分析, 質量分析
- X線を用いた錯体の構造解析手法：X線回折, X線単結晶構造解析, X線の吸収に基づく手法（XANES, EXAFS測定）
- 紫外・可視光を用いた構造解析手法：CDスペクトル, ラマン分光法
- 直接的な構造解析手法：原子間力顕微鏡

12.1 錯体の同定に関する基礎

錯体の研究および開発において，もっとも重要となるのが構造の同定である．これまでに述べてきたとおり，構造と機能には密接な関わりがある．錯体の構造を解析するためには，核磁気共鳴分光（nuclear magnetic resonance spectroscopy, NMR），赤外分光（infrared spectroscopy, IR），元素分析が用いられる．さらに，質量分析（mass spectrometry, MS）も重要な同定手段となる．

(1) NMR

錯体の同定に対しておもに用いられるのは，^{1}H NMRである．^{1}H NMRで観測しているのは，錯体を構成している有機配位子のシグナルだけである．金属イオンと配位子が錯体を形成している場合は，配位子のみのときと比べて，^{1}H NMRのシグナルが変化する．具体的には，シグナルがブロード化したり，高磁場あるいは低磁場側へシフトする．ほとんどの有機化合物はC–H結合を多く有するため，^{1}H NMRによるシグナルシフトの観察が一般的に行われる．

NMR測定においては通常，錯体を重水素化溶媒に溶解する．溶液中の錯体濃度が高い状態で測定を行う必要があり（1.0×10^2 mol L^{-1}），この濃度ではほとんどの錯体の配位子は解離しない．このことからも，^{1}H NMR測定は重要な同定手段となる．ただし，常磁性をもつ錯体が生成しているかどうかを^{1}H

NMRで確認する場合は，学術的な文献を参考に判断される．

（2）IR

有機配位子が金属イオンに配位すると，有機配位子の配位部位（例えば，カルボニル基）のIRシグナルがシフトする，もしくは，IRスペクトルの形状が変化する．

IR測定を溶液中で行うと，有機溶媒（例えばアセトン）の振動構造（C–H, C＝O, C–C伸縮・変角など）がIRスペクトル上に大きく現れてしまい，錯体の配位子の振動構造が見えなくなってしまう．そのため，錯体（粉体）のIR測定を行うためには，赤外光が透過する固体（ガラス）を作製する必要がある．錯体をガラスの中に閉じ込めるためには，粉末を圧縮するとガラスになる性質をもつKBr（臭化カリウム）が用いられる．一般的には，錯体の粉末をKBrの粉末に混合し，その混合物を圧縮させることにより得られるKBrガラス（ペレットともいう）の状態で分析を行う．

なお，NMRとIRの目的は，有機配位子が金属に配位しているかどうかを調べることである．NMRにおいては，核Overhauser効果（NOE）を用いると，溶液中における配位子の空間的な配置に関する情報も得られる．

（3）元素分析

新たに合成した錯体を学術論文で発表するためには，NMRとIRのデータに加えて元素分析の結果が必要となる．元素分析では，炭素，水素，および窒素の構成比率（割合）を解析する．錯体の構造から予想される構成比率と実測値の差は，0.3％以内であることが望ましい．

なお，一般の有機分子用の元素分析は，燃焼させたときに生じるガスを吸着して分析する方法であり，炭素C，水素H，窒素Nしか分析できない．金属の元素分析を行うためには，誘導結合プラズマ発光分光分析（ICP–AES）を用いる必要があるが，かなり手間のかかる方法である（測定に1日かかることもある）．このため，錯体の元素分析では，C, H, Nを対象とすることがほとんどである．

（4）質量分析

元素分析での同定が困難である場合，質量分析により得られる質量に関する情報が重要となる．質量分析計は試料導入部，イオン化部，質量分離部，検出部，制御装置・データ処理部からなる．

試料導入部 ⟶ イオン化部 ⟶ 質量分離部 ⟶ 検出部 ⟶ 制御装置・データ処理部

質量分析においては，適当なイオン化法により試料をイオン化する必要がある．錯体の質量分析におけるイオン化の方法としては，おもに高速原子衝突（FAB）法またはエレクトロスプレーイオン化（ESI）法が用いられる．近年ではマトリクス支援レーザー脱離イオン化（MALDI）法を用いることもある．イオン化法については，後述する．

まず，質量分離部と検出部について説明する．基本的には，**図12.1**に示すように，扇形の形状をした磁場中に電圧によって加速させた陽イオンを打ち込み，磁場をかけることでイオンを曲げ，検出部に到達するイオンを検出するという原理である．イオンは電荷をもった粒子であるので，磁場中では力を受けて加速度運動をする．力は扇の中心に向かって働く．この力と遠心力が同じであれば，扇形に沿ってイオンは移動し，検出器に到達できる．これにより，特定の質量をもつイオンを検出できる．

遠心力Fはイオンの質量mに依存し，次式で表される．

$$F = \frac{mv^2}{r} \tag{12.1}$$

ここで，rは扇型磁場の半径（装置固有の値），vはイオンの速度である．vはイオンの加速に用いる電圧Vに依存し，イオンの価数zおよび電気素量eを用いて（zeはイオンの電荷）

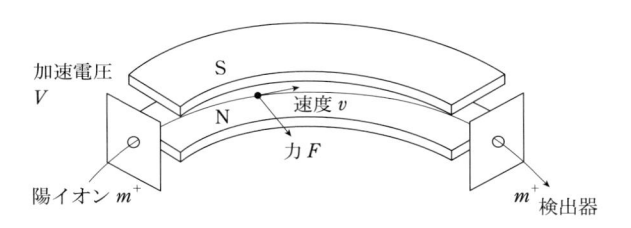

図12.1　質量分析計における質量分離部の模式図

$$v = \sqrt{\frac{2(ze)V}{m}} \tag{12.2}$$

となる．この式から2価のイオンにおいては，質量が1/2の1価のイオンと同じ速度となることがわかる．(12.1)式と(12.2)式の関係から，次の式が得られる．

$$F = \frac{2(ze)V}{r} \tag{12.3}$$

一方，イオンが磁場Bから受ける力は

$$F = B(ze)v = B(ze)\sqrt{\frac{2(ze)V}{m}} \tag{12.4}$$

である．よって，遠心力と磁場から受ける力がつり合って検出される条件は

$$\frac{2(ze)V}{r} = B(ze)\sqrt{\frac{2(ze)V}{m}} \tag{12.5}$$

となる．実際には，制御装置により電圧Vと磁場Bを変化させて，m/zの測定を行っている．

図12.2のように磁場と電場を連結させる方法を二重集束質量分析法（DF–MS：double focusing mass spectrometry）という．電場を用いることで速度の違い（質量の違い）によりさらに高精度に分離することができ，DF–MSではミリマス（0.001）の違いを区別できる．

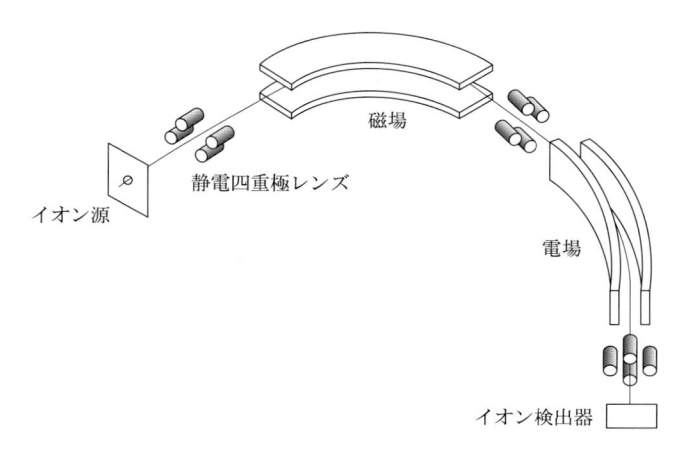

図12.2　二重収束質量分析法の模式図

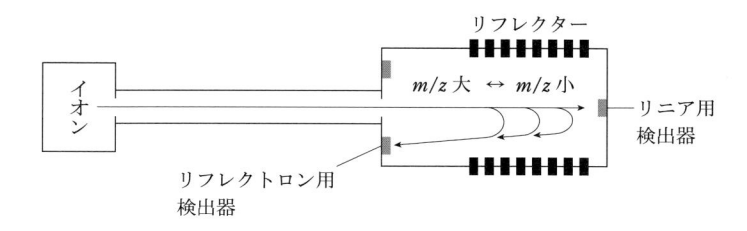

図12.3 飛行時間型質量分析計の構成

表12.1 質量分析に用いられるイオン化法の比較

イオン化法	特　徴	試料の量
FAB	おもに，プロトンが1つだけ付加したイオンが生成する．	数百pmol以上
ESI	試料に与えるダメージが少ないので，熱的に不安定な物質や生体高分子にも適用できる．多価イオンを生成しやすい．この特徴により，高分子量物質が測定できる．	数pmol以上
MALDI	試料の化学的性質に左右されにくいイオン化方法であるため，ポリマーなどの高分子試料にも適用できる	数fmol以上

　また，加速電圧をパルス化し，到達するまでの飛行時間を計測する方法を飛行時間型質量分析法（TOF-MS : time of flight mass spectrometry）という．TOF-MSでは，イオン化法として後述のMALDI法が一般的に用いられる．TOF-MSでは，レーザーを照射してから検出部に到達するまでの時間を測定することで，イオンの質量を算出する．イオンをまっすぐ検出部に到達させる方法をリニア型，精度を高めるために（飛行時間の差を大きくするために），電場により反射させてから戻ってくるまでの時間を利用する方法をリフレクトロン型という（**図12.3**）．

　続いて，イオン化の方法について説明する．それぞれのイオン化法の特徴を**表12.1**にまとめる．

・FAB（fast atom bombardment）法（**図12.4**(a)）

　　Xeをイオン化して高速重粒子（一次イオン）を得る．発生した高速重粒子をグリセリン，2,5-ジヒドロキシ安息香酸（DHB）などのマトリクスに照射すると，試料のイオン（多くはプロトン化した分子）が二次イオン

第12章　錯体のキャラクタリゼーション

(a) FAB 法

高速重粒子
(一次イオン)
イオン化した分子
(はじき出される)

マトリクス＋試料

(c) MALDI 法

レーザー光
イオン化した分子
(熱によりイオン化)

マトリクス＋試料

(b) ESI 法

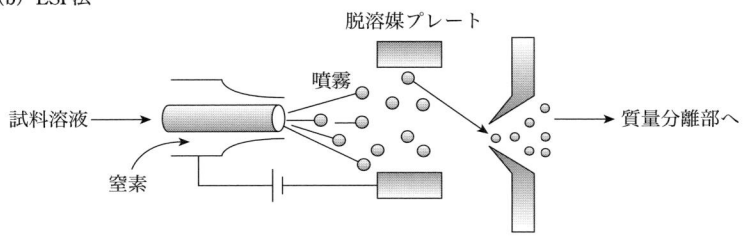

脱溶媒プレート
噴霧
試料溶液 →
→ 質量分離部へ
窒素

図12.4　イオン化の方法
(a) FAB法, (b) ESI法, (c) MALDI法

としてはじき出される.

- ESI (electrospray ionization) 法（図12.4 (b)）
 試料が入った溶液をキャピラリーの先から噴き出すときに電圧をかけて，液滴に電荷を付与する．この液滴から溶媒が取り除かれると試料にプロトンが付加してイオン化される．この際，試料にプロトンは複数個付加する．そのため，観測される質量は$(M+n\mathrm{H})^{n+1}$である．

- MALDI (matrix-assisted laser desorption ionization) 法（図12.4 (c)）
 コバルトなどを含むマトリクスの中に試料を混ぜた後，レーザー光をマトリクスに照射する．このレーザー光によりコバルトから熱が放射され，マトリクスに含まれる試料はイオン化してはじき出される．この方法ではタンパク質などの測定も可能である．ただし，最適なマトリクスを見つける必要がある．

12.2 X線を用いた構造解析

X線は錯体の構造を解析するための有力なツールである．具体的には，粉体サンプルの構造解析を行うX線回折（X-ray diffraction, XRD）測定，単結晶の構造解析を行うX線単結晶構造解析がある．また，XANES測定やEXAFS測定，XPSも錯体の電子構造を解析するうえでは重要である．

（1）X線回折測定

合成した直後の錯体は多くの場合，粉体であるが，これは小さな結晶がたくさん集まった状態である．結晶中では原子や分子が規則的に配列している．あらゆる向きの微結晶が集まった粉体にX線を照射すると，**図12.5**のようなX線回折パターンが観察される（図12.5は円形パターン）．これをLaue（ラウエ）写真という．

X線回折（XRD）パターンは物質に固有であり，このパターンを解析することで物質の構造に関する情報を得ることができる．一般に，結晶に対してX線を照射すると，入射角と同じ角度で回折（反射）されるが，ある角度で入射したときには，回折されるX線が強め合う（**図12.6**）．回折されるX線が強め合うときのX線の入射角（回折角）θは，以下のBragg（ブラッグ）の式に従う．

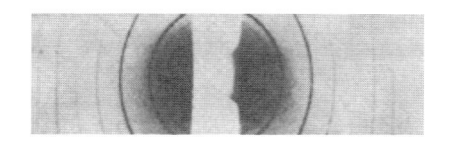

$$n\lambda = 2d \sin\theta \tag{12.6}$$

図12.5　Laue写真

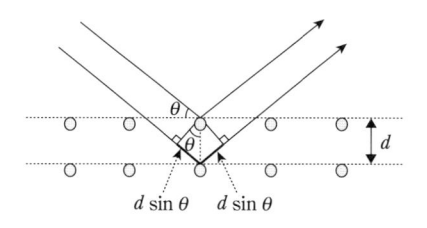

図12.6　Bragg反射の模式図

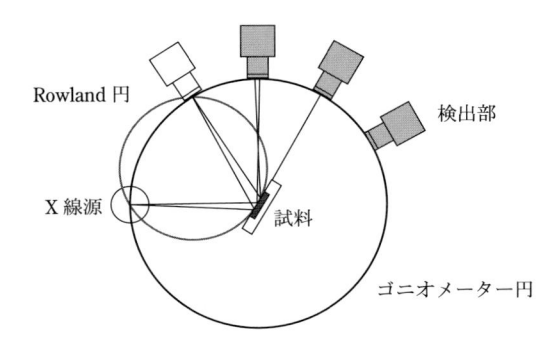

第12章　錯体のキャラクタリゼーション

図12.7　X線回折測定におけるX線源，試料，検出部の配置

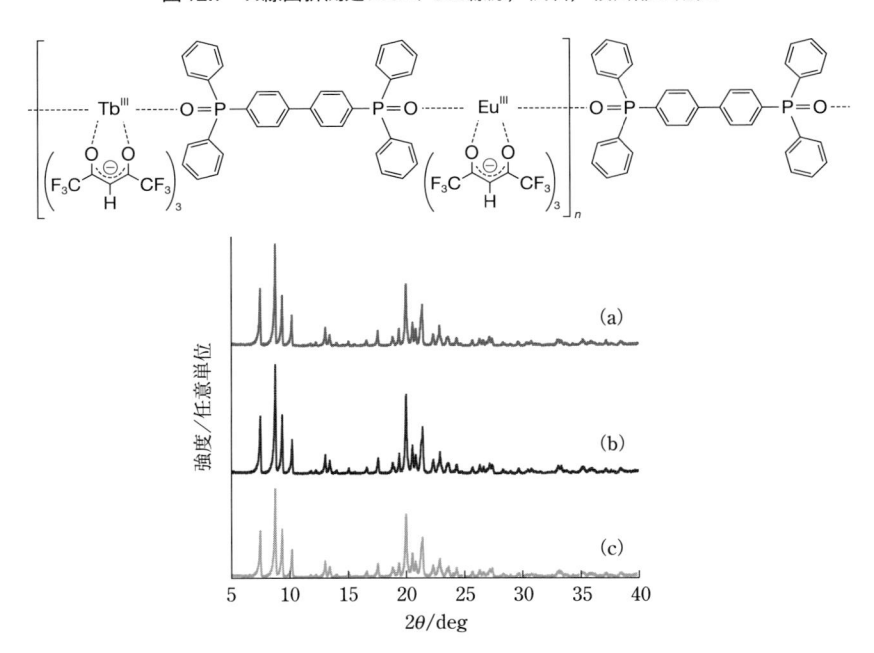

図12.8　希土類錯体がつながった化合物のX線回折スペクトル
　　　　Eu^{3+}とTb^{3+}のイオン比は (a) 100 : 0, (b) 0 : 100, (c) 99 : 1

ここで，nは整数，λはX線の波長，dは格子間隔（結晶の面と面の間隔）である．この関係式から，結晶の格子間隔dが求められる．X線回折測定では，**図12.7**に示すようにX線を試料に照射する際，試料および検出部の位置を移動させることでBragg条件を測定する．図にはRowland円とゴニオメーター円

を示してある．回折光の焦点の軌跡をRowland円といい，Rowland円上の一点から放射されたX線がRowland円上にある試料により一定の角度で回折された場合には，必ずRowland円上の一点に集まるという性質がある．ゴニオメーター円とは，試料を中心としてX線源を通る円であり，検出部はこのゴニオメーター円に沿って移動させる．

XRDスペクトルは検出される回折X線の強度を縦軸，2θを横軸としてプロットしたものである．**図12.8**には，希土類錯体がつながった化合物のXRDスペクトルを示す．図12.8のXRDスペクトルの(a)，(b)，(c)は，Eu^{3+}とTb^{3+}のイオン比がそれぞれ100：0，0：100，および99：1の化合物に対応する．(a)〜(c)はすべて同様の回折パターンを与えていることから，これらの化合物では金属イオンの種類が変化しても錯体の構造は変化しないことがわかる．

図12.9には酸化チタンTiO_2のXRDスペクトルを示す．酸化チタンの結晶構造が違うと異なるXRDスペクトルを与えることがわかる．無機化合物の構造に関しては，JCPDSカード（旧ASTMカード）を用いて照合することができる．

測定されたシグナルの半値幅（太さ）は粉体を構成する微結晶の結晶サイズ

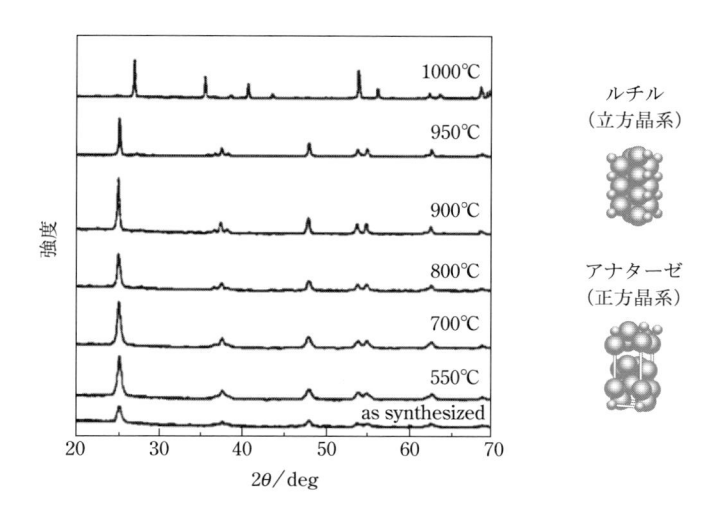

図12.9 TiO_2のX線回折スペクトル

図中の数値は焼成温度である．1000℃以上ではルチル型の結晶構造，950℃以下ではアナターゼ型の結晶構造となることを示している．焼成温度の違いにより結晶構造が変わることがわかる．

［H. Kominami *et al.*, *Ind. Eng. Chem. Res.*, **38**, 3925（1999）］

第12章 錯体のキャラクタリゼーション

に依存する．XRDシグナルの半値幅と結晶サイズの間には，以下のScherrer（シェラー）の式と呼ばれる関係が成り立つ．

$$微結晶のサイズ = \frac{K\lambda}{\beta \cos\theta} \quad (12.7)$$

$$格子ひずみ = \frac{\beta}{4\tan\theta} \quad (12.8)$$

ここで，Kは形状因子（球状の場合0.9），λはX線の波長（Cu Kα線の場合は0.15406 nm），βは半値幅（単位はrad），θは回折角である．

例えば，図12.9に示したTiO_2のXRDスペクトルにおいて，$2\theta = 25°$のシグナルの半値幅が0.33°となった場合，Scherrerの式から粒子サイズは25 nmと見積もられる．同様にして，錯体から構成される微結晶のサイズも見積もることができる．

（2）X線単結晶構造解析

試料が単結晶である場合は，X線の強め合う条件がスポット（点）として現れる．測定においては，**図12.10**(a)に示す測定系を用いてχ，φ，ω，2θの4軸を変化させることで，X線回折強度が強め合う条件を計測していく．

この4軸回転による計測は測定に時間がかかる．このため現在は，イメージングプレートと呼ばれる二次元検出器を用いた方法がよく使われる．測定によ

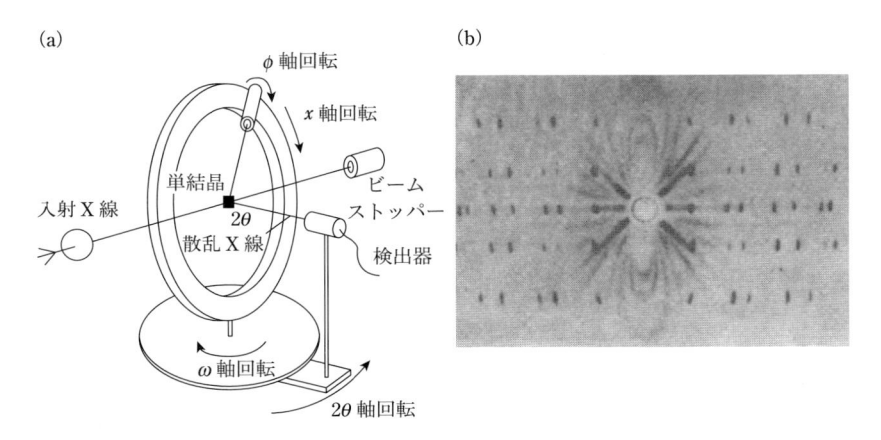

図12.10 （a）X線単結晶構造解析の測定系および（b）得られる像

り得られるイメージングプレート上の像は計算プログラムによって解析する．先ほど示した希土類錯体がつながった化合物は，X線単結晶構造解析によって下のような構造であると解析された．

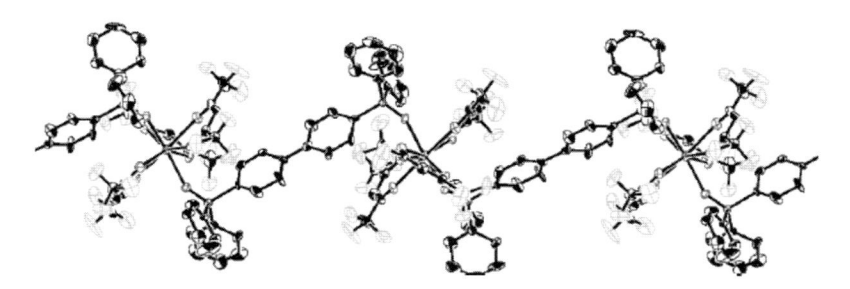

これはORTEP図と呼ばれ，錯体の構造をイメージ図としたものである．実際には，構造の解析情報と原子の位置情報が入った「CIFファイル」がデータとして得られる．このCIFファイルのデータを画像化したものがORTEP図となる．なお，ORTEPとはX線構造解析用のプログラムを開発したJohnson博士（Oak Ridge National Laborotory）が付けたプログラムの名称Oak Ridge Thermal-Ellipsoid Plot Programの略である．また，CIFは，Crystallographic Information Fileの略である．

X線単結晶構造解析から得られたCIFファイルの解析情報から，以下のようなパラメータがわかる．

・分子量（formula weight, M）：1339.69
・結晶系（crystal system）：monoclinic
・空間群（space group）：C_2/c
・単位格子の長さ（a, b, c）
・軸間角度（α, β, γ）
・単位格子の体積（V）：5340.5 Å^3
・単位格子内に含まれる分子の数（Z）：4
・密度 $d_{calc} = ZM/6.022 \times 10^{23} V = 1.66$ g cm^{-3}
・測定温度 T：-123 ± 1℃
・線吸収係数 μ（Mo Kα）：13.472 cm^{-1}
・Bragg角 2θ の最大値 $2\theta_{max}$：55.0°

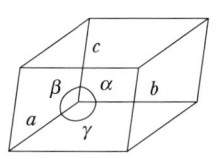

第12章　錯体のキャラクタリゼーション

・信頼性因子 R：2.66%

信頼性因子 R は解析の精度を表す．R の値が10%よりも小さくなれば，解析された構造がほぼ正しいことになる．この後に，水素原子の位置を計算により決めて（水素原子は軽元素のためX線回折データは得られない），R の値が3～5%ぐらいであれば，解析は正常に終了したことになる．

　X線単結晶構造解析が終了した後は，得られたCIFファイルのチェックを行う．このチェックはweb上で行うことができる（http://journals.iucr.org/services/cif/checkcif.html）．このサイトにCIFファイルをアップロードすると，以下のようなレポートが得られる．

checkCIF/PLATON report

You have not supplied any structure factors. As a result the full set of tests cannot be run.

THIS REPORT IS FOR GUIDANCE ONLY. IF USED AS PART OF A REVIEW PROCEDURE FOR PUBLICATION, IT SHOULD NOT REPLACE THE EXPERTISE OF AN EXPERIENCED CRYSTALLOGRAPHIC REFEREE.

No syntax errors found.　　CIF dictionary　　Interpreting this report

「checkCIF publication errors」のALERTが出たレポートが得られた場合は，このALERTを解除するようにCIFファイルを改訂する．

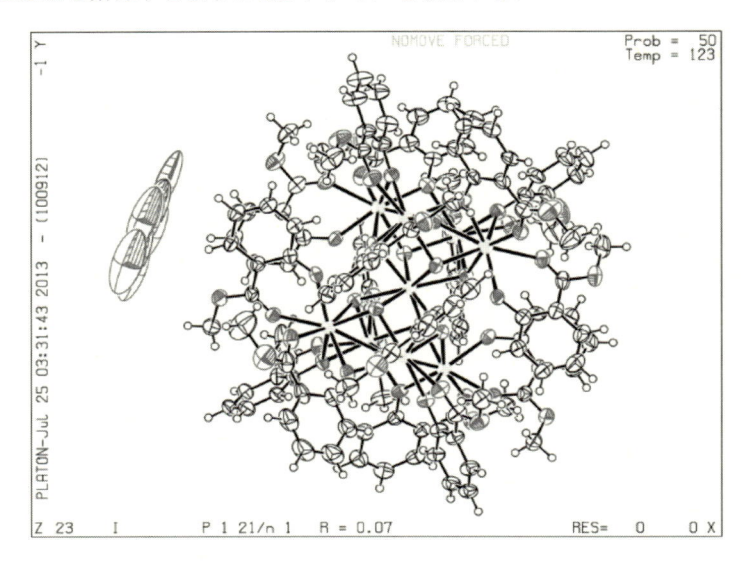

得られた解析データを学術論文に報告するためには，結晶構造解析データをケンブリッジデータベース（CCDC）に登録する必要がある．この登録もweb上で行うことができる（https://services.ccdc.cam.ac.uk/structure_deposit/web_deposit_php/web_deposit_upload_file.php）．

このサイトに，Check CIFによって修正されたCIFファイルをアップロードすると，登録番号が得られる．X線単結晶構造解析のデータを学術論文に発表する場合は，この登録番号を記載する．

（3）XANES測定，EXAFS測定

溶液中における錯体の構造を同定するためには，XANES（X-ray absorption near-edge structure，X線吸収端近傍微細構造）測定やEXAFS（extended X-ray absorption fine structure，広域X線吸収微細構造）測定が行われる．X線の回折ではなく，吸収特性から解析を行う方法である．

入射するX線の強さをI_0，物質を通過した後のX線の強さをI，物質の厚さをxとすると，

$$I = I_0 \exp(-\mu x) \tag{12.9}$$

が成り立つ．μは前出の線吸収係数である．XANES測定やEXAFS測定では，

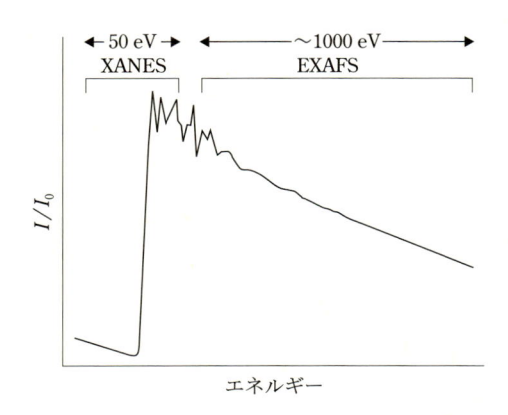

第12章 錯体のキャラクタリゼーション

図12.11　XANESおよびEXAFSスペクトルの模式図

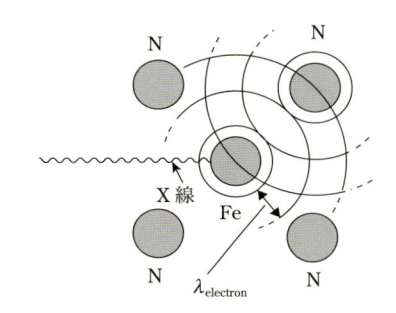

図12.12　X線吸収スペクトルにおいて微細構造を生じるX線と錯体の間の相互作用

　物質に強いX線を照射して錯体の内殻軌道から電子が叩き出されるときに吸収されるX線の強度を計測する．X線によって物質の内殻（K殻またはL殻）から叩き出された電子を光電子と呼ぶ．

　一般に，周期表中の第3周期以上の遷移金属などの原子の内殻（K殻あるいはL殻）から光電子を放出させるためには，4～25 keVの強いエネルギーのX線を照射する必要がある．照射エネルギーを横軸，I/I_0を縦軸にすると**図12.11**のようなスペクトルが得られる．

　X線吸収スペクトルにおいては，その吸収端に波がゆがめられたような構造が現れる．この波がゆがめられたようなスペクトル波形は，叩き出された光電子の波が中心金属原子のまわりに存在する配位子の配位原子によって散乱された波と干渉して生じたものであり（**図12.12**），微細構造に関する情報をもっ

表12.2 Nd(hfa)$_3$(H$_2$O)$_2$のEXAFSスペクトルの解析結果

溶 媒	原子間距離 r/Å	配位数	σ^2/Å^2	R/%
d$_4$-メタノール	2.50	8.8 ± 1.0	0.0965	5.2
d$_6$-アセトン	2.49	9.2 ± 0.9	0.1039	4.9
d$_8$-THF	2.50	8.6 ± 1.2	0.1023	7.9
d$_7$-DMF	2.50	8.8 ± 0.9	0.0965	5.2
d$_6$-DMSO	2.47	5.8 ± 0.8	0.0565	6.4

ている.

例えば鉄ポルフィリン錯体の場合,鉄のL殻の吸収に相当するX線を照射すると,鉄原子のまわりの窒素原子によるX線の干渉が起こり,そのゆらぎがEXAFS領域(吸収端から50 eV以上の領域)に現れる.このゆらぎの情報を解析することで,Fe原子からN原子までの距離と配位数に関する情報を得ることができる.

希土類錯体であるNd(hfa)$_3$(H$_2$O)$_2$のEXAFSスペクトルの解析結果を**表12.2**に示す.この表から,Nd(hfa)$_3$(H$_2$O)$_2$錯体の粉体(8配位,Nd^{3+}と酸素原子の距離=2.49 Å)と通常の有機溶媒中(8, 9配位,Nd^{3+}と酸素原子の距離≒2.49 Å)との解析結果はよく一致しているが,d$_6$-DMSO中においては異なる配位数と距離が見積もられていることがわかる.

表中のσ^2はDebye–Waller因子と呼ばれ,熱運動によるX線の散乱強度の減衰を表す因子であり,Nd(III)錯体の酸素原子の自由度を反映している.DMSO中のNd(hfa)$_3$(H$_2$O)$_2$錯体のDebye–Waller因子が小さく見積もられていることから,Nd(hfa)$_3$(H$_2$O)$_2$錯体はDMSO中において配位子の組み替えが起こり,堅い構造を形成していることが推測される.

一方,X線吸収端部分はXANES領域と呼ばれ,Nd(III)錯体の電子密度に関する情報をもっている.このように,EXAFSやXANESは溶液中における錯体の構造を解析する重要な計測方法といえる.

上述のとおり,周期表中の第3周期以上の元素のK殻あるいはL殻の吸収端は4〜25 keVのX線領域に存在するので,多くの元素を含む錯体について任意の原子種を選んでEXAFS, XANES測定を行うためには,広いエネルギー領域にわたって連続的な波長分布をもつ光源が必要となる.十分な統計誤差(<0.1%)でEXAFSスペクトルを得るためには,強力なX線源が必要となる.

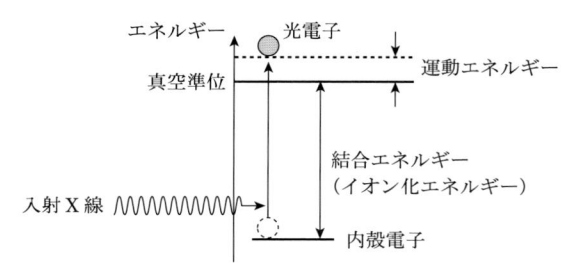

図12.13　XPSにおける入射X線のエネルギーと光電子の運動エネルギーの関係

日本では茨城県つくば市にある高エネルギー加速器研究機構のPhoton Factoryや兵庫県佐用郡にある高輝度光科学研究センターのSPring-8などの放射光施設で，強力なX線を用いたEXAFS測定を行うことができる．

（4）XPS

XPSはX線光電子分光（X-ray photoelectron spectroscopy）の略である．XPSでは錯体の電子状態，具体的には，錯体中の金属イオンの価数を正確に解析することができる．

　まず，XPSの原理について説明する．XPSでは，X線の照射によって錯体から光電子を放出させる．入射するX線のエネルギーと光電子の運動エネルギーの間には以下の関係がある（**図12.13**）．

$$\text{光電子の運動エネルギー} = \text{X線のエネルギー} - \text{結合エネルギー} \tag{12.10}$$

つまり，X線のエネルギーが大きいほど，速度の大きい電子が生成する．入射するX線のエネルギーは計測可能であるため，放出される電子の運動エネルギーを計測することができれば，原子の中にいたときのその電子の結合エネルギーを見積もることができる．結合エネルギーは原子に固有な値である．

　図12.14のような同心円筒形の両側それぞれに電極を置いて電圧を印加すると，放出される光電子のうち，ある運動エネルギーをもつ光電子だけが円筒管を通り抜けて検出される．つまり，円筒管への印加電圧の制御によって，光電子の運動エネルギーを見積もることができる．

　図12.15に5-Br-PADAP配位子をもつFe錯体のXPSスペクトルを示す．

12.2 X線を用いた構造解析

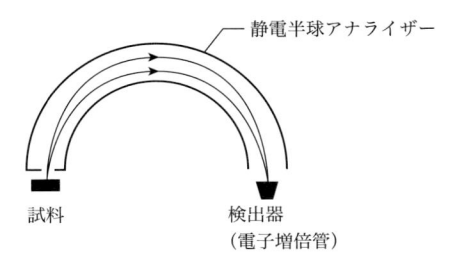

図12.14 X線光電子分光において特定の運動エネルギーをもつ光電子のみを検出する原理

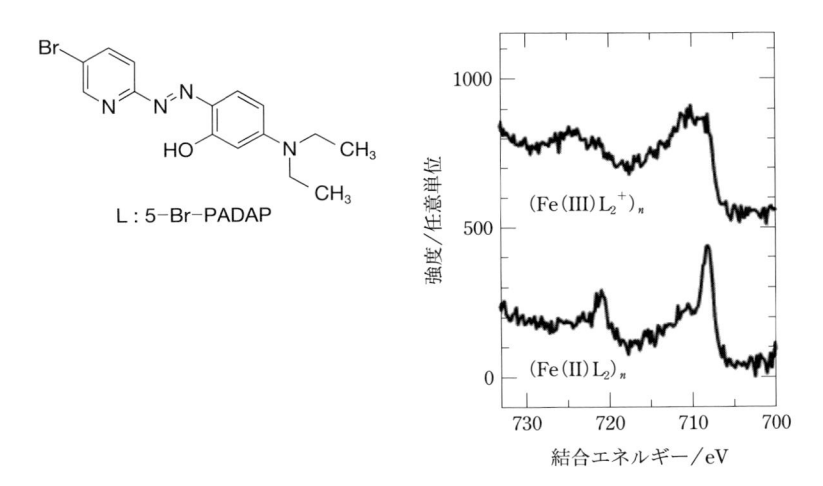

図12.15 5-Br-PADAP配位子をもつFe錯体のXPSスペクトル
［Y. Yulizar *et al.*, *J. Coll. Inter. Sci.*, **275**, 560（2004）］

このFe錯体はFeが＋2価の錯体と＋3価の錯体を明確に分離することができ，そのXPSによる解析結果が報告されている．XPSスペクトルの横軸は結合エネルギー（binding energy）となっており，705〜715 eVにあるFe(II)錯体（ピークトップは708 eV）とFe(III)錯体（ピークトップは710 eV）のスペクトル形状は異なることがわかる．なお，0価のFe（金属）では706 eVをピークトップとするXPSスペクトルが観測される．

12.3　紫外・可視光を用いた構造解析

　紫外・可視光を用いた錯体の構造に関する測定法には，おもにCDスペクトル測定とラマン分光がある．また，これらの分光法を5章で述べたようにJobプロットと組み合わせることも多い．

（1）CDスペクトル

　CDとは円二色性（circular dichroism）の略である．直線偏光は同じ振幅をもつ左円偏光と右円偏光の和とみなすことができる．そのため，直線偏光が円偏光二色性をもつ物質中を通過すると，その直線偏光を構成していた左円偏光と右円偏光に振幅の差が生じるため楕円偏光に変化する（図12.16）．

　錯体にキラルな構造がある場合（Δ体とΛ体が区別できる場合），左円偏光と右円偏光の吸収に差が生じる．円偏光二色性の大きさは，左円偏光に対する吸光度A_Lと右円偏光に対する吸光度A_Rの差である円二色性吸光度

$$\Delta A = A_L - A_R \tag{12.11}$$

で表される．左円偏光に対する吸光係数ε_Lと右円偏光に対する吸光係数ε_Rの差$\Delta \varepsilon (= \varepsilon_L - \varepsilon_R)$，溶液の濃度$c$ (mol L^{-1})，光路長l (cm)とΔAの間には

$$\Delta A = \Delta \varepsilon \, c \, l \tag{12.12}$$

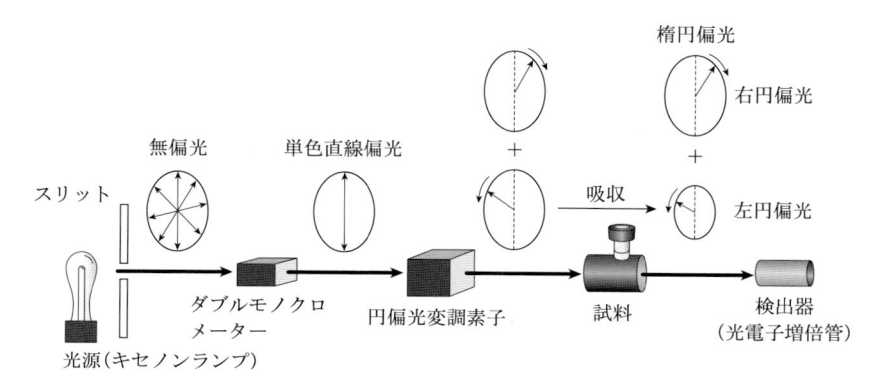

図12.16　CDスペクトルの原理

12.3 紫外・可視光を用いた構造解析

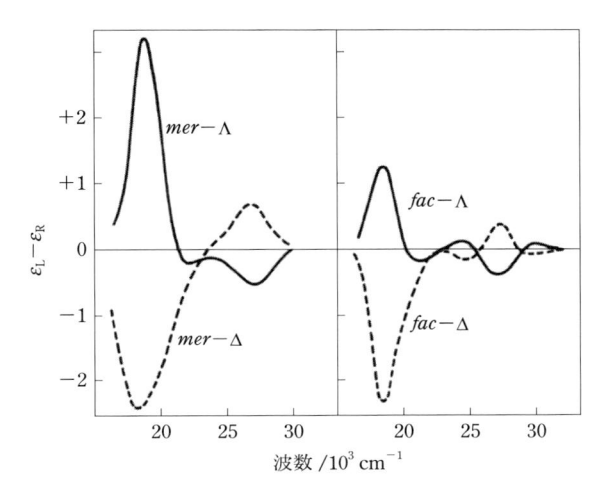

図12.17　Co(L-Ala)₃の4つの異性体のCDスペクトル
[R. G. Denning and T. S. Piper, *Inorg. Chem.*, **5**, 1056 (1960)]

の関係が成り立つ．$\Delta\varepsilon$を縦軸に，波長を横軸にプロットしたものが，CDスペクトルである．**図12.17**は，L-アラニンが3つ配位したCo(III)錯体Co(L-Ala)₃のCDスペクトルである．Δ体とΛ体が$\Delta\varepsilon=0$を中心としたほぼ対称なスペクトルを与えることがわかる．

キラル物質の異方性の程度は，一般に異方性因子（g値）によって評価される（CDの場合のg値をg_{CD}と表す）．

$$g_{\mathrm{CD}} = \frac{\Delta\varepsilon}{\varepsilon} = \frac{\varepsilon_{\mathrm{L}} - \varepsilon_{\mathrm{R}}}{\frac{1}{2}(\varepsilon_{\mathrm{L}} + \varepsilon_{\mathrm{R}})} \tag{12.13}$$

また，発光スペクトルからもキラルの評価を行うことができる．発光スペクトルは円偏光発光（circularly polarized luminescence, CPL）スペクトルと呼ぶ．**図12.18**にキラルな配位子を含む発光性のEu(III)錯体のCPLスペクトルを示す．

この図では，磁気双極子遷移（595 nm付近）と電気双極子遷移（613 nm付近）にCPLシグナルが観察されている．CPLのg値は以下のように定義される．

$$g_{\mathrm{CPL}} = \frac{\Delta I}{\frac{1}{2}I} = \frac{I_{\mathrm{L}} - I_{\mathrm{R}}}{\frac{1}{2}(I_{\mathrm{L}} + I_{\mathrm{R}})} \tag{12.14}$$

ここで，I_{L}は左円偏光の発光強度，I_{R}は右円偏光の発光強度を表す．図中の錯体(R)-**1**では，

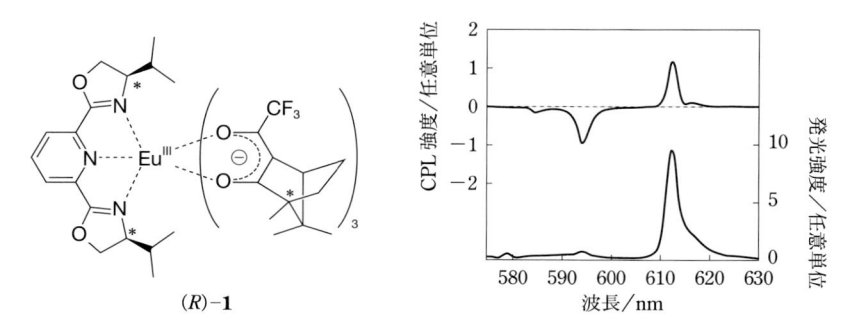

図12.18　キラルな配位子を含む発光性Eu(III)錯体のCPLスペクトル
[T. Harada *et al.*, *Inorg. Chem.*, **51**, 6476 (2012)]

g_{CPL}（磁気双極子遷移）$= -1.0$

g_{CPL}（電気双極子遷移）$= +0.065$

と見積もられる．この結果から，磁気双極子遷移の g 値は電気双極子遷移の g 値に比べて，きわめて大きいことがわかる．CPLの g 値は，

$$g_{\text{CPL}}(i \to j) = 4\frac{|M_{ij}|}{|P_{ij}|}\cos\tau_{ij} \tag{12.15}$$

によって定義される．M_{ji} は i–j 間の磁気双極子遷移モーメント，P_{ij} は i–j 間の電気双極子遷移モーメント，τ_{ij} は M_{ij} と P_{ij} の角度である．

この式から，磁気双極子遷移が大きく，電気双極子遷移が小さい発光バンドは g 値が大きくなることがわかる．このため，磁気双極子遷移が明確に観察される希土類錯体は，遷移金属錯体のMLCT発光（電気双極子遷移）に比べて大きな g 値を与える．

このようにCDスペクトルやCPLスペクトルを用いるとキラルな錯体の立体構造を評価することができる．

(2) ラマン分光

物質に光を照射すると散乱が起こる．ほとんどの散乱光は照射した光と同じエネルギーとなるレイリー散乱であるが，分子の振動によりエネルギーが変化した散乱光も生じる．これをラマン散乱という．照射した光よりエネルギーが小さい散乱光をストークス線，照射した光よりエネルギーが大きい散乱光をア

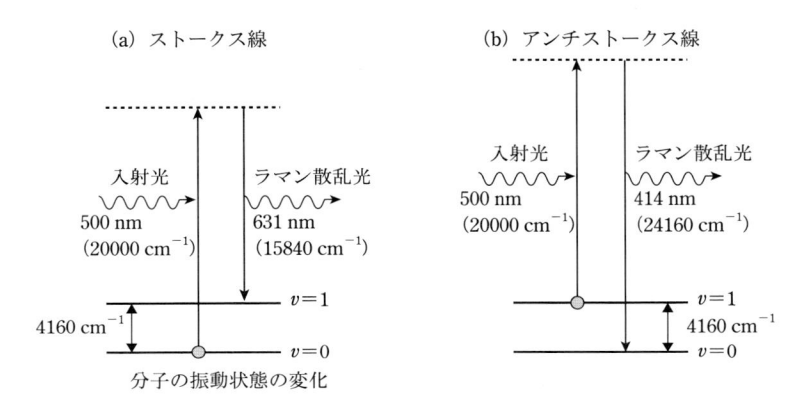

図12.19 ラマン分光におけるストークス線とアンチストークス線の発生の原理

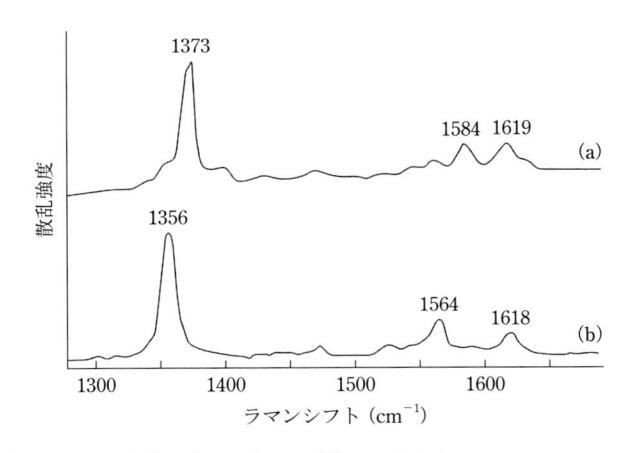

図12.20 ミオグロビンのラマン散乱スペクトル
(a) 一酸化炭素が結合した場合, (b) 何も結合しない場合.

ンチストークス線という.レーザーを光源として,散乱される光の波長を測定することで,振動構造に起因したスペクトルを得ることができる.これがラマン散乱スペクトルである(**図12.19**).

生体内に存在する金属錯体ミオグロビンのラマン散乱スペクトルを**図12.20**に示す.ラマン散乱スペクトルではレイリー散乱光のエネルギーを0とし,そこからの変化(ラマンシフトという)を横軸としている.

このスペクトルでは,ポルフィリンの二重結合は$1584\,\mathrm{cm}^{-1}$,単結合は

1373 cm^{-1} に観測され，ミオグロビンに一酸化炭素COが結合すると高波数側へシフトすることがわかる．このように，金属錯体に対する分子の吸着などによる微細構造の変化はラマン分光によって解析することができる．

ラマン分光を顕微鏡と組み合わせると，微小空間の解析も可能になる．さらに，フェムト秒レーザーと組み合わせることで，物質の励起状態における振動構造の時間変化（一重項状態と三重項状態の比較）も測定することができる．詳細については，顕微分光やレーザー分光に関する専門書を参照されたい．

12.4　直接的な構造解析——原子間力顕微鏡

原子間力顕微鏡（atomic force microscope, AFM）の測定装置の概念図を**図12.21**に示す．先端に針がついたカンチレバーを物質表面に近づけていくと，原子間力（引力）が働き，レバーがわずかに歪む．レバーの歪みをレーザーで検出し，二次元の像として表したものがAFM像である．

物質表面と探針とのトンネル電流により表面の凹凸を評価する走査型トンネル顕微鏡（scanning tunneling microscope, STM）と異なり，物質に導電性がなくても物質の状態を観測することができる．X線や電子線などの特殊光源は必要ないため，X線や電子線による物質の損傷などはなく，測定系を真空にする必要もない．このようにAFMは簡便に物質の形状を測定できる優れた計測方法である．

AFMの空間分解能はきわめて高く，数nm～数十nmの物体の凹凸を観察することができる．このため，有機分子や金属錯体の高次集合体構造の観察に適した計測方法である．

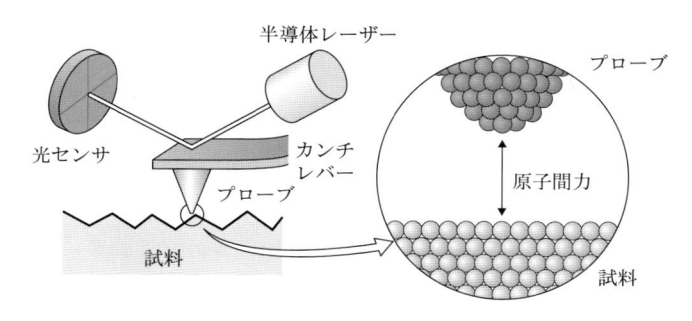

図12.21　原子間力顕微鏡の測定装置の概念図

12.4 直接的な構造解析──原子間力顕微鏡

(a) 二次元像　　　　(b) 三次元像

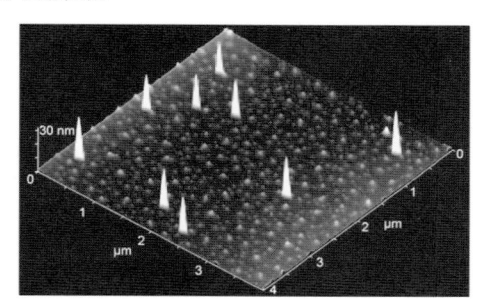

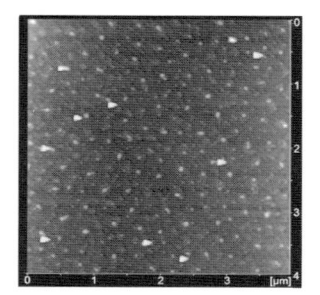

図12.22　亜鉛ポルフィリン錯体から構成される超分子会合体のAFM像
[Y. Kobuke *et al.*, *Chem. Eur. J.*, **17**, 855 (2011)]

AFMを用いると，金属錯体が会合した様子も画像として観察できるため，超分子化学の分野で活発に研究が行われている．**図12.22**に亜鉛ポルフィリン錯体から構成される超分子会合体のAFM像を示す．また，生体高分子であるDNAの構造なども観察することができる．

コラム　「メカノクロミズム」と「分子ドミノ」

　分子によって構成される分子結晶は，結晶内で分子が分子間相互作用によって三次元的に配列している．分子間に働く相互作用は共有結合や配位結合よりもはるかに小さいために，熱や光，ガスなどとの接触といった外部刺激によって結晶構造が変化する場合がある．

　近年，こする，あるいはすりつぶすといった機械的刺激によって固体の構造が変化し，その影響で吸収や発光波長が変化する金属錯体が注目されている（下図は化合物の例）．こうした現象はメカノクロミズムと呼ばれる．（機械的刺激によって自己発光するトリボルミネッセンス（7章コラム）は異なる現象であることに注意．）

Eisenberg, 2003　　Shinozaki, 2009　　Tsubomura, 2010　　Hashizume, 2009　　Perrchus, 2010

Ito, 2008

発光性メカノクロミズムを示す金属錯体の例

　さらに最近，非常に小さなエリアへの刺激によって結晶の一部が変化し，その一部の変化が，結晶全体に広がるという性質を示す錯体が報告された（下図は紫外線照射下での発光の様子）．この錯体では，機械的な刺激で，あたかもドミノ倒しのように構造の変化が広がることから，この現象は「分子ドミノ」と名付けられている．興味深いことに構造変化前後の構造はどちらも分子が整然と配列した結晶状態である．

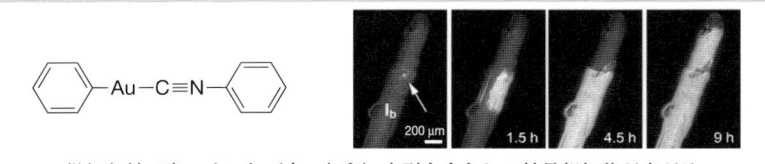

微細な針で突つくこと（白い矢印）を引き金として結晶相転移が広がる．

参考文献
H. Ito, T. Seki, *et al.*, *Nat. Commun.*, **4**, 2009 (2013)

（執筆：北海道大学大学院工学研究院　伊藤 肇）

参 考 書

錯体化学全般に関して
1) 山崎一雄, 吉川雄三, 池田龍一, 中村大雄 著, 錯体化学 改訂版, 裳華房 (1993)
   → 錯体の配位構造および立体構造に関して詳細かつ丁寧に解説されている.
2) 基礎錯体工学研究会 編, 新版 錯体化学——基礎と最新の展開, 講談社 (2002)
   → 錯体の機能・応用に関する解説が豊富.
3) P. Atkins, J. Rourke, M. Weller, F. Armstrong, T. Overton 著, 田中勝久, 平尾一之, 北川 進 訳, シュライバー・アトキンス 無機化学 (上) (下) 第4版, 東京化学同人 (2008)
   → 全体的にレベルは高いが, 詳細な説明がなされている. 本書を読んでから挑めば, 深い理解が得られるはず.

「3章　分子の対称性と群論」に関して
4) 中崎昌雄 著, 分子の対称と群論, 東京化学同人 (1973)
   → 群論の基礎および応用についてわかりやすい解説が行われている.

「4章　錯体の電子構造」に関して
5) 山本明夫 著, 有機金属化学, 裳華房 (1982)
   → 有機金属化合物の反応と結合に関する詳細な解説が行われている.
6) 三吉克彦 著, 金属錯体の構造と性質, 岩波書店 (2001)
   → 金属錯体と有機金属化合物の結合に関する詳細な解説が図入りで行われている.

「6章　錯体の光化学」に関して
7) 佐々木陽一, 石谷 治 編著, 金属錯体の光化学 (錯体化学会選書), 三共出版 (2007)
   → 光機能を示す金属錯体の基礎と応用について解説されている.
8) 山内清語, 野崎浩一 編著, 配位化合物の電子状態と光物理, 三共出版 (2010)
   → 金属錯体の光物理 (電子状態など) に関する詳細な解説が行われている.

「8章　錯体の磁性化学」に関して
9) 能勢 宏, 佐藤徹哉 著, 磁気物性の基礎, 裳華房 (1997)
   → 磁気とは何か, ということについて丁寧に書かれている.

参 考 書

10) 金森順次郎 著，磁性（新物理学シリーズ），培風館（1969）
    → 名著といわれている本．磁性の本質が理解できる．

「9章　有機金属化合物による触媒反応」に関して

11) 中沢 浩，小坂田耕太郎 編著，有機金属化学（錯体化学会選書），三共出版（2010）
    → 有機金属錯体について基礎から高度内容まで詳しい解説がなされている良著．

12) 日本化学会 編，垣内史敏 著，有機金属化学（化学の要点シリーズ），共立出版（2013）
    → 有機金属化合物を用いた合成反応や触媒反応についてやさしく解説されている．

13) 植村 榮，村上正浩，大嶌幸一郎 著，有機金属化学（化学マスター講座），丸善（2009）
    → 有機金属化合物を用いた合成反応や触媒反応についてやさしく解説されている．

14) L. S. Hegedus, B. C. G. Söderber 著，村井眞二 訳，ヘゲダス遷移金属による有機合成 第3版，東京化学同人（2011）
    → 有機金属化合物を用いた合成反応について基本的な点から高度な内容まで詳しい．内容豊富な解説書である．

「11章　生体と錯体」に関して

15) S. J. Lippard, J. M. Berg 著，松本和子 監訳，坪村太郎，棚瀬知明，酒井 健 訳，生物無機化学，東京化学同人（1997）
    → 生物無機化学について基礎から高度な内容までわかりやすく解説されている．

16) 増田秀樹，福住俊一 編著，生物無機化学――金属元素と生命の関わり（錯体化学会選書），三共出版（2005）
    → 生物無機化学について基礎から最新の成果までが網羅されている．

17) 山崎 巖 著，光合成の光化学，講談社（2011）
    → 光合成系の構造と原理が詳細にまとめられており，人工光合成系や太陽電池への展開についても示されている．

「12章　錯体のキャラクタリゼーション」に関して

18) 大場 茂，矢野重信 著，X線構造解析（化学者のための基礎講座），朝倉書店（1999）
    → X線構造解析の測定方法および解析方法に関して，詳細に解説してある．

付　　録

付録A　光誘起エネルギー移動

　ここでは，6章の「6.4.1　光誘起エネルギー移動」において述べたFörster型エネルギー移動とDexterエネルギー移動についてさらに詳しく説明する．

　6章でも述べたことの繰り返しになるが，2つのエネルギー移動の特徴について以下に示す．

（1）Förster型エネルギー移動
　　LUMOに光励起された電子はHOMOのときの電子の環境（波動運動）とは異なるため，電場（光も電場の一種）によって双極子モーメントの変動が起こる．このことを双極子振動という．このLUMO状態の双極子振動が別の物質のHOMOの電子と共鳴すると励起状態のエネルギー移動が起こる．

（2）Dexter型エネルギー移動
　　励起状態の分子の電子とエネルギーを受ける分子の電子が交換（正確には波動運動の交換）を通じてエネルギー移動する現象．

　まずFörster型エネルギー移動について説明する．このエネルギー移動反応の速度式は1949年にFörsterにより考案された．

$$k^{D \to A} = \frac{9000 c^4 \ln 10}{128 \pi^5 n^4 N_A \tau_D^0} \cdot \frac{\kappa^2}{R^6} \int f_D(\nu) \varepsilon_A(\nu) \frac{d\nu}{\nu^4} \quad (A.1)$$

ここで，$k^{D \to A}$はドナーDからアクセプターAへのエネルギー移動の反応速度定数，cは光速，nは媒体の屈折率，N_AはAvogadro数，Rは分子間の距離，τ_D^0はドナーDの蛍光自然寿命であり，$\kappa = \cos\theta - 3\cos\theta' \cdot \cos\theta''$である（角度については図を参照）．また，$\varepsilon_A(\nu)$はアクセプターAのモル吸光係数，$f_D(\nu)$はドナーDの発光スペクトル形状（積分値を1と規格化している）であるため，積分の項は発光スペクトルと吸収スペクトルの重なり面積（重なり積分）に相

付　録

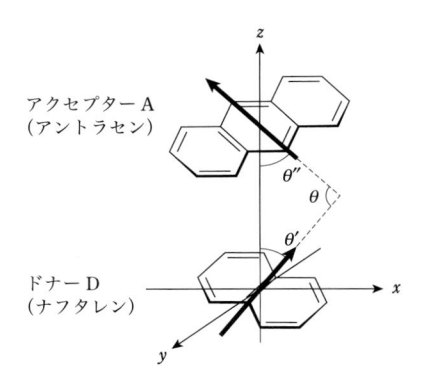

図　励起エネルギー移動における分子の配向（ドナーがナフタレン，アクセプターがアントラセンである場合を例に）

当する．なお，$\varepsilon_A(\nu)/\nu$ は吸収の遷移双極子モーメント，$f_D(\nu)/\nu^3$ は吸収の遷移双極子モーメントに相当する．

いま，上式を以下のように書き換える．

$$k^{D \to A} = \frac{1}{\tau_D^0}\left(\frac{R_0}{R}\right)^6 \quad (A.2)$$

ここで，R_0 はエネルギー移動効率が0.5となるときの2分子間距離である．$R_0=R$ とすると，

$$R_0^6 = \frac{9000c^4 \ln 10 \kappa^2 \Phi_D}{128\pi^5 n^4 N_A \tau_D^0} \int f_D(\nu)\varepsilon_A(\nu)\frac{d\nu}{\nu^4} \quad (A.3)$$

となる．ただし，Φ_D はエネルギー移動がない場合のドナーDの発光量子収率である．この式から R_0 を算出できる．

ここで，スピン状態について考慮する．スピンに関しては「エネルギー移動の前後でスピン角運動量は保存される」というスピン保存則が成り立つ．D, D*, A, A*（*は励起状態）のスピン量子数をそれぞれ，$S_D, S_{D^*}, S_A, S_{A^*}$ とおくと，全スピン角運動量について，以下の関係が成り立つ．

　　エネルギー移動前：$S_{D^*}+S_A$
　　エネルギー移動後：$S_D+S_{A^*}$

Dの励起一重項状態からAの一重項状態へのエネルギー移動によりAの励起一重項状態とDの一重項状態が生成する場合は，

エネルギー移動前：$S_{D^*}=0, S_A=0$ → 全スピン角運動量和＝0
エネルギー移動後：$S_D=0, S_{A^*}=0$ → 全スピン角運動量和＝0

となる．Förster型ではその性質から，遷移双極子モーメントがある程度の大きさをもたなければならない．つまり，以下の条件が必要となる．

$$S_{D^*}=S_D \quad かつ \quad S_A=S_{A^*}$$

Dの励起一重項状態からAの三重項状態へのエネルギー移動によりAの励起一重項状態とDの三重項状態が生成する場合，

エネルギー移動前：$S_{D^*}=0, S_A=1$ → スピン角運動量和＝1
エネルギー移動後：$S_D=1, S_{A^*}=0$ → スピン角運動量和＝1

の関係が成り立つ．つまり，Förster機構によるエネルギー移動が起こりうる．一方，Dの励起三重項状態からAの一重項状態へのエネルギー移動によりAの励起三重項状態とDの一重項状態が生成する場合，

エネルギー移動前：$S_{D^*}=1, S_A=0$ → スピン角運動量和＝1
エネルギー移動後：$S_D=0, S_{A^*}=1$ → スピン角運動量和＝1

となるが，$S_{D^*} \neq S_D$ かつ $S_A \neq S_{A^*}$ であるため，Förster機構によるエネルギー移動は起こらない．

つづいて，Dexter機構について説明する．いま，分子Dおよび分子Aの中の1個の電子について考える．始状態では，Dの電子1が励起状態にAの電子2が基底状態にあり，終状態ではDの電子1が基底状態に，Aの電子2が励起状態にあるとする．また，波動関数をΨ，軌道波動関数をϕ，スピン波動関数をσとする．

Dの基底状態および励起状態の波動関数Ψ_DとΨ_{D^*}，Aの基底状態および励起状態の波動関数Ψ_A，Ψ_{A^*}はそれぞれ

$$\Psi_D = \phi_D \sigma_D, \quad \Psi_{D^*} = \phi_{D^*} \sigma_{D^*}, \quad \Psi_A = \phi_A \sigma_A, \quad \Psi_{A^*} = \phi_{A^*} \sigma_{A^*} \tag{A.4}$$

と表される．また，始状態の波動関数Ψ_iは

$$\Psi_i = |\Psi_{D^*} \cdot \Psi_A| \tag{A.5}$$

付　録

終状態の波動関数 Ψ_f は

$$\Psi_f = |\Psi_{D^*} \cdot \Psi_{A^*}| \tag{A.6}$$

と表される.

ここで，二電子の相互作用によるエネルギーを考える．二電子の相互作用のエネルギー V は以下のように表される.

$$\langle \Psi_f | H | \Psi_i \rangle = \left\langle \phi_{D^*}(1)\phi_A(2) \left| \frac{e^2}{\gamma_{12}} \right| \sigma_D(1)\sigma_A(2) \right\rangle \left\langle \phi_{D^*}(1)\phi_A(2) | \sigma_D(1)\sigma_A(2) \right\rangle$$
$$- \left\langle \phi_{D^*}(1)\phi_A(2) \left| \frac{e^2}{\gamma_{12}} \right| \sigma_{A^*}(1)\sigma_D(2) \right\rangle \left\langle \phi_{D^*}(1)\phi_A(2) | \sigma_{D^*}(1)\sigma_A(2) \right\rangle \tag{A.7}$$

ここで，H は電子遷移に関するハミルトン演算子である．第1項はクーロン積分，第2項は交換積分を表す．H はここでは電気双極子遷移の成分 e^2/γ_{12} である.

第1項は，スピン保存則より，$\sigma_{D^*}=\sigma_D$ かつ $\sigma_A=\sigma_{A^*}$ でなければゼロとなる．第2項は，$\sigma_{D^*}=\sigma_{A^*}$ かつ $\sigma_D=\sigma_A$ であればゼロにはならない．これは，Dの励起三重項状態からAの励起三重項状態が生成するエネルギー移動に適用できる．(A.7)式から交換積分は

$$\left\langle \phi_{D^*}(1)\phi_A(2) \left| \frac{e^2}{\gamma_{12}} \right| \phi_{A^*}(1)\phi_D(2) \right\rangle \left\langle \sigma_{D^*}(1)\sigma_A(2) | \sigma_{D^*}(1)\sigma_A(2) \right\rangle \tag{A.8}$$

であり，これを

$$Z^2 = \frac{e^4}{g_{D^*} g_A} \left| \int \Psi_{D^*}^*(\gamma_1)\Psi_{A^*}^*(\gamma_2) \frac{1}{\gamma_{12}} \Psi_{D^*}(\gamma_2)\Psi_A(\gamma_1) d\tau \right|^2 \tag{A.9}$$

と変形する．ここで，$g_{D^*} g_A$ はD*およびAの縮重度である．この Z^2 を用いると，(A.1)式は以下のようになる.

$$k^{D \to A} = \frac{2\pi}{\hbar} Z^2 \int f_D(\nu) \varepsilon_A(\nu) d\nu \tag{A.10}$$

これがDexter機構による速度式である（1953年）．この Z^2 は分光学的に求めることは当時困難であったため，

$$Z^2 \cong \alpha \cdot \frac{e^4}{R_{\text{bohr}}^2} \cdot \exp\left(-\frac{2R}{L}\right) \tag{A.11}$$

と近似されていた．ここで，R_{bohr} はBohr半径，L は原子の有効Bohr半径，$\alpha(\ll 1)$

付録A 光誘起エネルギー移動

は無次元の定数である．Dexterの式は以下のように書き換えた形で用いられることが多い．

$$k^{D \to A} = k_0 \exp\left(-\frac{2R}{L}\right) \tag{A.12}$$

$$k^{D \to A} = \frac{1}{\tau_D} \exp\left[\frac{2R_0}{L}\left(1-\frac{R_0}{R}\right)\right] \tag{A.13}$$

Dexter機構における重なり積分は，Fermiの黄金律における始状態と終状態のエネルギーの一致の量を意味している（実験上のスペクトルの重なりとは必ずしも必要としない）．

以上から，エネルギー移動は6.4.1項の最後に示した表のようにまとめられる．

	Förster 型	Dexter 型
スピン多重度	一重項－一重項	一重項－一重項 三重項－三重項
相互作用	双極子－双極子	電子交換
距離依存性	$k^{A \to B} \propto \dfrac{1}{R^6}$ ($R=1 \sim 10$ nm)	$k^{A \to B} \propto \exp\left(-\dfrac{2}{L}R\right)$ ($R=0.3 \sim 1$ nm)
スペクトル条件	A*(蛍光)とB(吸収) の重なりが必要	重なりは 必要ではない

長距離のエネルギー移動については，さらに以下の相互作用を考慮する必要がある．

through space相互作用：
　長距離のため交換積分は小さくなる．よって，Dexter機構ではなく，Förster機構により生じる．

through bond相互作用：
　結合を介した双極子の相互作用は起こらず，一方電子交換は可能である．よって，Förster機構ではなくDexter機構により生じる．（H. M. MacConnell, *J. Chem. Phys.* (1961)）

どちらの機構が支配的であるかについては，さまざまな配置を有する複核錯体について，速度解析（距離依存性）などが行われている．

付録B　指標表

O_h 点群については64頁，T_d 点群については66頁，C_{2v} 点群については38頁，C_{3v} については37頁を参照．

D_{4h}	E	$2C_4$	C_2	$2C_2'$	$2C_2''$	i	$2S_4$	σ_h	$2\sigma_v$	$2\sigma_d$		
A_{1g}	1	1	1	1	1	1	1	1	1	1		x^2+y^2, z^2
A_{2g}	1	1	1	-1	-1	1	1	1	-1	-1	R_z	
B_{1g}	1	-1	1	1	-1	1	-1	1	1	-1		x^2-y^2
B_{2g}	1	-1	1	-2	1	1	-1	1	-1	1		xy
E_g	2	0	-2	0	0	2	0	-2	0	0	(R_x, R_y)	(zx, yz)
A_{1u}	1	1	1	1	1	-1	-1	-1	-1	-1		
A_{2u}	1	1	1	-1	-1	-1	-1	-1	1	1	z	
B_{1u}	1	-1	1	1	-1	-1	1	-1	-1	1		
B_{2u}	1	-1	1	-1	1	-1	1	-1	1	-1		
E_u	2	0	-2	0	0	-2	0	2	0	0	(x, y)	

D_{5h}	E	$2C_5$	$2C_5^2$	$5C_2$	σ_h	$2S_5$	$2S_5^3$	$5\sigma_v$		
A_1'	1	1	1	1	1	1	1	1		x^2+y^2, z^2
A_2'	1	1	1	-1	1	1	1	-1	R_z	
E_1'	2	$2\cos 72°$	$2\cos 144°$	0	2	$2\cos 72°$	$2\cos 144°$	0	(x, y)	
E_2'	2	$2\cos 144°$	$2\cos 72°$	0	2	$2\cos 144°$	$2\cos 72°$	0		(x^2-y^2, xy)
A_1''	1	1	1	1	-1	-1	-1	-1		
A_2''	1	1	1	-1	-1	-1	-1	1	z	
E_1''	2	$2\cos 72°$	$2\cos 144°$	0	-2	$-2\cos 72°$	$-2\cos 144°$	0	(R_x, R_y)	(zx, yz)
E_2''	2	$2\cos 144°$	$2\cos 72°$	0	-2	$-2\cos 72°$	$-2\cos 72°$	0		

付録C　p軌道，d軌道の各電子配置における項記号

p軌道

電子配置	項記号
p^1, p^5	^2P
p^2, p^4	$^3P, {}^1S, {}^1D$
p^3	$^4S, {}^2P, {}^2D$
p^6	^1S

d軌道

電子配置	項記号
d^1, d^9	^2D
d^2, d^8	$^3F, {}^3P, {}^1S, {}^1D, {}^1G$
d^3, d^7	$^4F, {}^4P, {}^2P, {}^2D^{**}, {}^2F, {}^2G, {}^2H$
d^4, d^6	$^5D, {}^3P^{**}, {}^3D, {}^3F^{**}, {}^3G, {}^3H, {}^1S^{**}, {}^1D^{**}, {}^1F, {}^1G^{**}, {}^1I$
d^5	$^6S, {}^4P, {}^4D, {}^4F, {}^4G, {}^2S, {}^2P, {}^2D^{***}, {}^2F^{**}, {}^2G^{**}, {}^2H, {}^2I$
d^{10}	^1S

索　引

■欧　文

0-0バンド　102
18電子則　72
AFM → 原子間力顕微鏡
Braggの式　217
Brønsted-Lowry酸，塩基　77
CDスペクトル　228
C-H結合活性化反応　167
CIFファイル　221
CPLスペクトル → 円偏光発光スペクトル
Curie-Weissの法則　142
Curie定数　142
Curie点　141
d-d遷移　109
Debye-Waller因子　225
Dexter型エネルギー移動　115
EDTA → エチレンジアミン四酢酸
ESR → 電子スピン共鳴
EXAFS → 広域X線吸収微細構造測定
Fermi準位　128
f-f遷移　111
Förster型エネルギー移動　115
Franck-Condonの原理　97, 125
Grignard試薬　152
Grubbs触媒　159
g因子　143
HOMO　96, 121, 125
HSAB則　85
Hundの規則　44
IR　212
Jahn-Teller効果　53
Jobプロット　80
Judd-Ofelt理論　187
J混合　189
Lambert-Beerの法則　98
Laporteの選択則　108
Lewis塩基　77

Lewis酸　77, 89, 162
LMCT遷移　111
LUMO　96, 121, 125
Marcus理論　130
MLCT遷移　100, 111
MOF　76
M-T曲線　141
Mulliken記号　37
Néel点　141
NMR　211
Orgelダイアグラム　61
ORTEP図　221
Pauliの排他原理　44
Russel-Saunders記号　187
Scherrerの式　220
Schlenk平衡　153
Sharpless酸化反応　167
small offset　173
Stark-Einsteinの原理　103
Stark分裂　181
Wacker反応　158
Werner錯体　8
Wilkinson触媒　10, 166
XANES → X線吸収端近傍微細構造測定
XPS → X線光電子分光
XRD → X線回折測定
X線吸収端近傍微細構造測定　223
X線単結晶構造解析　220
Zeeman相互作用エネルギー　145
Zeeman分裂　181
Zeise塩　6
Ziegler-Natta触媒　156
β-水素脱離　152
Δ体, δ体, Λ体, λ体　24
μ-オキソ　16
π-π^*遷移　109
π結合　46
σ結合　45

索　引

■和　文

ア

アクア錯体　86
アルキル錯体　68
アンチストークス線　231
安定度定数　78, 79
異性体　22
エチレンジアミン四酢酸　78, 82
エネルギー移動　183
エンインメタセシス　160
円二色性　228
円偏光発光スペクトル　229
オキサリプラチン　207
オーラノフィン　209
オレフィンメタセシス反応　159

カ

回映操作（回映軸）　27
開環メタセシス　160
外圏機構　130
回転操作（回転軸）　26
外部重原子効果　100
外部配位圏　87
解離定数　78
核磁気共鳴分光　211
硬い酸，塩基　84
価電子帯　128
カメレオン発光体　193
可約表現　36
カリックスアレーン　13
カルボニル錯体　68
カルボプラチン　207
還元的脱離反応　89, 152
還元反応　121
緩和　99
幾何学異性体　22
基準振動　110
奇対称性　108
基底状態　96
軌道角運動量　55
希土類元素　172
逆供与　69
逆転領域　136

既約表現　36
強磁性　139
共鳴機構　115
キレート効果　84
禁制帯　127
金属Lewis酸触媒　162
金属－カルボニル結合　69
金属酵素　201
金属錯体　8
金属有機構造体　76
金属－リン結合　69
偶対称性　108
熊田－玉尾クロスカップリング　153
クラウンエーテル　13
クラスター　15
クロスメタセシス　160
クロミズム　92
群論　25, 63
　　──記号　25
蛍光　99, 113
結合定数　78
結晶場理論　47
原子価結合論　42
原子間力顕微鏡　232
元素分析　212
ケンブリッジデータベース　223
広域X線吸収微細構造測定　223
光学異性体　24
交換機構　115
項間交差　99
項記号　57, 176
光合成　204
交差緩和　184
交差失活　184
光子　103
高スピン　50
合成角運動量　57, 112
構造異性体　22
高速原子衝突法　215
光電子　224
恒等操作　27

サ

サイクリックボルタモグラム　123
サイクリックボルタンメトリー　121

244

索引

最高被占軌道　96
最低空軌道　96
錯イオン　1
錯形成定数　78
錯体
　　──の幾何学構造　17
　　──の命名法　13
　　──の立体構造　17
酸化的付加反応　88, 152
酸化反応　121
三座配位子　12
サンドウィッチ錯体　71
色素増感太陽電池　126
磁気モーメント　138
磁気量子数　43
シクロペンタジエニルアニオン　70
支持電解質　123
シス体　23
シスプラチン　207
質量分析　213
シトクロムP450　201
指標　37
指標表　37
遮蔽効果　174
縮退　47
主軸　26
主量子数　43
常磁性　139
人工光合成　210
振電遷移　111
振動失活（振動励起失活）　177
鈴木─宮浦カップリング　153
ストークスシフト　97
ストークス線　230
スピン角運動量　56
スピン─軌道相互作用　57, 100
スピン許容遷移　114
スピン禁制遷移　114
スピン多重度　57, 112
スピン対生成エネルギー　50
スピン量子数　56, 112
赤外分光　212
積分球　103
全安定度定数　78
全角運動量　57

全軌道角運動量　56
全スピン角運動量　57
ソルバトクロミズム　92

タ

対称軸　26
対称操作　25
対称点　26, 27
対称面　26
対称要素　27
多核錯体　15
田辺─菅野ダイアグラム　61
単分子磁石　149
逐次安定度定数　78
超微細構造　146
直積　107
直接交差不斉アルドール反応　162
低スピン　50
転移挿入　152
電位窓　123
電気化学セル　123
点群　27
電子移動反応　130
電子スピン共鳴　146
電子遷移　97
点対称操作　27
伝導帯　128
動径分布関数　174
特有名詞　15
トランス効果　91, 207
トランス体　23
トランスメタル化　152
トリボルミネッセンス　138

ナ

内圏機構　130
内部重原子効果　100
内部配位圏　87
内部変換　99
二核錯体　15
二座配位子　11
二重集束質量分析法　214
ニトロゲナーゼ　202
根岸カップリング　153
濃度消光　184

245

索　引

ハ

配位結合　2, 46
配位子　2, 10
配位子置換反応　86, 88
配位子場安定化エネルギー　50
配位子場分裂パラメーター　49
配位子場理論　54
配位数　10
配位部位　10
配座　11
バクテリオクロロフィル　206
発光寿命　104
発光量子収率　103
ハプト数　68
パリティ　108
反強磁性　139
反射操作　26
バンドギャップ　127
光触媒　118
光増感作用　114
光誘起エネルギー移動　114
光誘起電子移動　116
非環状ジエンメタセシス重合　160
ピケットフェンス鉄ポルフィリン　200
飛行時間型質量分析法　215
微視的状態　54
ビタミンB_{12}　195
表現行列　31
フェイシャル体　23
フェリ磁性　139
フェロセン　70
不斉配位子　167
ブレオマイシン　208
分子ドミノ　234
閉環メタセシス　160

ヘム　197
ヘモグロビン　197
ヘモシアニン　200
方位量子数　43
放射失活速度定数　105
ポルフィリン　197

マ

マトリクス・エレメント　189
マトリクス支援レーザー脱離イオン化法　216
向山アルドール反応　162
無放射失活　99
メカノクロミズム　234
メタロセン　71
　――触媒　158
メチルコバラミン　195
メリディオナル体　23
モリブドプテリン　195

ヤ

柔らかい酸，塩基　85
有機EL素子　129
有機金属化合物　3, 8
有効Bohr磁子数　143
四座配位子　12

ラ

ラマン分光　230
ランタニド元素　172
ランタノイド元素　172
リン光　100, 113
類　30
励起一重項　99
励起エネルギー移動　184
励起三重項　99

著者紹介

長谷川　靖哉　博士（工学）
1997年大阪大学大学院工学研究科プロセス工学専攻修了．新日本理化株式会社研究員，大阪大学大学院工学研究科物質・生命工学専攻助手，同学内講師，奈良先端科学技術大学院大学物質創成科学研究科准教授を経て，2010年より北海道大学大学院工学研究院物質化学部門教授．

伊藤　肇　博士（工学）
1996年京都大学大学院工学研究科合成・生物化学専攻博士課程修了．筑波大学化学系助手，分子科学研究所助手，米国スクリプス研究所客員研究員，北海道大学大学院理学研究科化学専攻助教授を経て，2010年より北海道大学大学院工学研究院有機プロセス工学部門教授．

NDC 431　　254 p　　21cm

エキスパート応用化学テキストシリーズ

錯体化学――基礎から応用まで

2014年3月20日　第1刷発行
2021年8月5日　第3刷発行

著　者　長谷川靖哉・伊藤　肇
発行者　髙橋明男
発行所　株式会社　講談社
　　　　〒112-8001　東京都文京区音羽2-12-21
　　　　販　売　（03）5395-4415
　　　　業　務　（03）5395-3615
編　集　株式会社　講談社サイエンティフィク
　　　　代表　堀越俊一
　　　　〒162-0825　東京都新宿区神楽坂2-14　ノービィビル
　　　　編　集　（03）3235-3701
印刷所　株式会社双文社印刷
製本所　株式会社国宝社

落丁本・乱丁本は，購入書店名を明記のうえ，講談社業務宛にお送り下さい．送料小社負担にてお取替えします．なお，この本の内容についてのお問い合わせは講談社サイエンティフィク宛にお願いいたします．定価はカバーに表示してあります．

© Y. Hasegawa, H. Ito, 2014

本書のコピー，スキャン，デジタル化等の無断複製は著作権法上での例外を除き禁じられています．本書を代行業者等の第三者に依頼してスキャンやデジタル化することはたとえ個人や家庭内の利用でも著作権法違反です．

JCOPY　〈(社)出版者著作権管理機構　委託出版物〉
複写される場合は，その都度事前に(社)出版者著作権管理機構(電話 03-5244-5088, FAX 03-5244-5089, e-mail : info@jcopy.or.jp)の許諾を得て下さい．

Printed in Japan

ISBN 978-4-06-156801-3

講談社の自然科学書

エキスパート応用化学テキストシリーズ

学部2～4年生，大学院生向けテキストとして最適!!

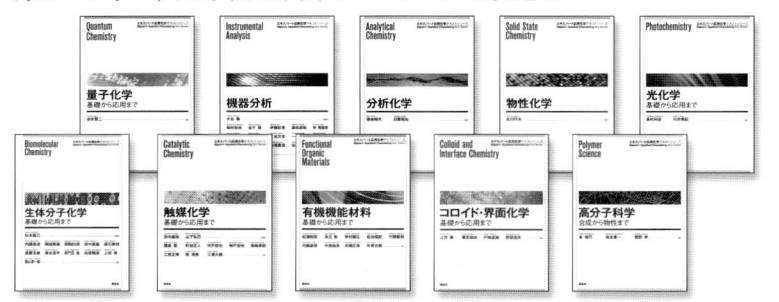

量子化学
基礎から応用まで

金折 賢二・著
A5・304頁・定価3,520円

> 量子力学の成立・発展から構造化学や分光学までていねいに解説．

機器分析

大谷 肇・編著
A5・288頁・定価3,300円

> 機器分析のすべてがこの1冊でわかる！

分析化学

湯地 昭夫／日置 昭治・著
A5・208頁・定価2,860円

> 初学者がつまずきやすい箇所を，懇切ていねいに．

物性化学

古川 行夫・著
A5・240頁・定価3,080円

> 化学の学生に適した「物性」の入門書．

光化学
基礎から応用まで

長村 利彦／川井 秀記・著
A5・320頁・定価3,520円

> 光化学を完全に網羅．フォトニクス分野もカバー．

生体分子化学
基礎から応用まで

杉本直己・編著　内藤昌信／高橋俊太郎／田中直毅／建石寿枝／遠藤玉樹／津本浩平／長門石 暁／松原輝彦／橋詰峰雄／上田 実／朝山章一郎・著
A5・304頁・定価3,520円

> 新たな常識や「非常識」も学べる．

触媒化学
基礎から応用まで

田中 庸裕／山下 弘巳・編著　薩摩 篤／町田 正人／宍戸 哲也／神戸 宣明／岩﨑 孝紀／江原 正博／森 浩亮／三浦 大樹・著
A5・288頁・定価3,300円

> 基礎と応用のバランスが秀逸．新しい定番教科書．

有機機能材料
基礎から応用まで

松浦 和則／角五 彰／岸村 顕広／佐伯 昭紀／竹岡 敬和／内藤 昌信／中西 尚志／舟橋 正浩／矢貝 史樹・著
A5・256頁・定価3,080円

> 幅広く，わかりやすく，ていねいな解説．

コロイド・界面化学
基礎から応用まで

辻井 薫／栗原 和枝／戸嶋 直樹／君塚 信夫・著
A5・288頁・定価3,300円

> 熱化学などの基礎からていねいに解説．

高分子科学
合成から物性まで

東 信行／松本 章一／西野 孝・著
A5・256頁・定価3,080円

> 基本概念が深くわかる一生役に立つ本．

表示価格は消費税（10%）込みの価格です．　　「2021年6月現在」

講談社サイエンティフィク　https://www.kspub.co.jp/